U0152567

华章科技

HZBOOKS | Science & Technology

移动开发

Android 插件化
开发指南

包建强◎著

机械工业出版社
China Machine Press

图书在版编目（CIP）数据

Android 插件化开发指南 / 包建强著 . —北京：机械工业出版社，2018.8
（移动开发）

ISBN 978-7-111-60336-8

I. A… II. 包… III. 移动终端 - 应用程序 - 程序设计 - 指南 IV. TN929.53-62

中国版本图书馆 CIP 数据核字（2018）第 145767 号

Android 插件化开发指南

出版发行：机械工业出版社（北京市西城区百万庄大街 22 号 邮政编码：100037）	
责任编辑：吴 怡	责任校对：李秋荣
印　　刷：北京市兆成印刷有限责任公司	版　　次：2018 年 8 月第 1 版第 1 次印刷
开　　本：186mm×240mm　1/16	印　　张：22
书　　号：ISBN 978-7-111-60336-8	定　　价：79.00 元

凡购本书，如有缺页、倒页、脱页，由本社发行部调换

客服热线：（010）88379426　88361066　　　　投稿热线：（010）88379604

购书热线：（010）68326294　88379649　68995259　　读者信箱：hzit@hzbook.com

　　当接到包老师邀请写序时，我真是受宠若惊。大家都知道，作为一个程序员，写代码拿手那是自然的事情，文字工作实在不是我的强项，但是能给包老师的书写序，实在是荣幸之至，更何况盛情难却呢。

　　我与包老师相识是在 2015 年的一个关于 DroidPlugin 的分享会上，那会儿我还在 360 公司做手机助手。2014 年年底到 2015 年年初的时候，在公司比较空闲，所以写了一个插件化框架叫 DroidPlugin，并在 2015 年 7 月份以公司的名义在 GitHub 上开源了出来，承蒙大家抬爱，在极短的时间内便收获了数千颗星。因为在项目的介绍中我写上了"免修改、免重打包、免安装运行"的宣传语，所以也被一些人冠以"360 黑科技"，在知乎上甚至有人认为这是 360 的什么阴谋。不管是不是什么阴谋，但这个项目让我认识了很多行业中的大牛（包老师就是其中一位），确实是我意料之外的事情。后来跟包老师、任玉刚老师几位经常结成"饭醉团伙"，自然也少不了讨论插件化技术。既然与包老师是因为 DroidPlugin 开源项目相识，而包老师这本书的内容涉及的很多技术也跟其相关，所以我还是主要介绍一下 DroidPlugin 项目中的相关技术。

　　如你所见，那会儿正是插件化技术大热的时候，各大公司也相继开源了自己的插件化框架，但是总结来看，所涉及的技术原理也大同小异。但是 DroidPlugin 在其中的确算是比较"奇葩"的一个，因为它实际不止是一个插件化框架，更多的算是一个用户态虚拟机，后来大多数的双开软件也都参考了它的源码或者原理。

　　要在 Android 上实现免安装、免修改运行一个 App，并不是一件容易的事情。因为 Android 系统设计和权限的限制，我们需要做很多的工作……这跟 Docker 不一样，虽然都是 Linux 系统，但在 Android 上我们不能要求 root 权限，而 Docker 则没有这些限制，因此 Linux 内核提供的 namespace、cgroup、chroot 等能力也自然可以应用在 Docker 中。同时因为国内各大厂商的定制系统，我们也做了大量的适配工作。虽然现在看起来这个框架还有不少缺陷，但在当时确实算是比较先进的一个框架。

　　DroidPlugin 使用了一些比较 hack 的技巧，但是总结起来也就是一句话"利用 hook 技术实现欺上瞒下，从而达到免安装运行的目的"。因为 Android 系统出于安全考虑，系统服务与 App 进程采用分进程设计，它们之间通讯使用 binder 技术，系统服务实际上是不知道 App 进程中运行的具体代码，这为我们实现"欺上瞒下"提供了可能。所谓"欺上瞒下"中的"欺上"是指我们可以通过某种技术手段，拦截所有插件发向系统服务的通信，让系统不知道插件在我们的宿主 App 中运行；"瞒下"是指通过拦截并模拟系统服务发向插件的通信，让插件"以为"自己已经被安装。这样我们就可以模拟一个环境，让插件运行在宿主的模拟进程中。

要做到欺上瞒下，hook 技术不可缺。hook 这个词是我从 Window 安全技术中借用而来的，这实际上是一种函数拦截技术。在某个函数调用流程中插入我们自己的函数，实现对目标函数的参数、返回值的修改。比如某个函数调用流程为：a 调用 b、b 调用 c，那么我们可以动态拦截对 b 函数的调用，插入我们自己的函数 h，修改后的调用流程为：a 调用 h，h 调用 b，b 调用 c，因为 h 是我们新插入的函数，由我们自己编写逻辑，那么在 h 函数中调用 b 的时候，我们就可以修改其参数、返回值，甚至可以中断调用流程，不调用 b 函数而伪造一个返回结果给 a。在此过程中，a 是不知道它调用的 b 函数已经被我们修改了。这就达到了我们"欺上瞒下"的目的。

hook 技术的思想非常类似于设计模式中的代理模式和 Java Spring 框架中的 AOP（Aspect Oriented Programming，面向切面编程）。尽管它们的实现原理完全不同，但目的却差不多。DroidPlugin 中的 Hook 技术实际上是使用了 Java 中的动态代理技术，它只是在一些关键点通过动态代理生成的对象替换掉系统原来的对象，从而完成了对系统通信的 hook。

这其中最关键的是对 AMS（Activity Manage Service）和 PMS(Package Manage Service) 以 及 Handler 的 hook。AMS 负 责 管 理 Android 中 Activity、Service、Content Provider、Broadcast 四大组件的生命周期以及各种调度工作，我们 hook 它可以实现对插件四大组件的管理及调度；PMS 负责管理系统中安装的所有 App，我们 hook 它是为了让插件以为自己已经被安装；Handler 是系统向插件传递消息的一个桥梁，我们 hook 它则是为了把系统发向宿主的消息转发给插件。至于在 DroidPlugin 中看到的对其他系统服务的 hook，在大多数情况下都是为了"欺上"——让系统感知不到插件的运行。DroidPlugin 还实现了一个简单的 AMS 服务、一个 PMS 服务，将 hook 后的 AMS 和 PMS 系统调用转发到我们自己的 AMS 和 PMS 服务中去，由 DroidPlugin 自己管理。

除此之外，DroidPlugin 的另外一个特色是"占位"操作。众所周知，在 Android 四大组件中除了 BroadcastReceiver 之外，其他如 Activity 三大组件都需要在 AndroidManifest.xml 中注册，这是静态的，是 Android 框架要求我们预先写死的，我们没有办法动态地向系统注册一个 Activity 或者是 Service。所以插件中的 Activity、Service、Content Provider 则是不可能向系统真正注册。所以我们使用了"占位"的技术，也就是说先在宿主中注册很多的"坑位"，比如对于 Activity 来说，就是 Activity1、Activity2、Activity3 等。在我们需要启动某插件 Activity 的时候，可以通过 hook 技术，将其替换为某个坑位，如 Activity1，让系统服务去启动坑位 Activity；而在真正的系统服务 AMS 回调插件进程要求插件进程去启动坑位 Activity 的时候，我们再换回插件的 Activity，这样我们就实现了插件 Activity 的免注册运行。当然，因为 Activity 的 Launch Mode 等各种参数问题，我们还需要做很多的细节工作，才能完美。

为了某种完美，DroidPlugin 中做了大量的适配工作，这让其初看起来复杂又臃肿，但是当了解到其中的原理和关键代码后，你会发现如果仅仅是满足"插件化"需求的话，那么其中很多适配并不必需。从现在来看，DroidPlugin 实际上算是一个用户态虚拟机的雏形，从插件化的角度来说则有些"重"了。但是它对于大家深入研究 Android 技术本身，则或多或少会有些帮助。

现在市面上也有各种各样的开源插件化框架，其中很多都已经在各大公司自己的产品中长期稳定使用，满足了各种现实的需求，它们的稳定性、可用性都还是不错的。包老师在本书中也对其中很多插件进行了介绍剖析。

如果我们不满足于业务研发，希望可以了解一些 Android 底层知识，研读这些开源框架的源码则大有裨益。当然，包老师的这本书是国内第一本介绍插件化技术的书籍，作为我们学习插件化技术的入门书籍，则相当合适。

张勇，2018 年 6 月于北京

序 二 Preface

很荣幸能为本书写下三言两语。

我和插件化技术之间有着难解的情缘，到目前为止我已经工作好几年了，如果简化一下，就是下面这个样子：

1）开源 dynamic-load-apk 插件化框架（业余时间）。

2）开发百度手机卫士 & 出版《Android 开发艺术探索》（百度）。

3）开源 VirtualAPK 插件化框架（滴滴出行）。

这么一看，自从我工作以来，有一半时间都在从事插件化相关的开发工作。我喜欢 Android，也喜欢插件化。最开始我对插件化只是兴趣使然，在工作之余我喜欢做一些研究，所以有了 dynamic-load-apk。到后面我加入滴滴出行则是使命使然，在我的内心深处，我觉得 dynamic-load-apk 不够完美，我想开发一款完美的插件化框架，于是有了后面的 VirtualAPK。回想起插件化的发展，也就仿佛看到了一路走来的自己。

2014 年 3 月 30 号，我在 CSDN 上发布了一篇文章《Android apk 动态加载机制的研究》。这篇文章现在看起来很傻，技术也很落后，但是很多人都无法感受当时的情形。在 2014 年年初，别说插件化知识了，就连高质量的 Android 技术文章都比较匮乏。

说起高质量的 Android 技术文章，大家可能会想到：可以看《第一行代码 Android》和《Android 开发艺术探索》呀！但是很遗憾，那个时候这两本书都还没出版，不止是这两本书，很多大家所熟知的书都没有出版。当时 Android 技术圈沉醉于下拉刷新、侧滑菜单等这种炫酷特效，对于 AIDL 和 View 原理不曾研究过，你要问插件化？ 90% 的 Android 工程师都不知道这是个什么东西。除了技术文章和书籍比较匮乏以外，开源也比较匮乏。在 2014 年，插件化技术只是一个概念，虽然当时阿里已经有了 Atlas，但是并没有开源，所以在这种情形下，我发的那篇文章就显得很专业了，当时引起了技术圈的广泛关注，获得了 7 万多的阅读量。

在 2014 年下半年，我和田啸、宋思宇等同学发起了 dynamic-load-apk 这个开源项目，现在大家都知道了，dynamic-load-apk 在插件化历史中有着浓厚的一笔。dynamic-load-apk

支持动态加载代码和资源，资源访问可以直接通过 R 来进行，在四大组件方面支持 Activity 和 Service。虽然说 dynamic-load-apk 谈不上多完善，但是业内却有不少公司基于 dynamic-load-apk 进行二次开发来定制自己的插件化框架，从这个角度来说 dynamic-load-apk 是很成功的一款开源框架。

到 2016 年，插件化框架才真正迎来了大繁荣时代，可谓百家争鸣。不管是 Atlas、Small、DroidPlugin 还是携程的 DynamicAPK，都极大地促进了 Android 插件化框架的发展。我也是在 2016 年年初离开百度，来到了现在的滴滴出行。如果说在百度的工作是做应用开发的话，那么在滴滴出行的工作就完全是热修复和插件化开发了。经过长时间的开发和验证，滴滴出行在 2017 年 6 月 30 日开源了一个更为完善的插件化框架 VirtualAPK，而我则在这个框架的开源中发挥了至关重要的作用。

如果给我这几年的职业生涯写一个总结，那就是：两款 Android 插件化框架＋一个 App＋一本书，而我还将在 Android 的道路上继续耕耘。

任玉刚，2018 年 6 月于北京

序 三 *Preface*

听说包猪猪的第二本书要出版了，很为他高兴，作为一个旁观者，眼见着本书由一个想法萌芽逐渐充实，颇有感触。我脑海里就像过电影一般，浮现这几个月中包猪猪的种种状态：为解决一个 bug 而连续工作十几个小时的苦闷，第二天一早起来灵感触发迎刃而解的喜悦，一边照顾父母一边因书的进度被某一难题阻滞而焦灼……身边的人会跟他说："事情这么多，歇歇再写吧，别让自己太辛苦。"可是一个想快点跟业界分享自己想法和成果的程序员又怎会因琐事耽搁？曾是微软 MVP 的他，入行十几年，仍然秉承着刚入行时的激情与热忱，吭哧吭哧地调 bug 到凌晨，这本书或许是这个"内心有团火"的家伙希望送给读者最好的礼物——智慧的分享与教学相长的领悟。

我是学中文和法律的，作为圈外人在本书前作序，多少有班门弄斧之嫌。如论代码，各位读者在自己的领域各有所长。不过我这种对技术一窍不通的人，竟在看一本技术书时捧腹大笑，足见本书的吸引力。比如说，书中调侃张勇和任玉刚是插件化领域的男乔峰女慕容，以至于我一直想亲眼见一下这两个人。比如说他在前言中拿娃娃开涮，连着感谢了霹雳娇娃、赵越和 Dinosaur，殊不知那却是一个人，可能是为了看上去人多一些，以壮声势。

程序员的世界我不太懂，尤其是包猪猪，他经常做出一些令人啼笑皆非的事情。比如说，情人节他第一次给我送花，却阴差阳错地寄来了两束。晚上的时候他跟我说，两束花别浪费了，另一束花就快递给邓凡平吧——据说那也是 Android 行业内的一位大神，他因为伺候老婆坐月子而忘记准备情人节礼物了。于是，作为情人节只收别人礼物的我，在这一天，第一次给别人送礼物。

他做饭很好吃，有很多招牌菜。用他的话讲，炒菜是设计模式中的装饰器模式。比如说西红柿炒鸡蛋，放锅里炒了几分钟后，加点糖，就是味道甜甜的西红柿炒鸡蛋，再加些盐，就是酸甜可口的西红柿炒鸡蛋，也许还会再加些其他调料，但这道菜永远都是西红柿炒鸡蛋，只是味道不同罢了。技术做到这一步已经接近完美，但他后面的奇葩行为，却颠覆了我对他的认知。

他研究做鱼，第一天没做好，第二天再买条鱼继续做，直到他认为完美。把钻研计算机技术的执着用于烹饪，结果就是我一连吃了 5 天鱼汤，上火，满嘴都是泡。

第一次见包猪猪是在酒吧，一边听着不知道是哪里的古老而嘈杂的乐队嘶吼，另一边是他给我讲关于五个海盗分赃的小故事。隐约记得故事是这样的："5 个海盗抢到 100 个金币，他们决定依次由 A,B,C,D,E 五个海盗来分，他们订立了如下规则：当由 A 提分配方案时，剩下的海盗表决，如果 B,C,D,E 四人中有一半以上反对就把 A 扔下海，再由 B 分……如是这般，那么 A 海盗如何分，才能既保住性命又能获得更多的金币。"这是个有意思的小故事，轻松而又暗藏思维逻辑，我们可能有很多种解决方案，但是最优方案最后一定是"博弈与制衡"的平衡。此前，我一直以为程序员的世界充斥着代码，那是一套拥有独立计算机语言的系统，难以接近跟理解。可是包猪猪有种能力将难以理解或者比较复杂的事情用一种有趣的方式表达出来，诙谐有趣、通俗易懂又能在嘻嘻哈哈的氛围中有所感悟。

本书讲插件化，从插件化的历史讲起，说了不少这行的人跟事，还有八卦。接下来由基础知识开始讲起，后来又介绍了插件化解决方案及周边技术。文字所限，本书内容结构不赘述了，各位可以凭目录了解。代码方面我虽然读不懂，不过并不影响看书的心情，这是本书颇为神奇的地方。没有高深莫测的理论，没有艰深难懂的词汇，就像包猪猪站在我面前娓娓道来，举一些他觉得有意思的例子，让你觉得调皮又生动。对于对插件化不熟悉的读者，可能本书提及的有些词汇是新的，不太容易理解，感谢本书的编辑在成书过程中从旁指引，因而本书在前言部分增加了名词解释，并在各个章节多加了一些描述性的文字。

关于本书前言所提及未展开描述的部分，其实作者在写作前已经预留了位置，但是在成书前两天犹豫再三还是有所删减，因为总觉得讲得不透、不彻底是不好意思呈现给读者看的。因此，我跟很多读者一样很期待包猪猪过段时间能将那些本书没说透的东西再写本书好好讲一讲。比如说 Small，他半夜说梦话时经常念叨这个词。

谨以此书献给奋斗在一线的程序员们，作为家属深刻了解程序员的辛酸，希望本书对读者能够有所启发，运用到工作中可以提高效率，多一些休息时间陪伴家人、朋友，少一些熬夜加班、拼命赶工。

郭曼云，2018 年 6 月于北京

前　言 *Preface*

这是一本什么书

如果只把本书当作纯粹介绍 Android 插件化技术的书那就错了。本书在研究 Android 插件化之余，还详细介绍了 Android 系统的底层知识，包括 Binder 和 AIDL 的原理、四大组件的原理、App 的安装和启动流程、Context 和 ClassLoader 的家族史。没有罗列大量的 Android 系统中的源码，而是以一张张 UML 图把这些知识串起来。

本书详细介绍了 Android 中的资源机制，包括 aapt 命令的原理、resource 文件的组成以及 public.xml 的使用方式，顺带还提及了如何自定义一个 Gradle 插件化。

此外，本书还介绍了 so 的加载原理，尤其是动态加载 so 的技术，可以帮助 App 进行瘦身；探讨了 HTML5 降级技术，可以实现任何一个原生页面和 HTML5 页面的互换；介绍了反射技术，以及 jOOR 这个有趣的开源框架；介绍了 Android 中的动态代理技术 Proxy. newProxyInstance 方法。

如果读者能坚持把这本书从头到尾读完，那么不仅掌握了插件化技术，而且也把上述所有这些知识点全都系统地学习了一遍。也许 Android 插件化会随着 Google 的限制而有所变化甚至消亡，但我在本书中介绍的其他知识，仍然是大有用武之处的。

如何面对 Android P 的限制

写作这本书的时候，Google 推出了 Android P preview 的操作系统，会限制对 @hide api 的反射调用。目前会通过 log 发出警告，用户代码仍然能够获取到正确的 Method 或 Field，在后续版本中获取到的 Method 或 Field 极有可能为空。

但是道高一尺，魔高一丈。Google 对这次限制，很快就被技术极客们绕过去了[⊖]，有两种解决方法：

　⊖　详细内容，请参见田维术的文章：http://weishu.me/2018/06/07/free-reflection-above-android-p/

1）把通过反射调用的系统内部类改为直接调用。具体操作办法是，在 Android 项目中新建一个库，把要反射的类的方法和字段复制一份到这个库中，App 对这个库的引用关系设置为 provided。那么我们就可以在 App 中直接调用这个类和方法，同时，在编译的时候，又不会把这些类包含到 apk 中。

其实早在 2015 年，hoxkx 就在他的插件化框架中实现了这种技术⊖。但是这种解决方案，仅限于 Android 系统中标记为 public 的方法和字段，对于 protected 和 private 就无能为力了。比如 AssetsManager 的 addAssetPath 方法，ActivityThread 的 currentActivityThread 方法。

2）类的每个方法和字段都有一个标记，表明它是不是 hide 类型的。我们只要在 jni 层，把这个标记改为不是 hide 的，就可以绕过检查了。

然而，魔高一丈，道高一丈二。Google 在 Android P 的正式版中势必会推出更严厉的限制方案，到时候，又会有新的解决方案面世，让我们拭目以待。

其实，开发者是无意和 Google 进行技术对抗的，这是毫无意义的。泛滥成灾的修改导致了 App 大量的崩溃，Google 实在看不下去了，所以才搞出这套限制方案；另一方面，插件化技术是刚需，尤其在中国的互联网行业，App 崩溃会直接影响使用，很可能导致经济损失，所以开发者才会不惜一切代价走插件化这条路。

再回到限制方案来，Google 也不是清一色不要开发者使用系统底层的标记为 hide 的 API，而是推出了一组黑灰名单，如下所示：

名　　单	影　　响
light-greylist 浅灰名单	仅打印警告日志，Google 尽可能在未来版本提供 public API
dark-greylist 深灰名单	第三方 App 不能访问，开发者可以申请把这份清单中的某些 API 加入到浅灰名单
blacklist 黑名单	第三方 App 不能访问

所以，另一种应对策略是，在插件化中使用浅灰名单中的 API，比如说 ActivityThread 的 currentActivityThread 方法。

Google 的这组清单还在持续调整中，据我所知，给各大手机厂商的清单与其在社区中发布的清单略有出入。在 Android P 的正式版本中，这份清单会最终确定下来。所以现在中国的各个插件化框架的开发人员，都在等 Android P 的正式版本发布后再制定相应的策略。留给中国队的时间不多了。

这本书的来龙去脉

这是一本酝酿了 3 年的书。

早在 2015 年 Android 插件化技术百家争鸣时，我就看好这个技术，想写一本书介绍这

⊖　项目地址参见：https://github.com/houkx/android-pluginmgr

个技术，但当时的积累还不够。那年，我在一场技术大会上发表了《Android 插件化从入门到放弃》演讲，四十五分钟介绍了插件化技术的皮毛。后来这个演讲内容被整理成文章发布到网上，流传很广。

2017 年 1 月，有企业要我去讲 2 天 Android 插件化技术。为此，我花了一个月时间，准备了四十多个例子。这是我第一次系统地积累了素材。

2017 年 6 月，我在腾讯课堂做 Android 线上培训，为了宣传推广我的课程，我写了一系列文章《写给 Android App 开发人员看的 Android 底层知识》，共 8 篇，没列太多代码，完全以 UML 图的方式向读者普及 Binder、AIDL、四大组件、AMS、PMS 的知识。本书的第 2 章就是在这 8 篇文章的基础之上进行扩充的。

2018 年 1 月，我父亲住院一周。我当时在医院每天晚上值班。老爷子半夜打呼噜，吵得我睡不着，事后我才知道，我睡着了打呼噜声音比他还大。半夜睡不着时就开始了本书的写作，每晚坚持写到凌晨两三点。直到父亲出院，这本书写了将近五分之一。

碰巧的是，这一年 5 月底我结婚，促使我想在 5 月初完成这本书的一稿，为此，我宅在家里整整写了 3 个月。仅以此书作为新婚礼物献给我亲爱的老婆，感谢你的理解，这本书才得以面世。

这两年我在忙什么

2016 年 5 月写完《App 研发录》后不久，我就从一线互联网公司出来，开始了长达两年的 App 技术培训工作。一改之前十几年在办公室闷头研究技术的工作方式，开始在全中国飞来飞去，给各大国企、传统公司、手机商的 Android 和 iOS 团队进行培训。这两年去过了近百家公司，有了很多与过去十几年不一样的感受。

App 开发人员的分布也呈金字塔型，在金字塔尖的自然是那些一线互联网的开发人员，他们掌握 Android 和 iOS 最先进的技术，比如组件化、插件化等技术，但这些人毕竟是少数。而位于金字塔底端的开发人员则是大多数，他们大都位于创业公司或者传统行业，相应的 App 侧重于业务的实现，对 App 的高端技术，用得不多，需要不断补充新知识。另外，我在腾讯课堂讲了几个月 App 开发课程的过程中，认识了很多学员，有几千粉丝，同样面临需要不断学习新知识。

写作这本书的目的，是向广大 Android 开发人员普及插件化技术。

这本书里讲些什么

战战兢兢写下这本书，有十几万字，仍不能覆盖 Android 插件化的所有技术。因为插件化技术千头万绪，流派众多，我想从最基本的原理讲起，配合大量的例子，希望能帮助完全不懂 Android 插件化技术的小白，升级为一个精通这类技术的高手。

面对业内各种成熟的插件化框架，我只选取了具有代表意义的 DroidPlugin、DL、Small 和 Zeus 进行介绍，这几个框架基本覆盖了插件化编程的所有思想，而且非常简单，像 Zeus 只有 11 个类，就支撑起掌阅 App 的插件化。而对于后期推出的 VirtualApk、Atlas、Replugin 等，在本书中并没有介绍，主要是因为这些框架都是大块头，代码量很多，我没有精力再去研究和学习了。但这些企业级插件化框架所用的技术，本书都有涉及。

本书的结构及内容

全书分为三大部分，共 22 章。第 1 部分"预备知识"包括第 1~5 章，是进行 Android 插件化编程的准备知识。第 2 部分"解决方案"包括第 6~16 章，详细介绍并分析了插件化编程的各种解决方案。第 3 部分"相关技术"包括第 17~21 章，介绍插件化编程的周边技术，并对纷繁复杂的插件化技术进行了总结。

第 1 章介绍的是 Android 插件化的历史，可以当作小说来读，茶余饭后，地铁站中就可以读完。

第 2 章介绍 Android 底层知识，涉及那些与 Android 插件化相关的知识，比如 Binder 和 AIDL，Android App 的安装流程和启动流程，ActivityThread，LoadedApk，Android 四大组件的运行原理。这一章篇幅较多，需要仔细研读。其中，讲到一个音乐播放器的例子，帮助大家更加深刻地认识 Android 的四大组件。

第 3 章讲反射，详细介绍了构造函数、方法、字段、泛型的反射语法。这章介绍了 Java 领域很火的一个开源库 jOOR，可惜，它对 Android 的支持并不是很好，所以这章还介绍了我们自己封装的 RefInvoke 类，这个类将贯穿本书，基本上所有源码例子都会使用到它。

第 4 章讲代理模式。这个模式在 Android 中最著名的实现就是 Proxy.newProxyInstance 方法。基于此，我们 Hook 了 AMS 和 PMS 中的一些方法。

第 5 章是第 4 章的延续，仍然是基于 Proxy.newProxyInstance 方法，Hook 了 Activity 的启动流程，从而可以启动一个没有在 AndroidManifest 中声明的 Activity，这是插件化的核心技术之一。

第 6 章介绍了如何加载插件 App，以及如何对插件化项目的宿主 App 和插件 App 同时进行调试。说到插件化编程，离不开面向接口编程的思想，这章也花了很多笔墨介绍这个思想，以及具体的代码实现。

第 7 章介绍了资源的加载机制，包括 AssetManager 和 Resources，并给出了资源的插件化解决方案，从而为 Activity 的插件化铺平了道路。另外还介绍了换肤技术的插件化实现。

第 8 章介绍了最简单的插件化解决方案，通过在宿主 App 的 AndroidManifest 中事先声明插件中的四大组件。为了能让宿主 App 随意加载插件的类，这章介绍了合并 dex 的技术方案。

第 9 章到第 12 章介绍了 Android 四大组件的插件化解决方案。四大组件的生命周期各不相同，所以它们各自的插件化解决方案也都不同。

第13章、第14章介绍了 Android 插件化的静态代理的解决方案。这是一种"牵线木偶"的思想，我们不用 Hook 太多 Android 系统底层的代码。

第15章再次讲到资源，这次要解决的是宿主和多个插件的资源 id 值冲突的问题。这一章介绍了多种解决方案，包括思路分析、代码示例。

第16章介绍一种古老的插件化解决方案，通过动态替换 Fragment 的方式。

第17章介绍了 App 的降级解决方案。一旦插件化方案不可用，那么我们仍然可以使用 H5，来替换任何一个 App 原生页面。

第18章介绍了插件的混淆技术。有时候宿主 App 和插件 App 都会引用 MyPluginLibrary 这个类库，这个公用类库是否要混淆，相应有两种不同的混淆方案。

第19章介绍了增量更新技术。这是插件化必备的技术，从而保证插件的升级，不需要从服务器下载太大的包。

第20章介绍了 so 的插件化解决方案。这章详细介绍了 so 的加载原理，以及从服务器动态加载 so 的方案，基于此，有两种 so 的插件化解决方案。

第21章介绍了 gradle-small 这个自定义 Gradle 插件。这章是对第15章的补充，是另一种解决插件资源 id 冲突的方案。

第22章作为整本书的结尾，系统总结了 Android 插件化的各种解决方案。如果读者能坚持读到这最后一章，可以帮助读者巩固这些知识。

关于本书名词解释

本书有很多专业术语，刚接触 Android 插件化的读者可能不容易理解。有一些专业术语还有别称或者简称，我在这里罗列出最常见的一些术语：

- ❑ HostApp，本书中有时也写作"宿主 App"。用于承载各种插件 App，是最终发版的 App。我们从 Android 市场上下载的都是 HostApp。
- ❑ Plugin，本书中有时也写作"插件"、"插件 App"。
- ❑ Receiver，是 BroadcastReceiver 的简称，Android 四大组件之一。
- ❑ AndroidManifest，也就是 AndroidManifest.xml。
- ❑ Hook，就是使用反射修改 Android 系统底层的方法和字段。
- ❑ AMS，是 ActivityManagerService 的简称，在 App 运行时和四大组件进行通信。
- ❑ PMS，是 PackageManagerService 的简称，用于 App 的安装和解析。

关于本书的源码

本书精心挑选了 70 多个例子，都可以直接下载使用，正文中都列出了代码名称，在相应网站可以找到。附录 B 还列出了所有源码对应的章节。

致谢

几乎所有的书都千篇一律地感谢很多人，却不写为什么要感谢他们。我在这里一定要把感谢的理由说清楚。

首先，感谢我那古灵精怪的老婆郭曼云。谢谢她在我人生迷惘的时候及时出现，陪我玩王者荣耀，带我骑小黄车去散心，看电影时一起八卦剧情然后被坐在旁边的观众出声制止。她每天要我做不一样的饭菜给她吃，把我锻炼成厨房小能手，我现在已经习惯于每天傍晚五点半就放下手中所有的活儿，愉快地投入买菜做饭的工作。

感谢张勇、任玉刚、罗迪、黄剑、林光亮、邓凡平、王尧波、田维术等 Android 领域的朋友们，我在写作这本书的时候，经常会遇到各种疑惑，每次问到他们，他们都会不厌其烦地给我详细解答。

在这里，尤其感谢田维术，他的技术博客（weishu.me）"介绍插件化的一系列文章"对我的影响很大，可惜没写完，只讲了 Binder 原理和四大组件的插件化方案。本书的部分章节参考了他的博客文章，对他提供的一些代码例子进行了二次加工。经过他本人同意后，收入这本书中。代码中的很多类上都标注了作者是 weishu，以表达对他的感谢。

感谢任正浩、霹雳娇娃、赵越、Dinosaur 等这群狐朋狗友的陪伴，我从互联网公司出来转型做 App 技术培训的过程中，整理了半年 PPT 教程后才开始陆陆续续接到单子，在这半年时间里，我就跟这帮学弟学妹厮混在一起，爬山、撕名牌、唱 K、密室逃脱、狼人杀，还有一阵时间沉迷于你画我猜。那是我最惬意的一段时光。

感谢我爸我妈以及咱爸咱妈，你们的女儿我一定照顾好。虽然北京与天津距离那么近，很抱歉还是不能常回家看看，我永远是那么忙，忙着去追求事业的成功，距离财务自由还很远，但是我一直在努力。

最后，感谢曹洪伟等 21 位社区朋友的辛勤劳动，把这本书翻译为英文，限于篇幅，这里就不一一致谢了。接下来，这本书的英文版本会在国外网站社区逐篇发布，乃至出版成书，让全世界的 Android 开发人员看到中国工程师们的智慧结晶。

包建强
2018 年 6 月于北京

目 录 *Contents*

附录

第一部分 *Part 1*

预 备 知 识

Chapter 1 第 1 章

插件化技术的昨天、今天与明天

这是最好的时代，国内各大应用市场对插件化技术的态度是开放的，因此，国内各大互联网 App 无一不有自己的插件化框架。有了开放的环境，才会有无数英雄大展身手，在 Android 插件化的领域中出现百家争鸣、百花齐放的局面。

这是最坏的时代，随着插件化技术在中国的普及，你会发现，去中国的各大互联网公司面试，一般都会聊聊插件化的技术。这就使得开发人员要去了解 Android 底层的知识，这无形中增加了学习难度。

本章将介绍插件化的概念、历史及应用，为后续学习插件化技术，提供基础。

1.1 插件化技术是什么

一个游戏平台，比如联众，支持上百种游戏，如象棋、桥牌、80 分。一个包括所有游戏的游戏平台往往有上百兆的体积，需要下载很卡时间，但是用户往往只玩其中的 1~2 款游戏。让用户下载并不会去玩的上百款游戏，是不明智的做法。此外，任何一个游戏更新或者新上线一个游戏，都需要重新下载数百兆的安装包，也会让用户抓狂。

所以，游戏平台必然采用插件化技术。

通常的做法是，只让用户下载一个十几兆大小的安装包，其中只包括游戏大厅和一个全民类游戏，如"斗地主"。用户进入游戏大厅，可以看到游戏清单，点击"80 分"就下载 80 分的游戏插件，点击"中国象棋"就下载中国象棋的游戏插件，这称为"按需下载"。这就需要插件化编程，不过这是基于电脑上的游戏平台，是一个个 exe 可执行文件。

在 Android 领域，是没有 exe 这种文件的。所有的文件都会被压缩成一个 apk 文件，然后下载到本地。Android 应用中所谓的安装 App 的过程，其实就是把 apk 放到本地的一个目录，然后使用 PMS 读取其中的权限信息和四大组件信息。所以 Android 领域的插件化编程，与电脑上的软件的插件化编程是不一样的。

其实，在 Android 领域，对于游戏而言，用的还真不是插件化技术，而是从服务器动态下发脚本，根据脚本中的信息，修改人物属性，增加道具和地图。

Android 插件化技术，主要用在新闻、电商、阅读、出行、视频、音乐等领域，比如说旅游类 App，因为涉及下单和支付，所以算是电商的一个分支，旅游类 App 可以拆分出酒店、机票、火车票等完全独立的插件。

1.2　为什么需要插件化

在那山的这边海的那边有一群程序员，

他们老实又腼腆，

他们聪明又有钱。

他们一天到晚坐在那里熬夜写软件，

饿了就咬一口方便面。

哦苦命的程序员，

哦苦命的程序员，

只要一改需求他们就要重新搞一遍，

但是期限只剩下两天。

这首改编自《蓝精灵》主题曲的《程序员之歌》，道出了中国互联网行业的程序员现状。

就在 Android 程序员疯狂编写新需求之际，自然会衍生出各种 bug，甚至是崩溃。App 有 bug，会导致用户下不了单，而一旦崩溃，那就连下单页面都进不去，因此我们要在最短时间内修复这些问题，重新发版到 Android 各大市场已经来不及，每分每秒都在丢失生意，因此，Android 插件化的意义就体现出来了，不需要用户重新下载 App，分分钟就能享受到插件新的版本。

另一方面，如果要和竞争对手抢占市场，那么谁发布新功能越快越多，对市场对用户的占有率就越高。如果隔三岔五就发布一个新版本到 Android 各大市场，那么用户会不胜其烦，发版周期固定为半个月，又会导致新功能长期积压，半个月后才能让用户见到，而竞争对手早就让用户在使用同样的新功能了。这时候，如果有插件化技术支持，那么新功能就可以在做完之后立刻让用户看到，这可是让竞争对手闻风丧胆的手段。

1.3　插件化技术的历史

2012 年 7 月 27 日，是 Android 插件化技术的第一个里程碑。大众点评的屠毅敏

（Github 名为 mmin18），发布了第一个 Android 插件化开源项目 AndroidDynamicLoader [⊖]，大众点评的 App 就是基于这个框架来实现的。这是基于 Fragment 来实现的一个插件化框架。通过动态加载插件中的 Fragement，来实现页面的切换，而 Activity 作为 Fragement 的容器却只有一个。我们也是在这个开源项目中第一次看到了如何通过反射调用 AssetManger 的 addAssetPath 方法来处理插件中的资源。

2013 年，出现了 23Code。23Code 提供了一个壳，在这个壳里可以动态下载插件，然后动态运行。我们可以在壳外编写各种各样的控件，在这个框架下运行。这就是 Android 插件化技术。这个项目的作者和开源地址，我不是很清楚，如果作者恰巧读到我这本书，请联系我，咱们一起喝杯咖啡。

2013 年 3 月 27 日，第 16 期阿里技术沙龙，淘宝客户端的伯奎做了一个技术分享，专门讲淘宝的 Atlas 插件化框架，包括 ActivityThread 那几个类的 Hook、增量更新、降级、兼容等技术。这个视频[⊖]，只是从宏观来讲插件化，具体怎么实现的并没说，更没有开源项目可以参考。时隔 5 年再看这个视频，会觉得很简单，但在 2013 年，这个思想还是很先进的，毕竟那时的我还处在 Android 入门阶段。

2014 年 3 月 30 日 8 点 20 分，是 Android 插件化的第二个里程碑。任玉刚开源了一个 Android 插件化项目 dynamic-load-apk[⊜]，这与后续介绍的很多插件化项目都不太一样，它没有对 Android 系统的底层方法进行 Hook，而是从上层，也就是 App 应用层解决问题——通过创建一个 ProxyActivity 类，由它来进行分发，启动相应的插件 Activity。因为任玉刚在这个框架中发明了一个 that 关键字，所以我在本书中把它称为 that 框架。其实作者不喜欢我给他的最爱起的这个外号，他一直称之为 DL。曾经和玉刚在一起吃饭聊天，他感慨当年如何举步维艰地开发这个框架，因为 2014 年之前没有太多的插件化技术资料可以参考。

that 框架一开始只有 Activity 的插件化实现，后来随着田啸和宋思宇的加入，实现了 Service 的插件化。2015 年 4 月 that 框架趋于稳定。那时我在途牛做 App 技术总监，无意中看到这个框架，毅然决定在途牛的 App 中引入 that 框架。具体实施的是汪亮亮和魏正斌，他们当时一个初为人父另一个即将为人父，还是咬牙把这个 that 框架移植到了途牛 App 中。that 框架经受住了千万级日活 App 的考验，这是它落地的第一个实际项目[⊗]。

与此同时，张涛也在研究插件化技术[⊕]，并于 2014 年 5 月发布了他的第一个插件化框架 CJFrameForAndroid[⊗]。它的设计思想和 that 框架差不多，只是把 ProxyActivity 和 ProxyService

⊖ 开源项目地址：https://github.com/mmin18/AndroidDynamicLoader
⊖ 视频地址：http://v.youku.com/v_show/id_XNTMzMjYzMzM2.html
⊜ 开源项目地址：https://github.com/singwhatiwanna/dynamic-load-apk
⊗ 参考文章：https://blog.csdn.net/lostinai/article/details/50496976
⊕ 张涛的开源实验室：https://kymjs.com
⊗ 开源项目地址：https://github.com/kymjs/CJFrameForAndroid

称为托管所。此外，CJFrameFor-Android 框架还给出了 Activity 的 LaunchMode 的解决方案，这是对插件化框架一个很重要的贡献，可以直接移植到 that 框架中。

2014 年 11 月，houkx 在 GitHub 上发布了插件化项目 android-pluginmgr [⊖]，这个框架最早提出在 AndroidManifest 文件中注册一个 StubActivity 来"欺骗 AMS"，实际上却打开插件中的 ActivityA。但是作者并没有使用对 Instrumnetation 和 ActivityThread 的技术进行 Hook，而是通过 dexmaker.jar 这个工具动态生成 StubActivity，StubActivity 类继承自插件中的 ActivityA。现在看来，这种动态生成类的思想并不适用于插件化，但在当时能走到这一步已经很不容易了。

同时，houkx 还发现，在插件中申请的权限无法生效，所以要事先在宿主 App 中申请所有的权限。android-pluginmgr 有两个分支——dev 分支和 master 分支。作者的插件化思想位于 dev 分支。后来高中生 Lody 参与了这个开源项目，把 android-pluginmgr 设计为对 Instrumnetation 的思想进行 Hook，体现在 master 分支上，但这已是 2015 年 11 月的事情了。

2014 年 12 月 8 日有一个好消息，那就是 Android Studio1.0 版本出现了。Android 开发人员开始逐步抛弃 Eclipse，而投入 Android Studio 的怀抱。Android Studio 借助于 Gradle 来编译和打包，这就使插件化框架的设计变得简单了许多，排除了之前 Eclipse 还要使用 Ant 来运行 Android SDK 的各种不便。

时间到了 2015 年。高中生 Lody 此刻还是高二学生。他是从初中开始研究 Android 系统源码的。他的第一个著名的开源项目是 TurboDex [⊜]，能够以迅雷不及掩耳之势加载 dex，这在插件化框架中尤其好用，因为首次加载所有的插件需要花很久的时间。

2015 年 3 月底，Lody 发布插件化项目 Direct-Load-apk [⊜]。这个框架结合了任玉刚的 that 框架的静态代理思想和 Houkx 的 pluginmgr 框架的"欺骗 AMS"的思想，并 Hook 了 Instrumnetation。可惜 Lody 当时还是个学生，没有花大力气宣传这个框架，以至于没有太多的人知道这个框架的存在。Lody 的传奇还没结束，后来他投身于 VirtualApp，这是一个 App，相当于 Android 系统之上的虚机，这是一个更深入的技术领域，我们稍后再提及。

2015 年 5 月，limpoxe 发布插件化框架 Android-Plugin-Framework ^⑭。

2015 年 7 月，kaedea 发布插件化框架 android-dynamical-loading ^⑮。

2015 年 8 月 27 日，是 Android 插件化技术的第三个里程碑。张勇的 DroidPlugin 问世了。张勇当时在 360 的手机助手团队，DroidPlugin 就是手机助手使用的插件化框架。这个框架的神奇在于，能把任意的 App 都加载到宿主里面去。你可以基于这个框架写一个宿主 App，然后就可以把别人写的 App 都当作插件来加载。

⊖　开源项目地址：https://github.com/houkx/android-pluginmgr
⊜　开源项目地址：https://github.com/asLody/TurboDex
⊜　开源项目地址：http://git.oschina.net/oycocean/Direct-Load-apk
⑭　开源项目地址：https://github.com/limpoxe/Android-Plugin-Framework
⑮　开源项目地址：https://github.com/kaedea/android-dynamical-loading

DroidPlugin 的功能很强大，但强大的代价就是要 Hook 很多 Android 系统的底层代码，而且张勇没有给 DroidPlugin 项目加任何说明文档，导致这个框架不太容易理解。网上有很多人写文章研究 DroidPlugin，但其中写得最好的是田维术⊖。他当时就在 360，刚刚毕业转正，写出一系列介绍 DroidPlugin 思想的文章，包括 Binder 和 AIDL 的原理、Hook 机制、四大组件的插件化机制等。

2015 年是 Android 插件化蓬勃发展的一年，不光有 that 框架和 DroidPlugin，很多插件化框架也在这个时候诞生。

OpenAtlas 这个项目是 2015 年 5 月发布在 Github 上的，后来改名为 ACDD。里面提出了通过修改并重新生成 aapt 命令，使得插件 apk 的资源 id 不再是固定的 0x7f，可以修改为 0x71 这样的值。这就解决了把插件资源合并到宿主 HostApp 资源后资源 id 冲突的问题。

OpenAtlas 也 是 基 于 Hook Android 底 层 Instrumentation 的 execStartActivity 方法，来实 现 Activity 的 插 件 化。此 外，OpenAltas 还 Hook 了 ContextWrapper，在其中重写了 getResource 等方法，因为 Activity 是 ContextWrapper 的 "孙子"，所以插件 Activity 就会继承这些 getResource 方法，从而取到插件中的资源——这种做法现在已经不用了，我们是通过为插件 Activity 创建一个基类 BasePluginActivity 并在其中重写 getResource 方法来实现插件资源加载的。

携程于 2015 年 10 月开源了他们的插件化框架 DynamicAPK ⊖，这是基于 OpenAltas 框架基础之上，融入了携程自己特殊的业务逻辑。

2015 年 12 月底，林光亮的 Small 框架发布，他当时在福建一家二手车交易平台，这个框架是为这个二手车平台的 App 量身打造的，主要特点如下：

❏ Small 把插件的 ClassLoader 对应的 dex 文件，塞入到宿主 HostApp 的 ClassLoader 中，从而 HostApp 可以加载任意插件的任意类。

❏ Small 框架通过 Hook Instrumentation 来启动插件的 Activity，这一点和 DroidPlugin 相同，那么自然也会在 AndroidManifest 中声明一个 StubActivity，来 "欺骗 AMS"。

❏ Small 框架对其他三大组件的支持，需要提前在宿主 HostApp 的 AndroidManifest 中声明插件的 Service、Receiver 和 ContentProvider。

❏ Small 对资源的解决方案独树一帜。使用 AssetManager 的 addAssetPath 方法，把所有插件的资源都合并到宿主的资源中，这时候就会发生资源 id 冲突的问题。Small 没有采用 Atlas 修改 AAPT 的思路，而是在生成插件 R.java 和 resources.arsc 这两个文件后，把插件 R.java 中所有资源的前缀从 0x7f 改为 0x71 这样的值，同时也把 resources.arsc 中出现 0x7f 的地方也改为 0x71。

⊖ 田维术的技术博客：http://weishu.me
⊖ 开源项目地址：https://github.com/CtripMobile/DynamicAPK

随着 2015 年的落幕，插件化技术所涉及的各种技术难点都已经有了一种甚至多种解决方案。在这一年，插件化技术领域呈现了百家争鸣的繁荣态势。这一时期以个人主导发明的插件化框架为主，基本上分为两类——以张勇的 DroidPlugin 为代表的动态替换方案，以任玉刚的 that 框架为代表的静态代理方案。

就在 2015 年，Android 热修复技术和 React Native 开始进入开发者的视线，与 Android 插件化技术平分秋色。Android 插件化技术不再是开发人员唯一的选择。

从 2016 年起，国内各大互联网公司陆续开源了自己研发的插件化框架。这时候已经没有什么新技术出现了，因为插件化所有的解决方案都已经在 2015 年由个人开发者给出来了。互联网公司是验证这些插件化技术是否可行的最好的平台，因为他们的 App 拥有动辄千万用户的日活。

按时间顺序列举插件化框架如下：

2016 年 8 月，掌阅推出 Zeus [⊖]。

2017 年 3 月，阿里推出 Atlas [⊜]。

2017 年 6 月 26 日，360 手机卫士的 RePlugin [⊜]。

2017 年 6 月 29 日，滴滴推出 VisualApk ®。

仔细读这些框架的源码会发现，互联网公司开源的这些框架更多关注于：

❑ 插件的兼容性，包括 Android 系统的升级对插件化框架的影响，各个手机 ROM 的不同而对插件化的影响。

❑ 插件的稳定性，比如各种奇葩的崩溃。

❑ 对插件的管理，包括安装和卸载。

斗转星移，时光荏苒，虽然只有几年时间，但各个插件化框架已经渐趋稳定，现在做插件化技术的开发人员，只需要关注每年 Android 系统版本的升级对自身框架的影响，以及如果消除这种影响。

随着插件化领域的技术基本成型，我身边很多做插件化的朋友都开始转行，有的人还在 Android 这个领域，比如张勇基于他的 DroidPlugin 框架，在做他的创业项目闪电盒子；有的人转入区块链，每天沉浸于用 GO 语言写智能合约。

谨以此文献给那些在插件化领域中做出过贡献的朋友们，包括开源框架的作者，以及写文章传经布道的作者。我的见识有限，有些人、有些框架、有些文章可能会没有提及，欢迎广大读者多多指正。

⊖　开源项目地址：https://github.com/iReaderAndroid/ZeusPlugin

⊜　开源项目地址：https://github.com/alibaba/atlas

⊜　开源项目地址：https://github.com/Qihoo360/RePlugin

®　开源项目地址：https://github.com/didi/VirtualAPK

1.4 插件化技术的用途到底是什么

我们曾经天真地认为，Android 插件化是为了增加新功能，或者增加一个完整的模块。费了不少时间和精力，等项目实施了插件化后，我们才发现，插件化 80% 的使用场景，是为了修复线上 bug。在这一点上，插件化与 Tinker、Robust 这类热修复工具拥有相同的能力，甚至比热修复工具做得更好。

App 每半个月发一次版，新功能上线，一般都会等这个时间点。另一方面，很多公司的 Android 发版策略是受 iPhone 新版本影响的，新功能要等两个版本一起面世，那就只有等 Apple Store 审核通过 iPhone 的版本，Android 才能发版。所以，真的不是那么着急。

在没有插件化的年代，我们做开发都是战战兢兢的，生怕写出什么 bug，非常严重的话就要重新发版本。有了插件化框架，开发人员没有了后顾之忧，于是 App 上线后，每个插件化，每天都会有一到两个新版本发布。Android 插件化框架，已经沦落为 bug 修复的工具。这是我们不愿看到的场景。

其实，插件化框架更适合于游戏领域。比如王者荣耀，经常都会有新皮肤，或者隔几天上线一个新英雄，调整一下英雄的数据，这些都不需要重新发版。

插件化还有一种很好的使用场景，那就是 ABTest，只是没有深入人心罢了。当产品经理为两种风格的设计举棋不定时，那么把这两种策略做成两个插件包，让 50% 的用户下载 A 策略，另外 50% 的用户下载 B 策略，一周后看数据，比如说页面转化率，就知道哪种策略更优了。这就是数据驱动产品。

随着业务线的独立，Android 和 iOS 团队拆分到各自的业务线，有各自的汇报关系，因此有必要把酒店机票火车票这些不同的业务拆分成不同的模块。在 Android 组件化中，模块之间还是以 aar 的方式进行依赖的，所以我们可以借助 Maven 来管理这些 aar。

Android 的这种组件化模型，仅适用于开发阶段，一旦线上有了 bug，或者要发布新功能，那就需要将所有模块重新打包一起发布新版本。

Android 组件化再往前走一步，就是插件化。此时，各个业务模块提供的就不再是 aar 了，而是一个打包好的 apk 文件，放在宿主 App 的 assets 目录下。这样，发版后，某个模块有更新，只需重新打包这个模块的代码，生成增量包，放到服务器上供用户下载就可以了。这才是 Android 插件化在企业级开发中的价值所在。一般的小公司只做了 Android 组件化，没有做插件化，所以体会不到这个好处，这是因为插件化开发成本很高，投入产出比很低。

1.5 更好的替代品：React Native

2015 年, React Native（RN）横空出世, 当时并没有多少人关注它，因为它还很不成熟，甚至连基本的控件都没几个。后来随着 RN 项目的迭代，功能日趋完善，虽然迄今为止还没有一个 1.0 的 release 版本，我们还是欣喜地发现，这个东西就是 Android 和 iOS 的插件化啊。

外国人和中国人的思路不一样。就好像国际象棋与中国象棋不一样。当我们投入大量人力去钻研怎么 Hook Android 系统源码的时候，外国人走的是另一条路，那就是映射，让 Android 或 iOS 中的每个控件，在 RN 中都能找到相对应的控件。RN 是基于 JavaScript 代码来编写的，打包后放到服务器，供 Android 和 iOS 的 App 下载并使用。

RN 比 Android 插件化更好的地方在于它还支持 iOS，因此最大程度地实现了跨平台。于是当我们一厢情愿地以为 Android 插件化多么好用，而对 iOS 如何发布新功能一筹莫展时，便有了 RN 这个更好的选择。至于性能，二者差别不大，RN 在 iOS 和 Android 上都很流畅，这一点不用担心。

对于中小型公司和创业公司而言，缺少人力和财力自己研制一套插件化框架，一般就采用国内比较稳定的、开源的、持续更新的插件化框架。但 iOS 没有这方面的技术框架，尤其是在 jsPatch 热修复被 AppStore 明令禁止了之后，最好的选择就是 RN。只要招聘做 JavaScript 前端的技术人员，就能快速迭代、快速上线了，完全不受发版的限制。我是从研发的岗位走出来，在国内做了两年培训，全国各地走了上百家公司，包括大型国企、二三线互联网公司、传统行业，我发现国内 90% 的公司都属于这种类型，国内对 RN 的需求远大于 Android 插件化。

关于 RN 的话题，至少要一本书才能说清楚。本书主要介绍 Android 插件化，这里只指出 Android 插件化不如 RN 的地方。

1.6　只有中国这么玩吗

有读者会问，Android 插件化在中国如火如荼，为什么在国外却悄无声息？打开硅谷那些独角兽的 App，都没有发现插件化的影子。

一方面原因是，国外人都使用 Google Play，这个官方市场不允许插件化 App 的存在，审核会不通过，这就很像 Apple Store 了。

另一方面原因是，国外没有这样的需求。所以当你发现国外某款 App 显示数据错误了，或者莫名其妙崩溃了，就算你反馈给他们，得到的也是一副坐看闲云、宠辱不惊的回复——下个版本再修复吧。下个版本什么时候？一个月后。

这就和中国国内的 App 境遇不同了。在互联网公司，特别是有销售业务的公司，任何数据显示的错误或者崩溃，都会导致订单数量的下降，直接影响的是钱啊。所以，我经常半夜被叫醒去修 bug，然后快速出新版本的插件包，避免更多订单的损失。

国内的一二线互联网公司，会花很多钱雇佣一群做插件化框架的人，框架设计完，他们一般会比较闲。在 Android 每年发布新版本的时候，他们会很忙，去研究新版本改动了哪些 Android 系统源码，会对自家公司的插件化框架有什么影响。从长期来看，公司花的这些钱是划算的，基本等于没有插件化而损失的订单数量的价值。

而国内的中小型公司以及创业公司，没有额外的财力来做自己的插件化框架，一般就采用国内比较稳定的、开源插件化框架。后来有了 RN，就转投 RN 的怀抱了。

就在中国的各路牛人纷纷推出自家的 Android 插件化框架之际，国外的技术人员在研究些什么呢？

国外的技术人员比较关注用户体验，所以在国外 Material Design 大行其道，而在中国，基本是设计师只设计出 iOS 的样稿，Android 保持做的一样就够了。国外的技术人员比较关注函数式编程，追求代码的优雅、实用、健壮、复用，而不像国内的 App，为了赶进度超越竞争对手，纯靠人力堆砌代码，甚至带 bug 上线，以后有时间了再进行重构，而那时当初写代码的人也许已经离职了。

所以，当硅谷那边层出不穷地推出 ButterKnife、Dagger、OKHttp、Retrofit、RxJava 的时候，国内能拿出来与之媲美的只有各种插件化框架和热修复框架，以及双开技术。

1.7　四大组件都需要插件化技术吗

在 Android 中，Activity、Service、ContentProvider 和 BroadcastReceiver 并称为四大组件。四大组件都需要插件化吗？这些年，我是一直带着这个问题做插件化技术的。

我所工作过的几家公司都属于 OTA（在线旅游）行业。这类 App 类似于电商，包括完整的一套下单支付流程，用得最多的是 Activity，达数百个；Service 和 Receiver 用得很少，屈指可数；ContentProvider 根本就没用过。

国内大部分 App 都是如此。根据技术栈来划分 App 行业：

- ❑ **游戏类 App**，有一套自己的在线更新流程，很多用的是 Lua 之类的脚本。
- ❑ **手机助手**、**手机卫士**，这类 App 对 Service、Receiver、ContentProvider 的使用比较多。所以四大组件的插件化都必须实现。
- ❑ **音乐类**、**视频类**、**直播类 App**，除了使用比较多的 Activity，对 Service 和 Receiver 的依赖很强。
- ❑ **电商类**、**社交类**、**新闻类**、**阅读类 App**，基本是 Activity，其他三大组件使用不是很多，可以只考虑对 Activity 插件化的支持。

我们应该根据 App 对四大组件的依赖程度，来选择合适的插件化技术。四大组件全都实现插件化固然是最好的，但是如果 App 中主要是 Activity，那么选择静态代理 that 框架就够了。

1.8　双开和虚拟机

既然插件化会慢慢被 RN 所取代，那么插件化的未来是什么？答案是，虚拟机技术。

各位读者应该有过在 PC 机上安装虚拟机的经历。只要电脑的内存足够大，那么就可以同时打开多个虚拟机，在每个虚拟机上都安装 QQ 软件，使用不同的账号登录，然后自己跟自己聊天。

在 Android 系统上，是否也能支持安装一个或多个虚拟机呢？国内已经有人在做了，我所知道的，一个是高中生 Lody（当你阅读这本书的时候，他应该已经是大学生了吧），他有一个很著名的开源项目 VirtualApp [⊖]，这个项目现在已经商业化运作了。另一个是 DroidPlugin 的作者张勇，他现在创业专职做这个，在 DroidPlugin 的基础上研发了闪电盒子，可以极速加载各种 apk。

有了这样一个虚拟机系统，我们就可以在手机上打开两个不同账号的 QQ，自己和自己聊天了。

我们称同时打开一个 App 的多个分身的技术叫"双开"。现在国内有些手机系统已经支持双开技术了，可以在设置中看到这一选项。

关于双开和虚拟机的技术，我们就介绍这么多，毕竟这已经不是本书所涉及的技术范畴了。

1.9　从原生页面到 HTML 5 的过渡

无线技术越来越成熟，已经从 2012 年时的初步开荒，发展到现在的蔚为壮观。对于国人来说，我们比较关注的是：热修复、性能、开发效率、App 体积、数据驱动产品。这些点目前都已经有了很好的解决方案，也涌现出 RxJava、LeakCanary 这样优秀的框架。这个话题很大，本文就不展开说了。

由 App 技术的无比繁荣，回想起我 2004 年刚工作的时候，IT 行业正从 CS（Service-Client）转型为 BS（Browser-Server）。2004 年之前大都是 CS 这样的软件，比如 Windows 上安装一个联众的客户端就可以和网友斗地主了，后来互联网的技术成熟起来了，就把原先的系统都搬到网站上，这就是 BS。

后来 BS 做多了，大家觉得 BS 太"单薄"，很多功能不支持，不如 CS，于是就提出 SmartClient 的概念，也就是智能客户端，Outlook 就是一个很好的例子，你可以脱机读和写邮件，没网络也可以，什么时候有网络了，再将写好的邮件发送出去。

再后来 Flash 火起来了，这个本来是网页制作工具三剑客之一，却阴差阳错地成为了网页富客户端的鼻祖。在此基础上便有了 Flex，现在还有些公司在使用。微软这时候提出了 Silverlight，是搭载在网页上的。与此同时，JavaScript 也在发力，并逐渐取代前者，成为富客户端的最后赢家，那时候《JavaScript 设计模式》一书非常畅销。

JavaScript 在 2004 年仅是用来做网页特效的。时至今日，我们发现，JavaScript 经历了 Ajax、jQuery、ECMAScript 从 1 到 6、Webpack 打包，以及 Angular、React、Vue 三大主

⊖　开源项目地址：https://github.com/asLody/VirtualApp

流框架，已经变得无比强大，被封装成一门"面向对象"的语言了。

前面铺垫了那么多，就是想说明 App 也在走同样的发展道路，先沉淀几年，把网站的很多技术都搬到 App 上，也就是目前的发展阶段，差不多该有的也都有了。下一个阶段就是从 CS 过渡到 BS，Hybird 技术就类似于 BS，但是有很多缺陷，尤其是 Web Browser 性能很差，然后便出现了 React Native，HTML 5 很慢，但可以把 HTML 5 翻译成原生的代码啊。再往前发展是什么样，我不知道，但是这个发展方向是很清晰的。一方面，Android 和 iOS 技术不会消亡；另一方面 HTML 5 将慢慢成为 App 开发的主流。

1.10　本章小结

本章回顾了 Android 插件化技术的发展历史，基本上分为两大流派：静态代理和动态替换，所有的插件化框架都基于此。看完这段历史你会发现，这门技术也不是一蹴而就的，期间也经历了从无到有，以及逐步完善的过程。

插件化技术不仅仅用于修复 bug 和动态发布新功能，我们在研究插件化技术的过程中，顺带开发出了 Android 虚拟机和双开技术，这是一个新的技术领域，可以摆脱 Android 原生系统的束缚，更快地运行 App。

本章还谈到了 ReactNative，它也能修复 bug 和动态发布新功能，和 Android 插件化有异曲同工之妙。具体该采用哪门技术，取决于研发团队以 H5 为主还是以 Android 为主，取决于是否要发布到 Google Play。

第 2 章 *Chapter 2*

Android 底层知识

这一章，改编自 2017 年我的系列文章《写给 Android App 开发人员看的 Android 底层知识》[⊖]。在此基础上，扩充了 PMS、双亲委托、ClassLoader 等内容。这些 Android 底层知识都是学习 Android 插件化技术所必需的。

本章介绍的这些 Android 底层知识基于 Android 6.0.1 版本。我把本章以及整本书涉及的 Android 系统底层的类或 aidl 都搜集在一起，放在我的 GitHub 上[⊖]，读者可以下载并研读这些代码。

2.1 概述

在我还是 Android 菜鸟的时候，有很多技术我都不太明白，也都找不到答案，比如，apk 是怎么安装的？资源是怎么加载的？再比如，每本书都会讲 AIDL，但我却从来没用过。四大组件也是这个问题，我只用过 Activity，其他三个组件不但没用过，甚至连它们是做什么的，都不是很清楚。

之所以这样，是因为我一直从事的是电商类 App 开发的工作，这类 App 基本是由列表页和详情页组成的，所以我每天面对的是 Activity，会写这两类页面，把网络底层封装得足够强大就够了。绝大多数 App 开发人员都是如此。但直到接触 Android 的插件化编程和热修复技术，我才发现只掌握上述这些技术是远远不够的。

市场上有很多介绍 Android 底层的书籍，网上也有很多文章，但大都是给 ROM 开发人员看的——动辄贴出几页代码，这类书不适合 App 开发人员去阅读学习。

⊖ 文章地址：http://www.cnblogs.com/Jax/p/6864103.html
⊖ 项目地址：https://github.com/BaoBaoJianqiang/AndroidSourceCode

于是，这几年来，我一直在寻找这样一类知识，App 开发人员看了能有助于他们更好地编写 App 程序，而又不需要知道太多这门技术底层的代码实现。

这类知识分为两种：

❑ 知道概念即可，比如 Zygote，其实 App 开发人员是不需要了解 Zygote 的，知道有这么个东西是"孕育天地"的就够了，类似的还有 SurfaceFlinger、WMS 这些概念。

❑ 需要知道内部原理，比如 Binder，关于 Binder 的介绍铺天盖地，但对于 App 开发者，需要了解的是它的架构模型，只要有 Client、Server 以及 ServiceManager 就足够了。

四大组件的底层通信机制都是基于 Binder 的，我们需要知道每个组件中，分别是哪些类扮演了 Binder Client，哪些类扮演了 Binder Server。知道这些概念有助于 App 开发人员进行插件化编程。

接下来的章节将介绍以下概念，掌握了这些底层知识，就算是迈进 Android 插件化的大门了：

❑ Binder；

❑ AIDL；

❑ AMS；

❑ 四大组件的工作原理；

❑ PMS；

❑ App 安装过程；

❑ ClassLoader 以及双亲委托。

2.2　Binder 原理

Binder 的目的是解决跨进程通信。关于 Binder 的文章实在是太多了，每篇文章都能从 Java 层讲到 C++ 层，App 开发人员其实是没必要了解这么多内容的。我们看看对 App 开发有用的几个知识点：

1）Binder 分为 Client 和 Server 两个进程。

注意，Client 和 Server 是相对的。谁发消息，谁就是 Client，谁接收消息，谁就是 Server。举个例子，进程 A 和进程 B 之间使用 Binder 通信，进程 A 发消息给进程 B，那么这时候 A 是 Binder Client，B 是 Binder Server；进程 B 发消息给进程 A，那么这时候 B 是 Binder Client，A 是 Binder Server。其实，这么说虽然简单，但是不太严谨，我们先这么理解。

2）Binder 的组成。

Binder 的架构如图 2-1 所示，图中的 IPC 即为进程间通信，ServiceManager 负责把 Binder Server 注册到一个容器中。

有人把 ServiceManager 恰当地比喻成电话局，存储着每个住宅的座机电话。张三给李四打电话，拨打电话号码，会先转接到电话局，电话局的接线员查到这个电话号码的地址，因为李四的电话号码之前在电话局注册过，所以就能拨通；如果没注册，就会提示该号码不存在。

对照着 Android Binder 机制和图 2-1，张三就是 Binder Client，李四就是 Binder Server，电话局就是 ServiceManager，电话局的接线员在这个过程中做了很多事情，对应着图中的 Binder 驱动。

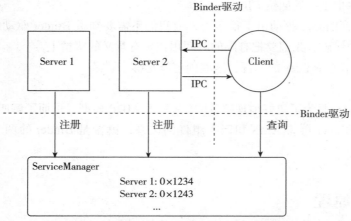

图 2-1　Binder 的组成（摘自田维术的博客）

3）Binder 的通信过程。

Binder 通信流程如图 2-2 所示，图中的 SM 即为 ServiceManager。我们看到，Client 不可以直接调用 Server 的 add 方法，因为它们在不同的进程中，这时候就需要 Binder 来帮忙了。

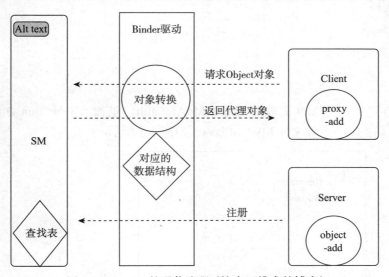

图 2-2　Binder 的通信流程（摘自田维术的博客）

❑ 首先，Server 在 SM 容器中注册。
❑ 其次，Client 若要调用 Server 的 add 方法，就需要先获取 Server 对象，但是 SM 不会把真正的 Server 对象返回给 Client，而是把 Server 的一个代理对象，也就是

Proxy，返回给 Client。

❏ 再次，Client 调用 Proxy 的 add 方法，ServiceManager 会帮它去调用 Server 的 add
方法，并把结果返回给 Client。

以上这 3 步，Binder 驱动出了很多力，但我们不需要知道 Binder 驱动的底层实现，这
涉及 C 或 C++ 的代码。我们要把有限的时间用在更有意义的事情上。

App 开发人员对 Binder 的掌握，这些内容就足够了。

综上所述：

1）学习 Binder 是为了更好地理解 AIDL，基于 AIDL 模型，进而了解四大组件的原理。

2）理解了 Binder 再看 AMS 和四大组件的关系，就像是 Binder 的两个进程 Server 和
Client 通信。

2.3 AIDL 原理

AIDL 是 Binder 的延伸。一定要先了解前文介绍的 Binder，再来看 AIDL。要按顺序阅读。

Android 系统中很多系统服务都是 AIDL，比如剪切板。举这个例子是为了让 App 开发
人员知道 AIDL 和我们距离非常近，无处不在。

学习 AIDL 需要知道下面几个类：

❏ IBinder

❏ IInterface

❏ Binder

❏ Proxy

❏ Stub

当我们自定义一个 aidl 文件时（比如 MyAidl.aidl，里面有一个 sum 方法），Android
Studio 会帮我们生成一个类文件 MyAidl.java，如图 2-3 所示。

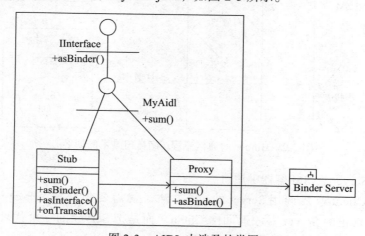

图 2-3　AIDL 中涉及的类图

我们把 MyAidl.java 中的三个类拆开，就一目了然了，如下所示：

```java
public interface MyAidl extends android.os.IInterface {
    public int sum(int a, int b) throws android.os.RemoteException;
}


public abstract class Stub extends android.os.Binder implements jianqiang.com.
    hostapp.MyAidl {
    private static final java.lang.String DESCRIPTOR = "jianqiang.com.hostapp.
        MyAidl";

    static final int TRANSACTION_sum = (android.os.IBinder.FIRST_CALL_TRANSACTION
        + 0);

    /**
     * Construct the stub at attach it to the interface.
     */
    public Stub() {
        this.attachInterface(this, DESCRIPTOR);
    }

    /**
     * Cast an IBinder object into an jianqiang.com.hostapp.MyAidl interface,
     * generating a proxy if needed.
     */
    public static jianqiang.com.hostapp.MyAidl asInterface(android.os.IBinder
        obj) {
        if ((obj == null)) {
            return null;
        }
        android.os.IInterface iin = obj.queryLocalInterface(DESCRIPTOR);
        if (((iin != null) && (iin instanceof jianqiang.com.hostapp.MyAidl))) {
            return ((jianqiang.com.hostapp.MyAidl) iin);
        }
        return new jianqiang.com.hostapp.MyAidl.Stub.Proxy(obj);
    }

    @Override
    public android.os.IBinder asBinder() {
        return this;
    }

    @Override
    public boolean onTransact(int code, android.os.Parcel data, android.os.Parcel
        reply, int flags) throws android.os.RemoteException {
        switch (code) {
            case INTERFACE_TRANSACTION: {
                reply.writeString(DESCRIPTOR);
                return true;
            }
            case TRANSACTION_sum: {
```

```
                    data.enforceInterface(DESCRIPTOR);
                    int _arg0;
                    _arg0 = data.readInt();
                    int _arg1;
                    _arg1 = data.readInt();
                    int _result = this.sum(_arg0, _arg1);
                    reply.writeNoException();
                    reply.writeInt(_result);
                    return true;
                }
            }

        return super.onTransact(code, data, reply, flags);
    }
}

class Proxy implements jianqiang.com.hostapp.MyAidl {
    private android.os.IBinder mRemote;

    Proxy(android.os.IBinder remote) {
        mRemote = remote;
    }

    @Override
    public android.os.IBinder asBinder() {
        return mRemote;
    }

    public java.lang.String getInterfaceDescriptor() {
        return DESCRIPTOR;
    }

    @Override
    public int sum(int a, int b) throws android.os.RemoteException {
        android.os.Parcel _data = android.os.Parcel.obtain();
        android.os.Parcel _reply = android.os.Parcel.obtain();
        int _result;
        try {
            _data.writeInterfaceToken(DESCRIPTOR);
            _data.writeInt(a);
            _data.writeInt(b);
            mRemote.transact(Stub.TRANSACTION_sum, _data, _reply, 0);
            _reply.readException();
            _result = _reply.readInt();
        } finally {
            _reply.recycle();
            _data.recycle();
        }
        return _result;
    }
}
}
```

　　我曾经很不理解，为什么不是生成 3 个文件——一个接口，两个类，清晰明了。都放在一个文件中，这是导致很多人看不懂 AIDL 的一个门槛。其实，Android 这样设计是有道理的。当有多个 AIDL 类的时候，Stub 和 Proxy 类就会重名，把它们放在各自的 AIDL 接口中，就区分开了。

　　对照图 2-3，我们继续来分析，Stub 的 sum 方法是怎么调用到 Proxy 的 sum 方法的，然后又是怎么调用另一个进程的 sum 方法的？

　　起决定作用的是 Stub 的 asInterface 方法和 onTransact 方法。其实图 2-3 没有画全，把完整的 Binder Server 也加上，应该如图 2-4 所示。

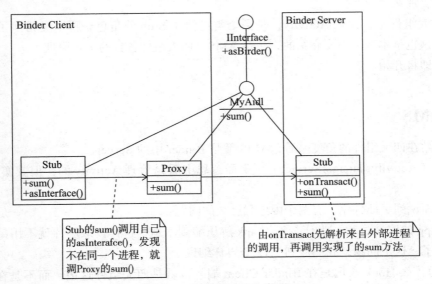

图 2-4　完整的 AIDL 类图

　　1）从 Client 看，对于 AIDL 的使用者，我们写程序：

```
MyAidl.Stub.asInterface(某IBinder对象).sum(1, 2);    //最好在执行sum方法前判空。
```

　　asInterface 方法的作用是判断参数，也就是 IBinder 对象，和自己是否在同一个进程，如果

- 是，则直接转换、直接使用，接下来则与 Binder 跨进程通信无关；
- 否，则把这个 IBinder 参数包装成一个 Proxy 对象，这时调用 Stub 的 sum 方法，间接调用 Proxy 的 sum 方法，代码如下：

```
return new MyAidl.Stub.Proxy(obj);
```

　　2）Proxy 在自己的 sum 方法中，会使用 Parcelable 来准备数据，把函数名称、函数参数都写入 _data，让 _reply 接收函数返回值。最后使用 IBinder 的 transact 方法，就可把数据传给 Binder 的 Server 端了。

```
mRemote.transact(Stub.TRANSACTION_addBook, _data, _reply, 0); //这里的mRemote就是
    asInterface方法传过来的obj参数
```

3）Server 则是通过 onTransact 方法接收 Client 进程传过来的数据，包括函数名称、函数参数，找到对应的函数（这里是 sum），把参数喂进去，得到结果，返回。所以 onTransact 函数经历了读数据→执行要调用的函数→把执行结果再写数据的过程。

下面要介绍的四大组件的原理，我们都可以对照图 2-4 来理解，比如，四大组件的启动和后续流程，都是在与 ActivityManagerService（AMS）来来回回地通信，四大组件给 AMS 发消息，四大组件就是 Binder Client，而 AMS 就是 Binder Server；AMS 发消息通知四大组件，那么角色互换。

在四大组件中，比如 Activity，是哪个类扮演了 Stub 的角色，哪个类扮演了 Proxy 的角色呢？这也是本章下面要介绍的，包括 AMS、四大组件各自的运行原理。

好戏即将开始。

2.4　AMS

如果站在四大组件的角度来看，AMS 就是 Binder 中的 Server。

AMS（ActivityManagerService）从字面意思上看是管理 Activity 的，但其实四大组件都归它管。

由此而说到了插件化，有两个困惑我已久的问题：

1）App 的安装过程，为什么不把 apk 解压缩到本地，这样读取图片就不用每次从 apk 包中读取了。这个问题，我们放到 2.12 节再详细说。

2）为什么 Hook 永远是在 Binder Client 端，也就是四大组件这边，而不是在 AMS 那一侧进行 Hook。

这里要说清楚第二个问题。就拿 Android 剪切板举例吧。前面说过，这也是个 Binder 服务。

AMS 要负责和所有 App 的四大组件进行通信。如果在一个 App 中，在 AMS 层面把剪切板功能进行了 Hook，那会导致 Android 系统所有的剪切板功能被 Hook——这就是病毒了，如果是这样的话，Android 系统早就死翘翘了。所以 Android 系统不允许我们这么做。

我们只能在 AMS 的另一侧，即 Client 端，也就是四大组件这边做 Hook，这样即使我们把剪切板功能进行了 Hook，也只影响 Hook 代码所在的 App，在别的 App 中，剪切板功能还是正常的。

关于 AMS 我们就说这么多，下面的小节在介绍四大组件时，会反复提到四大组件和 AMS 的跨进程通信。

2.5   Activity 工作原理

对于 App 的开发人员而言，Activity 是四大组件中用得最多的，也是最复杂的。这里只讲述 Activity 的启动和通信原理。

2.5.1   App 是怎么启动的

在手机屏幕上点击某个 App 的图标，假设是斗鱼 App，这个 App 的首页（或引导页）就出现在我们面前了。这个看似简单的操作，背后经历了 Activity 和 AMS 的反反复复的通信过程。

首先要搞清楚，在手机屏幕上点击 App 的快捷图标，此时手机屏幕就是一个 Activity，而这个 Activity 所在的 App，业界称之为 Launcher。Launcher 是各手机系统厂商提供的，比拼的是谁的 Launcher 绚丽和人性化。

Launcher 这个 App，其实和我们做的各种应用类 App 没有什么不同，我们大家用过华为、小米之类的手机，预装 App 以及我们下载的各种 App，都显示在 Launcher 上，每个 App 表现为一个图标。图标多了可以分页，可以分组，此外，Launcher 也会发起网络请求，调用天气的数据，显示在屏幕上，即人性化的界面。

还记得我们在开发一款 App 时，在 AndvoidManifest 文件中是怎么定义默认启动 Activity 的吗？代码如下所示：

```
<activity android:name=".MainActivity">
    <intent-filter>
            <action android:name="android.intent.action.MAIN" />
        <category android:name="android.intent.category.LAUNCHER" />
    </intent-filter>
</activity>
```

而 Launcher 中为每个 App 的图标提供了启动这个 App 所需要的 Intent 信息，如下所示（以斗鱼 App 为例）：

```
action: android.intent.action.MAIN
category: android.intent.category.LAUNCHER
cmp: 斗鱼的包名+ 首页Activity名
```

这些信息是 App 安装（或 Android 系统启动）的时候，PackageManager-Service 从斗鱼的 apk 包的 AndroidManifest 文件中读取到的。所以点击图标就启动了斗鱼 App 的首页。

2.5.2   启动 App 并非那么简单

前文只是 App 启动的一个最简单的描述。

仔细看，我们会发现，Launcher 和斗鱼是两个不同的 App，它们位于不同的进程中，它们之间的通信是通过 Binder 完成的——这时候 AMS 出场了。

仍然以启动斗鱼 App 为例，整体流程分为以下 7 个阶段[⊖]。

1）Launcher 通知 AMS，要启动斗鱼 App，而且指定要启动斗鱼 App 的哪个页面（也就是首页）。

2）AMS 通知 Launcher，"好了我知道了，没你什么事了"。同时，把要启动的首页记下来。

3）Launcher 当前页面进入 Paused 状态，然后通知 AMS，"我睡了，你可以去找斗鱼 App 了"。

4）AMS 检查斗鱼 App 是否已经启动了。是，则唤起斗鱼 App 即可。否，就要启动一个新的进程。AMS 在新进程中创建一个 ActivityThread 对象，启动其中的 main 函数。

5）斗鱼 App 启动后，通知 AMS，"我启动好了"。

6）AMS 翻出之前在 2）中存的值，告诉斗鱼 App，启动哪个页面。

7）斗鱼 App 启动首页，创建 Context 并与首页 Activity 关联。然后调用首页 Activity 的 onCreate 函数。

至此启动流程完成，可分成两部分：第 1～3 阶段，Launcher 和 AMS 相互通信；第 4～7 阶段，斗鱼 App 和 AMS 相互通信。

这会涉及一堆类，列举如下，在接下来的分析中，我们会遇到这些类。

❑ Instrumentation；
❑ ActivityThread；
❑ H；
❑ LoadedApk；
❑ AMS；
❑ ActivityManagerNative 和 ActivityManagerProxy；
❑ ApplicationThread 和 ApplicationThreadProxy。

第 1 阶段：Launcher 通知 AMS

第 1 步和第 2 步——点击图标启动 App。

从图 2-5 中我们看到，点击 Launcher 上的斗鱼 App 的快捷图标，这时会调用 Launcher 的 startActivitySafely 方法，其实还是会调用 Activity 的 startActivity 方法，intent 中带着要启动斗鱼 App 所需要的如下关键信息：

```
action = "android.intent.action.MAIN"
category = "android.intent.category.LAUNCHER"
cmp = "com.douyu.activity.MainActivity"
```

第 3 行代码是我推测的，就是斗鱼 App 在 AndroidManifest 文件中指定为首页的那个 Activity。这样，我们终于明白，为什么在 AndroidManifest 中，给首页指定 action 和

⊖ 这个流程分析，基本上是基于 Android 6.0 的源码进行的。

category 了。在 App 的安装过程中，会把这个信息"记录"在 Launcher 的斗鱼启动快捷图标中。关于 App 的安装过程，我会在后面的文章详细介绍。

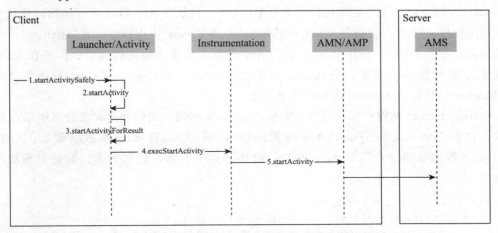

图 2-5　Launcher 通知 AMS 的流程

startActivity 这个方法，如果我们看它的实现，会发现它调来调去，经过一系列 startActivity 的重载方法，最后会走到 startActivityForResult 方法。代码如下：

```
public void startActivity(Intent intent, @Nullable Bundle options) {
    if (options != null) {
        startActivityForResult(intent, -1, options);
    } else {
        startActivityForResult(intent, -1);
    }
}
```

我们知道 startActivityForResult 需要两个参数，一个是 intent，另一个是 code，这里 code 是 -1，表示 Launcher 才不关心斗鱼的 App 是否启动成功的返回结果。

第 3 步——startActivityForResult。

Activity 内部会保持一个对 Instrumentation 的引用，但凡是做过 App 单元测试的读者，对这个类都很熟悉，习惯上称之为"仪表盘"。

在 startActivityForResult 方法的实现中，会调用 Instrumentation 的 execStartActivity 方法。代码如下：

```
public void startActivityForResult(Intent intent, int requestCode, @Nullable
    Bundle options) {
    //前后省略一些代码
    Instrumentation.ActivityResult ar =
        mInstrumentation.execStartActivity(
            this, mMainThread.getApplicationThread(), mToken, this,
            intent, requestCode, options);
    }
```

看到这里，我们发现有个 mMainThread 变量，这是一个 ActivityThread 类型的变量。这个家伙的来头可不小。

ActivityThread，就是主线程，也就是 UI 线程，它是在 App 启动时创建的，它代表了 App 应用程序。读者不禁会问，ActivityThread 代表了 App 应用程序，那 Application 类岂不是被架空了？其实，Application 对我们 App 开发人员来说也许很重要，但是在 Android 系统中还真的没那么重要，它就是个上下文。Activity 不是有一个 Context 上下文吗？Application 就是整个 ActivityThread 的上下文。

ActivityThread 则没有那么简单。它里面有 main 函数。我们知道大部分程序都有 main 函数，比如 Java 和 C#，iPhone App 用到的 Objective-C 也有 main 函数。那么，Android 的 main 函数藏在哪里？就在 ActivityThread 中，如下所示，代码太多，此处只截取了一部分：

```
public final class ActivityThread {
    public static void main(String[] args) {
        Trace.traceBegin(Trace.TRACE_TAG_ACTIVITY_MANAGER, "ActivityThreadMain");
        SamplingProfilerIntegration.start();
        CloseGuard.setEnabled(false);
        Environment.initForCurrentUser();

        //以下省略了很多代码
    }
}
```

又有人会问：不是说谁写的程序，谁就要提供 main 函数作为入口吗？但 Android App 却不是这样的。Android App 的 main 函数在 ActivityThread 里面，而这个类是 Android 系统提供的底层类，不是我们提供的。

所以这就是 Android 有趣的地方。Android App 的入口是 AndroidManifest 中定义默认启动 Activity。这是由 Android AMS 与四大组件的通信机制决定的。

上面的代码中传递了两个很重要的参数：

❑ 通过 ActivityThread 的 getApplicationThread 方法取到一个 Binder 对象，这个对象的类型为 ApplicationThread，代表了 Launcher 所在的 App 进程。
❑ mToken 也是一个 Binder 对象，代表 Launcher 这个 Activity 也通过 Instrumentation 传给 AMS，AMS 一查电话簿，就知道是谁向 AMS 发起了请求。

这两个参数是伏笔，传递给 AMS，以后 AMS 想反过来通知 Launcher，就能通过这两个参数找到 Launcher。

第 4 步——Instrumentation 的 execStartActivity 方法。

Instrumentation 绝对是 Android 测试团队的最爱，因为它可以帮助我们启动 Activity。

回到 App 的启动过程来，在 Instrumentation 的 execStartActivity 方法中：

```
public class Instrumentation {

    public ActivityResult execStartActivity(
            Context who, IBinder contextThread, IBinder token, Activity target,
            Intent intent, int requestCode, Bundle options) {

        //省略一些代码

        try {
            //省略一些代码

            int result = ActivityManagerNative.getDefault()
                .startActivity(whoThread, who.getBasePackageName(), intent,
                    intent.resolveTypeIfNeeded(who.getContentResolver()),
                    token, target != null ? target.mEmbeddedID : null,
                    requestCode, 0, null, options);

            //省略一些代码
        } catch (RemoteException e) {
            throw new RuntimeException("Failure from system", e);
        }
        return null;
    }
}
```

这就是一个透传，借助 Instrumentation，Activity 把数据传递给 ActivityManagerNativ。

第 5 步——AMN 的 getDefault 方法。

ActivityManagerNative（AMN），这个类后面会反复用到。

ServiceManager 是一个容器类。AMN 通过 getDefault 方法，从 ServiceManager 中取得一个名为 activity 的对象，然后把它包装成一个 ActivityManagerProxy 对象（AMP），AMP 就是 AMS 的代理对象。

AMN 的 getDefault 方法返回类型为 IActivityManager，而不是 AMP。IActivityManager 是一个实现了 IInterface 的接口，里面定义了四大组件所有的生命周期。

AMN 和 AMP 都实现了 IActivityManager 接口，AMS 继承自 AMN，对照着前面 AIDL 的 UML，就不难理解了。AMN 和 AMP 如图 2-6 所示。

第 6 步——AMP 的 startActivity 方法。

看到这里，你会发现 AMP 的 startActivity 方法和 AIDL 的 Proxy 方法，是一模一样的，写入数据到另一个进程，也就是 AMS，然后等待 AMS 返回结果。

至此，第 1 阶段的工作就做完了。

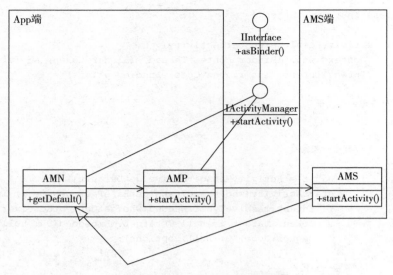

图 2-6　AMN/AMP 的类图

第 2 阶段：AMS 处理 Launcher 传过来的信息

先来看一下 AMP 的 startActivity 方法的实现：

```
class ActivityManagerProxy implements IActivityManager
{
    public int startActivity(IApplicationThread caller, String callingPackage,
        Intent intent,
            String resolvedType, IBinder resultTo, String resultWho, int requestCode,
            int startFlags, ProfilerInfo profilerInfo, Bundle options) throws
                RemoteException {
        Parcel data = Parcel.obtain();
        Parcel reply = Parcel.obtain();
        data.writeInterfaceToken(IActivityManager.descriptor);
        data.writeStrongBinder(caller != null ? caller.asBinder() : null);
        data.writeString(callingPackage);

        mRemote.transact(START_ACTIVITY_TRANSACTION, data, reply, 0);
        reply.readException();
        int result = reply.readInt();
        reply.recycle();
        data.recycle();
        return result;
    }
}
```

这个阶段主要是 Binder 的 Server 端在做事情。因为我们没有机会修改 Binder 的 Server 端逻辑，所以这个阶段看起来非常"枯燥"，主要过程如下。

1）Binder（也就是 AMN/AMP）和 AMS 通信，肯定每次是做不同的事情，比如这次

Launcher 要启动斗鱼 App，那么会发送类型为 START_ACTIVITY 的请求给 AMS，同时会告诉 AMS 要启动哪个 Activity。

2）AMS 说，"好，我知道了。"然后它会干一件很有趣的事情——检查斗鱼 App 中的 AndroidManifest 文件，是否存在要启动的 Activity。如果不存在，就抛出 Activity not found 的错误，各位做 App 的读者对这个异常应该再熟悉不过了，经常写了个 Activity 而忘记在 AndroidManifest 中声明，就报这个错误。这是因为 AMS 在这里做检查。不管是新启动一个 App 的首页，还是在 App 内部跳转到另一个 Activity，都会做这个检查。

3）AMS 通知 Launcher，"没你什么事了，你洗洗睡吧。"那么 AMS 是通过什么途径告诉 Launcher 的呢？

前面讲过，Binder 的双方进行通信是平等的，谁发消息谁就是 Client，接收的一方就是 Server。Client 这边会调用 Server 的代理对象。对于从 Launcher 发来的消息，通过 AMS 的代理对象 AMP 发送给 AMS。

那么当 AMS 想给 Launcher 发消息，又该怎么办呢？前面不是把 Launcher 以及它所在的进程给传过来了吗？它在 AMS 这边保存为一个 ActivityRecord 对象，这个对象里面有一个 ApplicationThreadProxy，顾名思义，这就是一个 Binder 代理对象。它的 Binder 真身，也就是 ApplicationThread。

站在 AIDL 的角度，来画这张图，如图 2-7 所示。

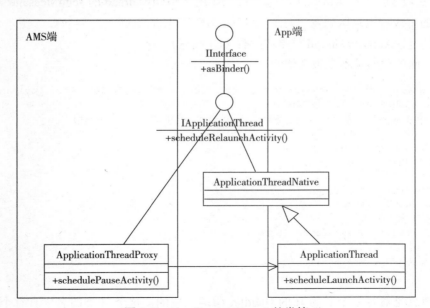

图 2-7　IApplicationThread 的类簇

结论是，AMS 通过 ApplicationThreadProxy 发送消息，而 App 端则通过 ApplicationThread 来接收这个消息。

第3阶段：Launcher 去休眠，然后通知 AMS："我真的已经睡了"

此阶段的过程如图 2-8 所示。

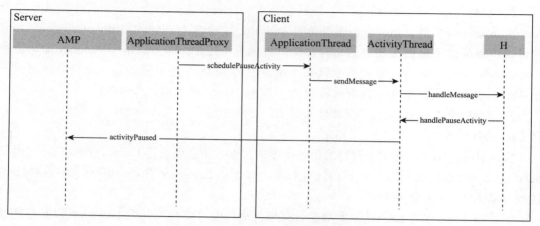

图 2-8　Launcher 再次通知 AMS

ApplicationThread（APT），它和 ApplicationThreadProxy（ATP）的关系，我们在第 2 阶段已经介绍过了。

APT 接收到来自 AMS 的消息后，调用 ActivityThread 的 sendMessage 方法，向 Launcher 的主线程消息队列发送一个 PAUSE_ACTIVITY 消息。

前面说过，ActivityThread 就是主线程（UI 线程）

看到下面的代码是不是很亲切？

```
private void sendMessage(int what, Object obj, int arg1, int arg2, boolean async) {
    if (DEBUG_MESSAGES) Slog.v(
        TAG, "SCHEDULE " + what + " " + mH.codeToString(what)
        + ": " + arg1 + " / " + obj);
    Message msg = Message.obtain();
    msg.what = what;
    msg.obj = obj;
    msg.arg1 = arg1;
    msg.arg2 = arg2;
    if (async) {
        msg.setAsynchronous(true);
    }
    mH.sendMessage(msg);
}
```

发送消息是通过一个名为 H 的 Handler 类的完成的，这个 H 类的名字真有个性，很容易记住。

做 App 的读者都知道，继承自 Handler 类的子类，就要实现 handleMessage 方法，这里是一个 switch…case 语句，处理各种各样的消息，PAUSE_ACTIVITY 消息只是其中一种。

由此也能预见，AMS 给 Activity 发送的所有消息，以及给其他三大组件发送的所有消息，都从 H 这里经过。为什么要强调这一点呢？既然四大组件都走这条路，那么就可以从这里入手做插件化技术，这个我们以后介绍插件化技术的时候会讲到。

代码如下：

```
public final class ActivityThread {
    private class H extends Handler {

    //省略一些代码
    public void handleMessage(Message msg) {
        if (DEBUG_MESSAGES) Slog.v(TAG, ">>> handling: " + codeToString(msg.what));
        switch (msg.what) {
            case PAUSE_ACTIVITY:
                Trace.traceBegin(Trace.TRACE_TAG_ACTIVITY_MANAGER, "activityPause");
                handlePauseActivity((IBinder)msg.obj, false, (msg.arg1&1) != 0, msg.
                arg2, (msg.arg1&2) != 0);
                    maybeSnapshot();
                    Trace.traceEnd(Trace.TRACE_TAG_ACTIVITY_MANAGER);
                    break;
            };
        //省略一些代码
        }
    }
}
```

H 对 PAUSE_ACTIVITY 消息的处理，如上面的代码，是调用 ActivityThread 的 handlePauseActivity 方法。这个方法做两件事：

❑ ActivityThread 里面有一个 mActivities 集合，保存当前 App 也就是 Launcher 中所有打开的 Activity，把它找出来，让它休眠。

❑ 通过 AMP 通知 AMS，"我真的休眠了。"

你可能会找不到 H 和 APT 这两个类文件，那是因为它们都是 ActivityThread 的内嵌类。

至此，Launcher 的工作完成了。你可以看到在这个过程中，各个类都起到了什么作用。

第 4 阶段：AMS 启动新的进程

接下来又轮到 AMS 做事了，你会发现我不太喜欢讲解 AMS 的流程，甚至都不画 UML 图，因为这部分逻辑和 App 开发人员关系不是很大，我尽量说得简单一些，把流程说清楚即可。

AMS 接下来要启动斗鱼 App 的首页，因为斗鱼 App 不在后台进程中，所以要启动一个新的进程。这里调用的是 Process.start 方法，并且指定了 ActivityThread 的 main 函数为入口函数。代码如下：

```
int pid = Process.start("android.app.ActivityThread",
    mSimpleProcessManagement ? app.processName : gid, debugFlags, null);
```

第 5 阶段：新的进程启动，以 ActivityThread 的 main 函数作为入口

启动新进程，其实就是启动一个新的 App，如图 2-9 所示。

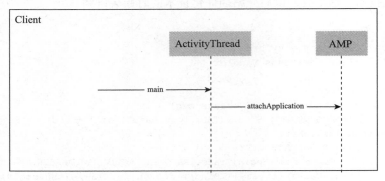

图 2-9　ActivityThread 启动

在启动新进程的时候，为这个进程创建 ActivityThread 对象，这就是我们耳熟能详的主线程（UI 线程）。

创建好 UI 线程后，立刻进入 ActivityThread 的 main 函数，接下来要做两件具有重大意义的事情：

1）创建一个主线程 Looper，也就是 MainLooper。注意，MainLooper 就是在这里创建的。

2）创建 Application。注意，Application 是在这里生成的。

主线程在收到 BIND_APPLICATION 消息后，根据传递过来的 ApplicationInfo 创建一个对应的 LoadedApk 对象（标志当前 APK 信息），然后创建 ContextImpl 对象（标志当前进程的环境），紧接着通过反射创建目标 Application，并调用其 attach 方法，将 ContextImpl 对象设置为目标 Application 的上下文环境，最后调用 Application 的 onCreate 函数，做一些初始工作。

App 开发人员对 Application 非常熟悉，因为我们可以在其中写代码，进行一些全局的控制，所以我们通常认为 Application 是掌控全局的，其实 Application 的地位在 App 中并没有那么重要，它就是一个 Context 上下文，仅此而已。

App 中的灵魂是 ActivityThread，也就是主线程，只是这个类对于 App 开发人员是访问不到的，但使用反射是可以修改这个类的一些行为的。

创建新 App 的最后就是告诉 AMS "我启动好了"，同时把自己的 ActivityThread 对象发送给 AMS。从此以后，AMS 的电话簿中就多了这个新的 App 的登记信息，AMS 以后就通过这个 ActivityThread 对象，向这个 App 发送消息。

第 6 阶段：AMS 告诉新 App 启动哪个 Activity

AMS 把传入的 ActivityThread 对象转为一个 ApplicationThread 对象，用于以后和这个

App 跨进程通信。还记得 APT 和 ATP 的关系吗？参见图 2-7。

　　在第 1 阶段，Launcher 通知 AMS，要启动斗鱼 App 的哪个 Activity。在第 2 阶段，这个信息被 AMS 存下来。在第 6 阶段，AMS 从过去的记录中翻出来要启动哪个 Activity，然后通过 ATP 告诉 App。

第 7 阶段：启动斗鱼首页 Activity

　　毕其功于一役，尽在第 7 阶段。这是最后一步，过程如图 2-10 所示。

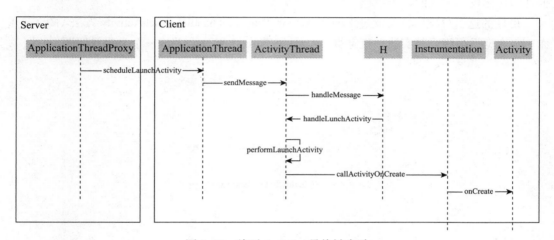

图 2-10　首页 Activity 最终被启动

　　在 Binder 的另一端，App 通过 APT 接收到 AMS 的消息，仍然在 H 的 handleMessage 方法的 switch 语句中处理，只不过，这次消息的类型是 LAUNCH_ACTIVITY：

```
public final class ActivityThread {
    private class H extends Handler {

    //省略一些代码
    public void handleMessage(Message msg) {
        if (DEBUG_MESSAGES) Slog.v(TAG, ">>> handling: " + codeToString(msg.what));
        switch (msg.what) {
            case LAUNCH_ACTIVITY: {
                Trace.traceBegin(Trace.TRACE_TAG_ACTIVITY_MANAGER, "activityStart");
                final ActivityClientRecord r = (ActivityClientRecord) msg.obj;

                r.packageInfo = getPackageInfoNoCheck(
                    r.activityInfo.applicationInfo, r.compatInfo);
                handleLaunchActivity(r, null);
                Trace.traceEnd(Trace.TRACE_TAG_ACTIVITY_MANAGER);
            } break;
```

```
       //省略一些代码
    }
}
```

ActivityClientRecord 是什么？这是 AMS 传递过来的要启动的 Activity。

我们仔细看那个 getPackageInfoNoCheck 方法，这个方法会提取 apk 中的所有资源，然后设置 r 的 packageInfo 属性。这个属性的类型很有名，叫做 LoadedApk。注意，这个地方也是插件化技术渗入的一个点。

在 H 的这个分支中，又反过来回调 ActivityThread 的 handleLaunchActivity 方法（图 2-11），你一定会觉得很绕。其实我一直觉得，ActivityThread 和 H 合并成一个类也没问题。

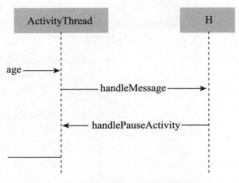

图 2-11 ActivityThread 与 H 的交互

重新看一下这个过程，每次都是 APT 执行 ActivityThread 的 sendMessage 方法，在这个方法中，把消息拼装一下，然后扔给 H 的 swicth 语句去分析，来决定要执行 ActivityThread 的那个方法。每次都是这样，习惯就好了。

handleLaunchActivity 方法都做哪些事呢？

1）通过 Instrumentation 的 newActivity 方法，创建要启动的 Activity 实例。

2）为这个 Activity 创建一个上下文 Context 对象，并与 Activity 进行关联。

3）通过 Instrumentation 的 callActivityOnCreate 方法，执行 Activity 的 onCreate 方法，从而启动 Activity。看到这里是不是很熟悉很亲切？

至此，App 启动完毕。这个流程经过了很多次握手，App 和 ASM 频繁地向对方发送消息，而发送消息的机制，是建立在 Binder 的基础之上的。

2.6 App 内部的页面跳转

在介绍完 App 的启动流程后，我们发现，其实就是启动一个 App 的首页。接下来我们看 App 内部页面的跳转。

从 ActivityA 跳转到 ActivityB，其实可以把 ActivityA 看作 Launcher，那么这个跳转过程和 App 的启动过程就很像了。有了前面的分析基础，你会发现这个过程不需要重新启动一个新的进程，所以可以省略 App 启动过程中的一些步骤，流程简化为：

1）ActivityA 向 AMS 发送一个启动 ActivityB 的消息。

2）AMS 保存 ActivityB 的信息，然后通知 App，"你洗洗睡吧"。

3）ActivityA 进入休眠，然后通知 AMS，"我休眠了（onPaused）。"

4）AMS 发现 ActivityB 所在的进程就是 ActivityA 所在的进程，所以不需要重新启动新的进程，它就会通知 App 启动 ActivityB。

5）App 启动 ActivityB。

为了更好地理解上述文字，可参考图 2-12。

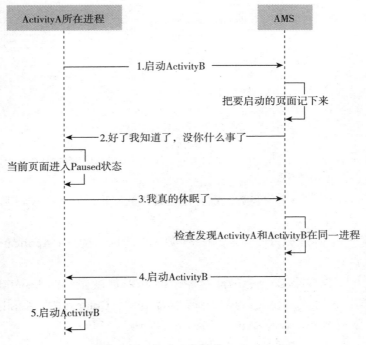

图 2-12　启动一个新的 Activity

整体流程此处不再赘述，和上一小节介绍的 App 启动流程是基本一致的。

以上的分析，仅限于 ActivityA 和 ActivityB 在相同的进程中，如果在 AndroidManifest 中指定不在同一个进程中的两个 Activity，那么就又是另一套流程了，但是整体流程大同小异。

2.7 Context 家族史

Activity、Service、Application 其实是亲戚关系，如图 2-13 所示。

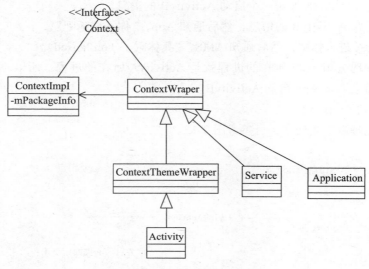

图 2-13 Context 家族

Activity 因为有了一层 Theme，所以中间有个 ContextThemeWrapper，相当于它是 Service 和 Application 的侄子。

ContextWrapper 只是一个包装类，没有任何具体的实现，真正的逻辑都在 ContextImpl 里面。

一个应用包含的 Context 个数＝Service 个数 +Activity 个数 +1(Application 类本身对应一个 Context 对象)。

应用程序中包含多个 ContextImpl 对象，而其内部变量 mPackageInfo 指向同一个 PackageInfo 对象。我们以 Activity 为例，看看 Activity 和 Context 的联系和区别。

我们知道，跳转到一个新的 Activity 要写如下代码：

```
btnNormal.setOnClickListener(new View.OnClickListener() {
    @Override
    public void onClick(View view) {
        Intent intent = new Intent(Intent.Action.VIEW);
        intent.addFlags(Intent.FLAG_ACTIVITY_NEW_TASK);
        intent.setData(Uri.parse("https://www.baidu.com"));
        startActivity(intent);
    }
});
```

我们还知道，也可以在 Activity 中使用 getApplicationContext 方法获取 Context 上下文

信息，然后使用 Context 的 startActivity 方法，启动一个新的 Activity：

```
btnNormal.setOnClickListener(new View.OnClickListener() {
    @Override
    public void onClick(View view) {
        Intent intent = new Intent(Intent.Action.VIEW);
        intent.addFlags(Intent.FLAG_ACTIVITY_NEW_TASK);
        intent.setData(Uri.parse("https://www.baidu.com"));
        getApplicationContext().startActivity(intent);
    }
});
```

这二者的区别是什么？通过图 2-14 便可明了。

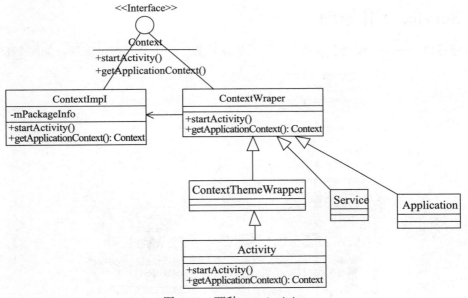

图 2-14　两种 startActivity

关于 Context 的 startActivity 方法，我看了在 ContextImpl 中的源码实现，仍然是从 ActivityThread 中取出 Instrumentation，然后执行 execStartActivity 方法，这和使用 Activity 的 startActivity 方法的流程是一样的。

还记得我们前面分析的 App 启动流程么？在第 5 阶段，创建 App 进程的时候，先创建的 ActivityThread，再创建的 Application。Application 的生命周期是跟整个 App 相关联的。而 getApplicationContext 得到的 Context，就是从 ActivityThread 中取出来的 Application 对象。代码如下：

```
class ContextImpl extends Context {
    @Override
    public void startActivity(Intent intent, Bundle options) {
```

```
        warnIfCallingFromSystemProcess();
        if ((intent.getFlags()&Intent.FLAG_ACTIVITY_NEW_TASK) == 0) {
            throw new AndroidRuntimeException(
                "Calling startActivity() from outside of an Activity "
                + " context requires the FLAG_ACTIVITY_NEW_TASK flag."
                + " Is this really what you want?");
        }
        mMainThread.getInstrumentation().execStartActivity(
                getOuterContext(), mMainThread.getApplicationThread(), null,
                (Activity) null, intent, -1, options);
    }
}
```

2.8　Service 工作原理

众所周知，Service 有两套流程，一套是启动流程，另一套是绑定流程，如图 2-15 所示。

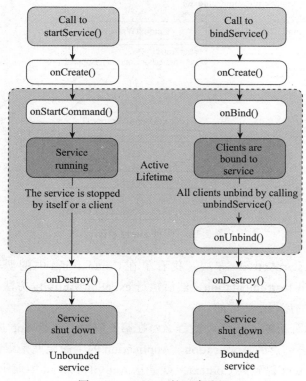

图 2-15　Service 的两套流程

2.8.1　在新进程启动 Service

我们先看 Service 启动过程，假设要启动的 Service 是在一个新的进程中，启动过程可分为 5 个阶段：

1）App 向 AMS 发送一个启动 Service 的消息。

2）AMS 检查启动 Service 的进程是否存在，如果不存在，先把 Service 信息存下来，然后创建一个新的进程。

3）新进程启动后，通知 AMS，"我可以啦"。

4）AMS 把刚才保存的 Service 信息发送给新进程。

5）新进程启动 Service。

我们详细分析这 5 个阶段。

第 1 阶段：App 向 AMS 发送一个启动 Service 的消息

和 Activity 非常像，仍然是通过 AMM/AMP 把要启动的 Service 信息发送给 AMS，如图 2-16 所示。

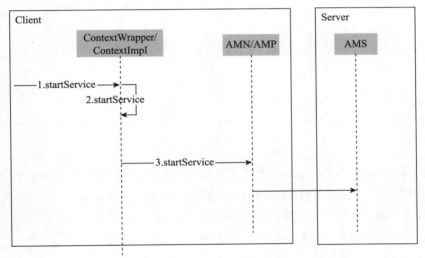

图 2-16　App 向 AMS 发送一个启动 Service 的消息

第 2 阶段：AMS 创建新的进程

AMS 检查 Service 是否在 AndroidManifest 中声明了，若没声明则会直接报错。AMS 检查启动 Service 的进程是否存在，如果不存在，先把 Service 信息存下来，然后创建一个新的进程。在 AMS 中，每个 Service，都使用 ServiceRecord 对象来保存。

第 3 阶段：新进程启动后，通知 AMS，"我可以啦。"

Service 所在的新进程启动的过程，与前面介绍 App 启动时的过程相似。

新进程启动后，也会创建新的 ActivityThread，然后把 ActivityThread 对象通过 AMP 传递给 AMS，告诉 AMS，"新进程启动成功了"。

第 4 阶段：AMS 把刚才保存的 Service 信息发送给新进程

AMS 把传进来的 ActivityThread 对象改造为 ApplicationThreadProxy，也就是 ATP，通过 ATP 把要启动的 Service 信息发送给新进程。

第 5 阶段：新进程启动 Service

新进程启动 Service 过程如图 2-17 所示。

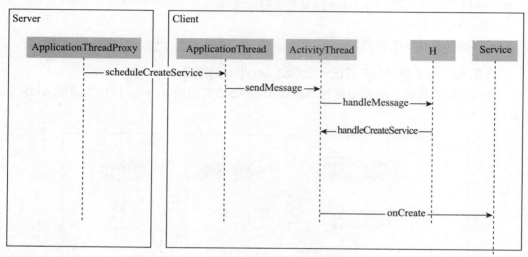

图 2-17　启动一个 Service

新进程通过 ApplicationThread 接收到 AMS 的信息，和前面介绍的启动 Activity 的最后一步相同，借助 ActivityThread 和 H，执行 Service 的 onCreate 方法。在此期间，为 Service 创建了 Context 上下文对象，并与 Service 相关联。

需要重点关注的是 ActivityThread 的 handleCreateService 方法，代码如下：

```
private void handleCreateService(CreateServiceData data) {
    LoadedApk packageInfo = getPackageInfoNoCheck(
        data.info.applicationInfo, data.compatInfo);
    Service service = null;
    try {
        java.lang.ClassLoader cl = packageInfo.getClassLoader();
        service = (Service) cl.loadClass(data.info.name).newInstance();
    }

    //省略一些代码
    }
```

你会发现，这段代码和前面介绍的 handleLaunchActivity 差不多，都是从 PMS 中取出包的信息 packageInfo，这是一个 LoadedApk 对象，然后获取它的 classloader，反射出来一个类的对象，在这里反射的是 Service。

四大组件的逻辑都是如此，所以我们要做插件化，可以在这里做文章，换成插件的 classloader，加载插件中的四大组件。

至此，我们在一个新的进程中启动了一个 Service。

2.8.2　启动同一进程的 Service

如果是在当前进程启动这个 Service，那么上面的步骤就简化为：

1）App 向 AMS 发送一个启动 Service 的消息。

2）AMS 例行检查，比如 Service 是否声明了，把 Service 在 AMS 这边注册。AMS 发现要启动的 Service 就是 App 所在的 Service，于是通知 App 启动这个 Service。

3）App 启动 Service。

我们看到，没有了启动新进程的过程。

2.8.3　在同一进程绑定 Service

如果要在当前进程绑定这个 Service，可分为以下 5 个阶段：

1）App 向 AMS 发送一个绑定 Service 的消息。

2）AMS 例行检查，比如 Service 是否声明了，把 Service 在 AMS 这边注册。AMS 发现要启动的 Service 就是 App 所在的 Service，就先通知 App 启动这个 Service，然后再通知 App 对 Service 进行绑定操作。

3）App 收到 AMS 第 1 个消息，启动 Service。

4）App 收到 AMS 第 2 个消息，绑定 Service，并把一个 Binder 对象传给 AMS。

5）AMS 把接收到的 Binder 对象发送给 App。

你也许会问，都在一个进程，App 内部直接使用 Binder 对象不就好了，其实，要考虑不在一个进程的场景，代码又不能写两份，两套逻辑，所以就都放在一起了，即使在同一个进程，也要绕着 AMS 走一圈。接下来，我们详细分析一下这 5 个阶段。

第 1 阶段：App 向 AMS 发送一个绑定 Service 的消息

具体过程如图 2-18 所示。

第 2 阶段：AMS 创建新的进程

AMS 检查 Service 是否在 AndroidManifest 中声明了，没声明会直接报错。

AMS 检查启动 Service 的进程是否存在，如果不存在，先把 Service 信息存下来，然后创建一个新的进程。在 AMS 中，每个 Service，都使用 ServiceRecord 对象来保存。

第 3 阶段：新进程启动后，通知 AMS，"我可以啦"

Service 所在的新进程启动的过程，就和前面介绍的 App 启动时的过程差不多。

新进程启动后，也会创建新的 ActivityThread，然后把 ActivityThread 对象通过 AMP 传递给 AMS，告诉 AMS，"新进程启动成功了"。

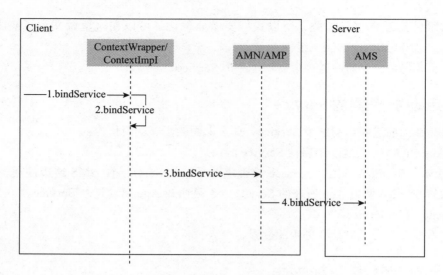

图 2-18　App 向 AMS 发送一个绑定 Service 的消息

第 4 阶段：处理第 2 个消息，绑定 Service

具体过程如图 2-19 所示。

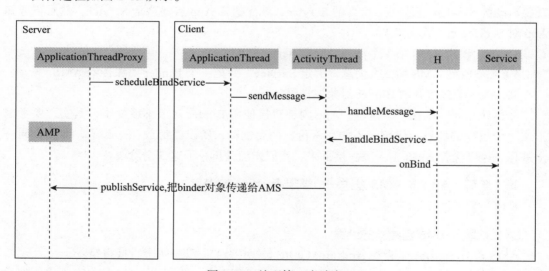

图 2-19　处理第 2 个消息

第 5 阶段：把 Binder 对象发送给 App

这一步是要仔细说的，因为 AMS 把 Binder 对象传给 App，这里没用 ATP 和 APT，而是利用 AIDL 来实现的，这个 AIDL 的名字是 IServiceConnection，如图 2-20 所示。

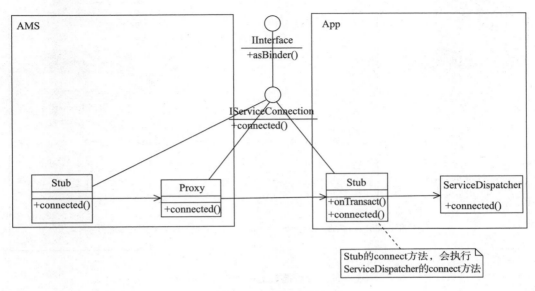

图 2-20　AIDL 原理

　　ServiceDispatcher 的 connect 方法最终会调用 ServiceConnection 的 onServiceConnected 方法，这个方法我们已经很熟悉了。App 开发人员在这个方法中拿到 connection，就可以做自己的事情了。

　　好了，关于 Service 的底层知识，我们就全都介绍完了。当你再去编写一个 Service 时，一定能感到对这个组件理解得更透彻了。

2.9　BroadcastReceiver 工作原理

　　BroadcastReceiver 就是广播，简称 Receiver。

　　很多 App 开发人员表示，从来没用过 Receiver。其实，对于音乐播放类 App，Service 和 Receiver 用的还是很多的，如果你用过 QQ 音乐，App 退到后台，音乐照样播放不会停止，这就是 Service 在后台起的作用。

　　在前台的 Activity，点击"停止"按钮，就会给后台 Service 发送一个 Receiver，通知它停止播放音乐；点击"播放"按钮，仍然发送这个 Receiver，只是携带的值变了，所以 Service 收到请求后播放音乐。

　　反过来，后台 Service 每播放完一首音乐，接下来准备播放下一首音乐的时候，就会给前台 Activity 发 Receiver，让 Activity 显示下一首音乐的名称。

　　所以音乐播放器的原理，就是一个前后台 Activity 和 Service 互相发送和接收 Receiver 的过程，如图 2-21 所示。

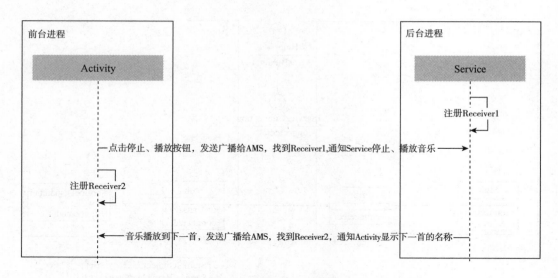

图 2-21 音乐播放器的两个 Receiver

Receiver 分静态广播和动态广播两种。

在 AndroidManifest 中声明的 Receiver，是静态广播：

```
<receiver android:name=".MyReceiver">
    <intent-filter>
        <action android:name="baobao" />
    </intent-filter>
</receiver>
```

在程序中手动写注册代码的是动态广播：

```
activityReceiver = new ActivityReceiver();
IntentFilter filter = new IntentFilter();
Filter.addAction(UPDATE_ACTION);
registerReceiver(activityReceiver, filter);

Intent intent = new Intent(this, MyService.class);
startService(intent);
```

二者具有相同的功能，只是写法不同。既然如此，我们就可以把所有静态广播都改为动态广播，这就避免在 AndroidManifest 文件中声明了，也避免了 AMS 检查。你想到什么？对，Receiver 的插件化解决方案就是这个思路。

接下来我们看 Receiver 是怎么和 AMS 打交道的，分为两部分：一是注册，二是发送广播。

你只有注册了这个广播，发送这个广播时，才能通知你执行 onReceive 方法。

我们就以音乐播放器为例，在 Activity 注册 Receiver，在 Service 发送广播。Service 播放下一首音乐时，会通知 Activity 修改当前正在播放的音乐名称。

2.9.1　注册过程

注册过程如下：

1）在 Activity 中，注册 Receiver，并通知 AMS，如图 2-22 所示。

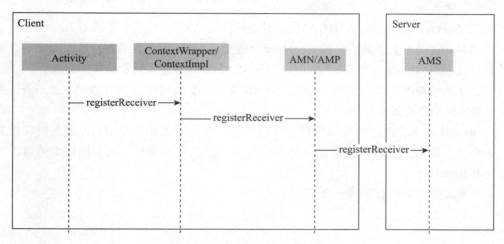

图 2-22　注册 Receiver 的流程

这里 Activity 使用了 Context 提供的 registerReceiver 方法，然后通过 AMN/AMP，把一个 Receiver 传给 AMS。在创建这个 Receiver 对象的时候，需要为 Receiver 指定 IntentFilter，这个 filter 就是 Receiver 的身份证，用来描述 Receiver。

在 Context 的 registerReceiver 方法中，它会使用 PMS 获取到包的信息，也就是 LoadedApk 对象。就是这个 LoadedApk 对象，它的 getReceiverDispatcher 方法，将 Receiver 封装成一个实现了 IIntentReceiver 接口的 Binder 对象。

我们就是将这个 Binder 对象和 filter 传递给 AMS。但只传递 Receiver 给 AMS 是不够的，当发送广播时，AMS 不知道该发给谁，所以 Activity 所在的进程还要把自身对象也发送给 AMS。

2）AMS 收到消息后，就会把上面这些信息，存在一个列表中，这个列表中保存了所有的 Receiver。

注意，这里都是在注册动态 Receiver。静态 Receiver 什么时候注册到 AMS 呢？是在 App 安装的时候。PMS 会解析 AndroidManifest 中的四大组件信息，把其中的 Receiver 存起来。

动态 Receiver 和静态 Receiver 分别存在 AMS 不同的变量中，在发送广播的时候，会把两种 Receiver 合并到一起，然后依次发送。其中动态的排在静态的前面，所以动态 Receiver 永远优先于静态 Receiver 收到消息。

此外，Android 系统每次启动的时候，也会把静态广播接收者注册到 AMS。因为 Android 系统每次启动时，都会重新安装所有的 apk，详细流程我们会在后面 PMS 的相关章节看到。

2.9.2 发送广播的流程

发送广播的流程大致有三个步骤：

1）在 Service 中，通过 AMM/AMP，发送广播给 AMS，广播中携带着 filter。

2）AMS 收到这个广播后，在 Receiver 列表中，根据 filter 找到对应的 Receiver，可能是多个，把它们都放到一个广播队列中。最后向 AMS 的消息队列发送一个消息。

当消息队列中的这个消息被处理时，AMS 就从广播队列中找到合适的 Receiver，向广播接收者所在的进程发送广播。

3）Receiver 所在的进程收到广播，并没有把广播直接发给 Receiver，而是将广播封装成一个消息，发送到主线程的消息队列中，当这个消息被处理时，才会把这个消息中的广播发送给 Receiver。

下面通过图 2-23，仔细看一下这三个步骤：

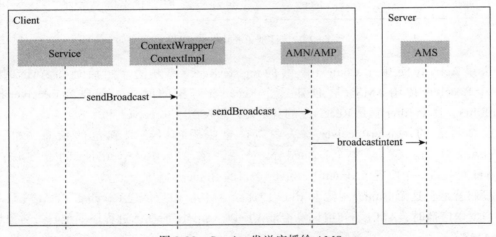

图 2-23　Service 发送广播给 AMS

第 1 步：Service 发送广播给 AMS

发送广播，是通过 Intent 这个参数携带了 filter，从而告诉 AMS 什么样的 Receiver 能接收这个广播。

第 2 步：AMS 接收广播，发送广播

接收广播和发送广播是不同步的。AMS 每接收到一个广播，就把它扔到广播发送队列中，至于发送是否成功，它就不管了。

因为 Receiver 分为无序 Receiver 和有序 Receiver，所以广播发送队列也分为两个，分别发送这两种广播。

AMS 发送广播给客户端，这又是一个跨进程通信，还是通过 ATP 把消息发给 APT。因为要传递 Receiver 这个对象，所以它也是一个 Binder 对象才可以传过去。我们前面说过，在把 Receiver 注册到 AMS 的时候，会把 Receiver 封装为一个 IIntentReceiver 接口的 Binder 对象。那么接下来，AMS 就是把这个 IIntentReceiver 接口对象传回来。

第 3 步：App 处理广播

处理流程如图 2-24 所示：

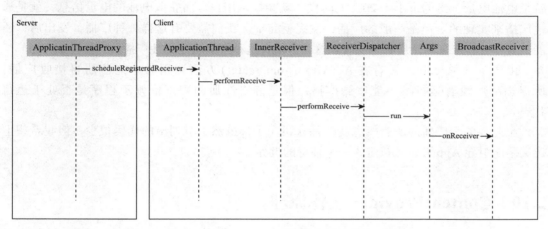

图 2-24　App 处理广播

1）消息从 AMS 传到客户端，把 AMS 中的 IIntentReceiver 对象转为 InnerReceiver 对象，这就是 Receiver，这是一个 AIDL 跨进程通信。

2）然后在 ReceiverDispatcher 中封装一个 Args 对象（这是一个 Runnable 对象，要实现 run 方法），包括广播接收者所需要的所有信息，交给 ActivityThread 来发送。

3）接下来要做的就是我们所熟悉的了，ActivityThread 把 Args 消息扔到 H 这个 Hanlder 中，向主线程消息队列发送消息。等到执行 Args 消息的时候，自然是执行 Args 的 run 方法。

4）在 Args 的 run 方法中，实例化一个 Receiver 对象，调用它的 onReceiver 方法。

5）最后，在 Args 的 run 方法中，随着 Receiver 的 onReceiver 方法调用结束，会通过 AMN/AMP 发送一个消息给 AMS，告诉 AMS "广播发送成功了"。AMS 得到通知后，就发送广播给下一个 Receiver。

 注意　InnerReceiver 是 IIntentReceiver 的 stub，是 Binder 对象的接收端。

2.9.3　广播的种类

Android 广播按发送方式分为三种：无序广播、有序广播（OrderedBroadcast）和粘性广播（StickyBroadcast）。

1）无序广播是最普通的广播。

2）有序广播区别于无序广播，就在于它可以指定优先级。

这两种 Receiver 在 AMS 不同的变量中，可以认为是两个 Receiver 集合发送不同类别的广播。

3）粘性广播是无序广播的一种。我们平常见的不多，但我说一个场景你就明白了，那就是电池电量。当电量小于 20% 的时候，就会提示用户。而获取电池的电量信息，就是通过广播来实现的。但是一般的广播，发完就完了。我们需要有这样一种广播，发出后，还能一直存在，未来的注册者也能收到这个广播，这种广播就是粘性广播。

由于动态 Receiver 只有在 Activity 的 onCreate() 方法调用时才能注册再接收广播，所以当程序没有运行就不能收到广播；但是静态注册的则不依赖于程序是否处于运行状态。

至此，关于广播的所有概念就全都介绍完了，虽然本节列出的代码很少，但我希望上述文字能引导 App 开发人员进入一个神奇的世界。

2.10 ContentProvider 工作原理

ContentProvider，简称 CP。App 开发人员，尤其是电商类 App 开发人员，对 ContentProvider 并不熟悉，对这个概念的最大程度的了解，也仅仅是建立在书本上，它是 Android 四大组件中的一个。开发系统管理类 App，比如手机助手，则有机会频繁使用 ContentProvider。

而对于应用类 App，数据通常存在服务器端，当其他应用类 App 也想使用时，一般都是从服务器取数据，所以没机会使用到 ContentProvider。

有时候我们会在自己的 App 中读取通讯录或者短信数据，这时候就需要用到 ContentProvider 了。通讯录或者短信数据，是以 ContentProvider 的形式提供的，我们在 App 这边，是使用方。

对于应用类 App 开发人员，很少有机会自定义 ContentProvider 供其他 App 使用。

我们快速回顾一下在 App 中怎么使用 ContentProvider。

1）定义 ContentProvider 的 App1。

在 App1 中定义一个 ContentProvider 的子类 MyContentProvider，并在 AndroidManifest 中声明，为此要在 MyContentProvider 中实现 ContentProvider 的增删改查 4 个方法：

```
<provider
    android:name=".MyContentProvider"
        android:authorities="baobao"
        android:enabled="true"
```

```
        android:exported="true"></provider>

public class MyContentProvider extends ContentProvider {
    public MyContentProvider() {
    }

    @Override
    public boolean onCreate() {
        //省略一些代码
    }

    @Override
    public String getType(Uri uri) {
        //省略一些代码
    }

    @Override
    public Uri insert(Uri uri, ContentValues values) {
        //省略一些代码
    }

    @Override
    public Cursor query(Uri uri, String[] projection, String where,
                        String[] whereArgs, String sortOrder){
        //省略一些代码
    }

    @Override
    public int delete(Uri uri, String where, String[] whereArgs) {
        //省略一些代码
    }

    @Override
    public int update(Uri uri, ContentValues values, String where,
                      String[] whereArgs){
        //省略一些代码
    }
}
```

2）使用 ContentProvider 的 App2。

在 App2 访问 App1 中定义的 ContentProvider，为此，要使用 ContentResolver（如图 2-25 所示），它也提供了增删改查 4 个方法，用于访问 App1 中定义的 ContentProvider：

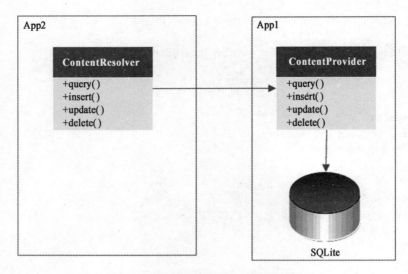

图 2-25 App2 访问 App1 提供的 ContentProvider

```java
public class MainActivity extends Activity {

    ContentResolver contentResolver;
    Uri uri;

    @Override
    protected void onCreate(Bundle savedInstanceState) {
        super.onCreate(savedInstanceState);
        setContentView(R.layout.activity_main);

        uri = Uri.parse("content://baobao/");
        contentResolver = getContentResolver();
    }

    public void delete(View source) {
        int count = contentResolver.delete(uri, "delete_where", null);
        Toast.makeText(this, "delete uri:" + count, Toast.LENGTH_LONG).show();
    }

    public void insert(View source) {
        ContentValues values = new ContentValues();
        values.put("name", "jianqiang");
        Uri newUri = contentResolver.insert(uri, values);
        Toast.makeText(this, "insert uri:" + newUri, Toast.LENGTH_LONG).show();
    }

    public void update(View source) {
        ContentValues values = new ContentValues();
        values.put("name", "jianqiang2");
        int count = contentResolver.update(uri, values, "update_where", null);
```

```
        Toast.makeText(this, "update count:" + count, Toast.LENGTH_LONG).show();
    }
}
```

首先，我们看一下 ContentResolver 的增删改查这 4 个方法的底层实现，其实都是和
AMS 通信，最终调用 App1 的 ContentProvider 的增删改查 4 个方法，后面我们会讲到这个
流程是怎么样的。

其次，URI 是 ContentProvider 的唯一标识。我们在 App1 中为 ContentProvider 声明
URI，也就是 authorities 的值为 baobao，那么在 App2 中想使用它，就在 ContentResolver
的增删改查 4 个方法中指定 URI，格式为：

```
uri = Uri.parse("content://baobao/");
```

接下来把两个 App 都进入 debug 模式，就可以从 App2 调试进入 App1 了，比如，
query 操作。

2.10.1 ContentProvider 的本质

ContentProvider 的本质是把数据存储在 SQLite 数据库中。

不同的数据源具有不同的格式，比如短信、通讯录，它们在 SQLite 中就是不同
的数据表，但是对外界的使用者而言，就需要封装成统一的访问方式，比如对于数据
集合而言，必须提供增删改查 4 个方法，于是我们在 SQLite 之上封装了一层，也就是
ContentProvider。

2.10.2 匿名共享内存（ASM）

ContentProvider 读取数据使用了匿名共享内存（ASM），所以你看上面 ContentProvider
和 AMS 通信忙得不亦乐乎，其实下面别有一番风景。

ASM 实质上也是个 Binder 通信，如图 2-26 所示。

图 2-26 匿名共享内存的架构图

图 2-27 为 ASM 的类的交互关系图。

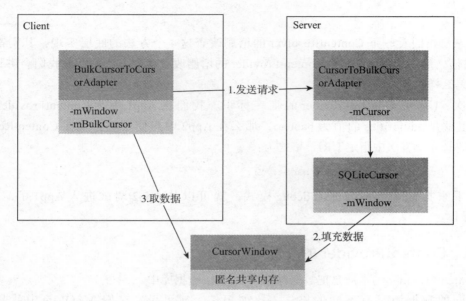

图 2-27 匿名共享内存的类图

这里的 CursorWindow 就是匿名共享内存。这个流程简单来说包含 3 个步骤：

1）Client 内部有一个 CursorWindow 对象，发送请求的时候，把这个 CursorWindow 类型的对象传过去，这个对象暂时为空。

2）Server 收到请求，搜集数据，填充到这个 CursorWindow 对象中。

3）Client 读取内部的这个 CursorWindow 对象，获取数据。

由此可见，这个 CursorWindow 对象就是匿名共享内存，这是同一块匿名内存。

举个生活中的例子，你定牛奶，在你家门口放个箱子，送牛奶的人每天早上往这个箱子里放一瓶牛奶，你睡醒了去箱子里取牛奶。这个牛奶箱就是匿名共享内存。

2.10.3 ContentProvider 与 AMS 的通信流程

接下来我们看一下 ContentProvider 是怎么和 AMS 通信的。

还是以 App2 想访问 App1 中定义的 ContentProvider 为例。我们仅看 ContentProvider 的 insert 方法：

```
ContentResolver contentResolver = getContentResolver ();
Uri uri = Uri.parse( "content://baobao/" );

ContentValues values = new ContentValues ();
values.put( "name" , "jianqiang" );
Uri newUri = contentResolver.insert(uri, values);
```

上面这 5 行代码，包括了启动 ContentProvider 和执行 ContentProvider 方法两部分，分水岭在 insert 方法，insert 方法的实现，前半部分仍然是在启动 ContentProvider，当 ContentProvider 启动后获取到 ContentProvider 的代理对象，后半部分便通过代理对象调用 insert 方法。

整体的流程如图 2-28 所示。

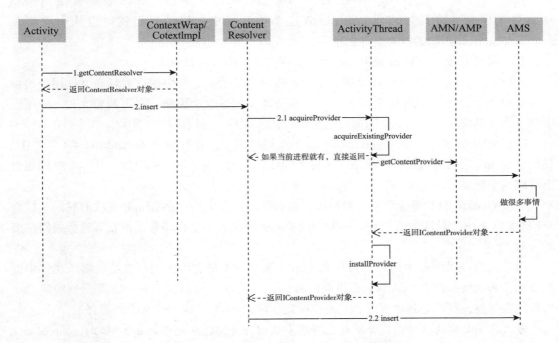

图 2-28　ContentProvider 与 AMS 的通信流程

1）App2 发送消息给 AMS，想要访问 App1 中的 ContentProvider。

2）AMS 检查发现，App1 中的 ContentProvider 没启动过，为此新开一个进程，启动 App1，然后获取 App1 启动的 ContentProvider，把 ContentProvider 的代理对象返回给 App2。

3）App2 拿到 ContentProvider 的代理对象，也就是 IContentProvider，就调用它的增删改查 4 个方法。接下来使用 ASM 传输数据或者修改数据了，也就是上面提到的 CursorWindow 这个类，取得数据或者操作结果即可，作为 App 的开发人员，可以不必知道太多底层的详细信息。

至此，关于 ContentProvider 的介绍就结束了。下一小节，我们讨论 App 的安装流程，也就 PMS。

2.11 PMS 及 App 安装过程

2.11.1 PMS 简介

PackageManagerService（PMS）是用来获取 apk 包的信息的。

在前面分析四大组件与 AMS 通信的时候，我们介绍过，AMS 总是会使用 PMS 加载包的信息，将其封装在 LoadedApk 这个类对象中，然后我们就可以从中取出在 AndroidManifest 声明的四大组件信息了。

在下载并安装 App 的过程中，会把 apk 存放在 data/app 目录下。

apk 是一个 zip 压缩包，在文件头会记录压缩包的大小，所以就算后续在文件尾处追加一部小电影，也不会对解压造成影响——木马其实就是这个思路，在可执行文件 exe 尾巴上挂一个木马病毒，执行 exe 的同时也会执行这个木马，然后你就中招了。

我们可以把这一思想运用在 Android 多渠道打包上。在比较老的 Android 4.4 版本中，我们会在 apk 尾巴上追加几个字节，来标志 apk 的渠道。apk 启动的时候，从 apk 中的尾巴上读取这个渠道值。

后来 Google 也发现这个安全漏洞了，在新版本的系统中，会在 apk 安装的时候，检查 apk 的实际大小，看这个值与 apk 的头部记录的压缩包大小是否相等，不相等就会报错说安装失败。

回答前面提及的一个问题：为什么 App 安装时，不把它解压呢？直接从解压文件中读取资源文件（比如图片）是不是更快呢？其实并不是这样的，这部分逻辑需要到底层 C++ 的代码去寻找，我没有具体看过，只是道听途说问过 Lody，他是这么给我解释的：

每次从 apk 中读取资源，并不是先解压再找图片资源，而是解析 apk 中的 resources.arsc 文件，这个文件中存储着资源的所有信息，包括资源在 apk 中的地址、大小等等，按图索骥，从这个文件中快速找到相应的资源文件。这是一种很高效的算法。

不解压 apk 的好处自然是节省空间。

2.11.2 App 的安装流程

Android 系统使用 PMS 解析这个 apk 中的 AndroidManifest 文件，包括：

❑ 四大组件的信息，比如，前面讲过的静态 Receiver，默认启动的 Activity。
❑ 分配用户 Id 和用户组 Id。用户 Id 是唯一的，因为 Android 是一个 Linux 系统。用户组 Id 指的是各种权限，每个权限都在一个用户组中，比如读写 SD 卡或网络访问，分配了哪些用户组 Id，就拥有了哪些权限。
❑ 在 Launcher 生成一个 icon，icon 中保存着默认启动的 Activity 的信息。
❑ 在 App 安装过程的最后，把上面这些信息记录在一个 xml 文件中，以备下次安装时再次使用。

在 Android 手机系统每次启动的时候，都会使用 PMS，把 Android 系统中的所有 apk
都安装一遍，一共 4 个步骤，如图 2-29 所示。

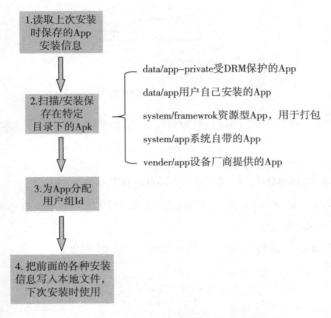

图 2-29　App 的安装流程

第 1 步，因为结束安装的时候，都会把安装信息保存在 xml 文件中，所以 Android 系
统再次启动时，会重新安装所有的 apk，就可以直接读取之前保存的 xml 文件了。

第 2 步，从 5 个目录中读取并安装所有的 apk。

第 3 步和第 4 步，与单独安装一个 App 的步骤是一样的，不再赘述。

2.11.3　PackageParser

Android 系统重启后，会重新安装所有的 App，这是由 PMS 这个类完成的。App 首次
安装到手机上，也是由 PMS 完成的。PMS 是 Android 的系统进程，我们是不能 Hook 的。

PMS 中有一个类，对于我们 App 开发人员来说很重要，那就是 PackageParser，其类图
如图 2-30 所示，它是专门用来解析 AndroidManifest 文件的，以获取四大组件的信息以及
用户权限。

PackageParser 类中，有一个 parsePackage 方法，接收一个 apkFile 的参数，既可以是
当前 apk 文件，也可以是外部 apk 文件。我们可以使用这个类，来读取插件 apk 的 Android
Manifest 文件中的信息，但是 PackageParser 是隐藏的不对 App 开发人员开放，但这并不是
什么难题，可以通过反射来获取到这个类。

parsePackage 方法返回的是 Package 类型的实体对象，里面存储着四大组件的信息，但

Package 类型我们一般用不到，取而代之的是 PackageInfo 对象，所以要使用 PackageParser 类的 generatePackageInfo 方法，把 Package 类型转换为 PackageInfo 类型。

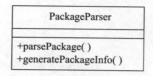

图 2-30   PackageParser 的类图

在插件化编程中，我们反射 PackageParser，一般是用来获取插件 AndroidManifest 中的四大组件信息。

2.11.4 ActivityThread 与 PackageManager

条条大路通罗马，对于 App 开发人员而言，也可以使用 Context.getPackageManager() 方法，来获取当前 Apk 的信息。

getPackageManager 的具体实现自然是在 ContextImpl 类中：

```
class ContextImpl extends Context {
    private PackageManager mPackageManager;

    @Override
    public PackageManager getPackageManager() {
        if (mPackageManager != null) {
            return mPackageManager;
        }

        IPackageManager pm = ActivityThread.getPackageManager();
        if (pm != null) {
            // Doesn't matter if we make more than one instance.
            return (mPackageManager = new ApplicationPackageManager(this, pm));
        }

        return null;
    }
}
```

从上面代码看出，Context 的 getPackageManager 方法返回的是 ApplicationPackageManager 类型的对象。ApplicationPackageManager 是 PackageManager 的子类。

如果读者熟悉设计模式，那么能看出 ApplicationPackageManager 其实是一个装饰器模式。它就是一个壳，它装饰了 ActivityThread.getPackageManager()，真正的逻辑也是在 ActivityThread 中完成的，如下所示：

```
public final class ActivityThread {
    private static ActivityThread sCurrentActivityThread;
```

```
static IPackageManager sPackageManager;

public static IPackageManager getPackageManager() {
    if (sPackageManager != null) {
        return sPackageManager;
    }
    IBinder b = ServiceManager.getService("package");
    sPackageManager = IPackageManager.Stub.asInterface(b);
    return sPackageManager;
}
```

还记得我们前面介绍 Binder 时讲的 ServiceManager 吗？这就是一个字典容器，里面存放着各种系统服务，key 为 clipboard 时，对应的是剪切板；key 为 package 时，对应的是 PMS。

IPackageManager 是一个 AIDL。根据前面章节对 AIDL 的介绍，我们发现以下语句是相同的对象：

❑ Context 的 getPackageManager();
❑ ActivityThread 的 getPackageManager();
❑ ActivityThread 的 sPackageManager;
❑ ApplicationPackageManager 的 mPM 字段。

所以当你在程序中看到上述这些语句时，它们都是 PMS 在 App 进程的代理对象，都能获得当前 Apk 包的信息，尤其是我们感兴趣的四大组件信息。在插件化编程中，我们反射 ActivityThread 获取 Apk 包的信息，一般用于当前的宿主 Apk，而不是插件 Apk。

ApplicationPackageManager 实现了 IPackageManager.Stub。

2.12　ClassLoader 家族史

Android 插件化能从外部下载一个 apk 插件，就在于 ClassLoader。ClassLoader 是一个家族。ClassLoader 是老祖先，它有很多儿孙，ClassLoader 家族如图 2-31 所示。

其中最重要的是 PathClassLoader 和 DexClassLoader，及其父类 BaseDexClassLoader。

PathClassLoader 和 DexClassLoader 这两个类都很简单，以至于看不出什么区别，但仔细看，你会发现，构造函数的第 2 个参数 optimizedDirectory 的值不一样，PathClassLoader 把这个参数设置为 null，DexClassLoader 把这个参数设置为一个非空的值。

```
public class DexClassLoader extends BaseDexClassLoader {
    public DexClassLoader(String dexPath, String optimizedDirectory,
            String librarySearchPath, ClassLoader parent) {
        super(dexPath, new File(optimizedDirectory), librarySearchPath, parent);
    }
}
```

```
public class PathClassLoader extends BaseDexClassLoader {
    public PathClassLoader(String dexPath, ClassLoader parent) {
        super(dexPath, null, null, parent);
    }

    public PathClassLoader(String dexPath, String librarySearchPath, ClassLoader
parent) {
        super(dexPath, null, librarySearchPath, parent);
    }
}
```

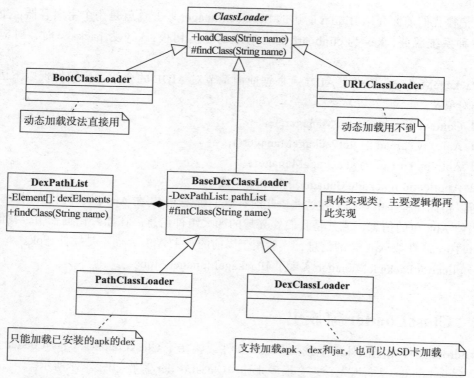

图 2-31　ClassLoader 的家谱

我们不打算深究更底层的代码，只需要知道，optimizedDirectory 是用来缓存我们需要加载的 dex 文件的，并创建一个 DexFile 对象，如果它为 null，那么会直接使用 dex 文件原有的路径来创建 DexFile 对象。

DexClassLoader 可以指定自己的 optimizedDirectory，所以它可以加载外部的 dex，因为这个 dex 会被复制到内部路径的 optimizedDirectory；而 PathClassLoader 没有 optimizedDirectory，所以它只能加载内部的 dex，这些大都是存在于系统中已经安装过的 Apk 里面的。

2.13　双亲委托

说完了 ClassLoader，就要讲双亲委托（Parent-Delegation Model）。对于 ClassLoader 家族，它们的老祖先是 ClassLoader 类，它的构造函数很有趣：

```
ClassLoader(ClassLoader parentLoader, boolean nullAllowed) {
    if (parentLoader == null && !nullAllowed) {
        throw new NullPointerException("parentLoader == null && !nullAllowed");
    }
    parent = parentLoader;
}
```

主要看第 1 个参数，也就是创建一个 ClassLoader 对象的时候，都要使用一个现有的 ClassLoader 作为参数 parentLoader。这样在 Android App 中，会形成一棵由各种 ClassLoader 组成的树。

在 CLassLoader 加载类的时候，都会优先委派它的父亲 parentLoader 去加载类，沿着这棵数一路向上找，如果没有哪个 ClassLoader 能加载，那就只好自己加载这个类。

这样做的意义是为了性能，每次加载都会消耗时间，但如果父亲加载过，就可以直接拿来使用了。

对于 App 而言，Apk 文件中有一个 classes.dex 文件，那么这个 dex 就是 Apk 的主 dex，是通过 PathClassLoader 加载的。

在 App 的 Activity 中，通过 getClassLoader 获取到的是 PathClassLoader，它的父类是 BootClassLoader。

对于插件化而言，有一种方案是将 App 的 ClassLoader 替换为自定义的 ClassLoader，这样就要求自定义 ClassLoader 模拟双亲委托机制。比较典型的代码就是 Zeus 插件化框架。

2.14　MultiDex

记得还是在 Android 5 之前的版本，在 App 的开发过程中，随着业务的扩展，App 中的代码会急速增长，直到有一天，编译代码进行调试或者打包的时候，遇到下面的错误：

```
Conversion to Dalvik format failed:Unable to execute dex: method ID not in [0,
0xffff]: 65536
```

这就是著名的 "65536 问题"，业内戏称为 "爆棚"。

其实我们的项目中，自己写的代码功能再多，一般也不会超过这个 65536 的上限。往往是引入一些第三方的 SDK，它提供了很多的功能，而我们只用到其中几个功能或几个方法，那么其他数万个方法虽然用不到，但还是驻留在 App 中了，跟着一起打包。

在 Apk 打包的过程中，我们一般会开启 proguard。这个工具不仅是做混淆的，它还会把 App 中用不到的方法全部删除，所以第三方 SDK 中那些无用的方法就这样被移除了，方法数量大幅减少，又降低到了 65536 之下。

但是代码调试期间，是不会开启 proguard 的，所以"65536 问题"还是会出现。我当时的解决方案是，在开发其他功能时，把这个第三方 SDK 临时删掉，相应的功能注释掉——只要你不开发用到这个 SDK 的功能点，这种方案还是可行的，但毕竟不是长久之计。

后来 Google 官方解决了这个问题。一方面，Android 5.0 上修复了这个爆棚的 bug，我们拭目以待，看这个新的界限哪一天被突破，再次爆棚。

另一方面，在当时那个年代，还是要对 Android 5.0 之前的版本做兼容，类似于 2.3 和 4.4 版本的市场占用率还是很高的，于是 Google 推出了 MultiDex 这个工具。顾名思义，MultiDex 就是把原先的一个 dex 文件，拆分成多个 dex 文件。每个 dex 的方法数量不超过 65536 个，如图 2-32 所示。

图 2-32　把 dex 拆分为多个

classes.dex 称为主 dex，由 App 使用 PathClassLoader 进行加载。而 classes2.dex 和 classes3.dex 这些子 dex，会在 App 启动后使用 DexClassLoader 进行加载。

时光荏苒，转眼已到 2018 年，市场上对 Android 系统的最低版本的支持已经到了 Android 5.0，再也不会遇到 65536 的爆棚问题了。那么 MultiDex 就没有用武之地了吗？并不是这样。在 Android 5.0 下，虽然 dex 中已经可以容纳比 65536 还多的方法数量，但是 dex 的体积却变大了。所以我们还是会对 dex 进行拆分，classes.dex 中只保留 App 启动时所需要的类以及首页的代码，从而确保 App 花最少时间启动并进入到首页；而把其他模块的代码转移到 classes2.dex 和 classes3.dex。

如何手动指定 classes2.dex 中包含 SecondActivity 的代码，而 classes3.dex 中包含 ThirdActivity 的代码呢？这个技术称为"手动分包"，我们会在 18.3 节介绍这个技术。

这个技术再往前走一步，就是插件化。我们可以按照模块把原先的项目拆分成多个 App，各自打包出 Apk，把这些 Apk 放到主 App 的 assets 目录下，然后使用 DexClass 进行加载。

有人说插件化能减少 App 的体积，这是不正确的。在 App 打包的时候，就要把插件的 1.0 版本预先放在 assets 目录下一起打包，然后有更新版本时（比如版本 1.1），才会下载新的插件或者增量包。

如果 App 打包时不包括插件，那么就会在 App 启动的时候才下载，这就慢了，用户体验很差。

所以 App 打包时一定要有 1.0 版本。用不用插件化，体积至少是相同的。

2.15　实现一个音乐播放器 App

相信很多读者还没接触过 Service 和 BroadcastReceiver 的编程，这里我们举一个音乐播放器的例子，来带领大家熟悉这两个组件的工作机制。

2.15.1　基于两个 Receiver 的音乐播放器⊖

 提示　本节示例代码参见 https://github.com/Baobaojianqiang/ReceiverTestBetweenActivity AndService1。

音乐播放器有几个有趣的特点：

❑ 即使你切换到另一个 App，当前在播放的音乐，仍然播放而没有停止，这是利用了 Service 在后台播放音乐，其实直播也是基于这个思路来做的。音乐 App 的前台也就是 Activity，负责展示当前哪个音乐在播放，有播放和停止两个按钮，无论点击哪个按钮，都是通知后台 Service 播放或停止音乐。这个通知就是通过 BroadcastReceiver 从 Activity 发送给 Service 的。

❑ 每当后台 Service 播放完一首歌曲，就会通知前台 Activity，于是在后台 Service 播放下一首歌的同时，前台 Activity 的展示内容将从当前播放的歌曲名称和作者，切换到下一首歌的名称和作者。这个通知则是通过另一个 BroadcastReceiver 从 Service 发送给 Activity。

所以一个音乐播放 App，至少需要一个 Service 和两个 BroadcastReceiver。

1）在 AndroidManifest.xml 中，声明 Activity 和 Service：

```
<activity android:name=".MainActivity">
    <intent-filter>
        <action android:name="android.intent.action.MAIN" />

        <category android:name="android.intent.category.LAUNCHER" />
    </intent-filter>
</activity>
<service android:name=".MyService" />
```

2）在 Activity 这边，点击播放、停止按钮，都会发消息给 Service：

⊖ 这个例子参考自网上的一篇文章和示例，由于资料缺失，已经找不到它的地址了，还请知晓的读者把地址发给我，在本书的修订版本中更新。

```java
public class MainActivity extends Activity {
    TextView tvTitle, tvAuthor;
    ImageButton btnPlay, btnStop;

    Receiver1 receiver1;

    //0x11: stoping; 0x12: playing; 0x13:pausing
    int status = 0x11;

    @Override
    protected void onCreate(Bundle savedInstanceState) {
        super.onCreate(savedInstanceState);
        setContentView(R.layout.activity_main);

        tvTitle = (TextView) findViewById(R.id.tvTitle);
        tvAuthor = (TextView) findViewById(R.id.tvAuthor);

        btnPlay = (ImageButton) this.findViewById(R.id.btnPlay);
        btnPlay.setOnClickListener(new View.OnClickListener() {
            @Override
            public void onClick(View v) {
                //send message to receiver in Service
                Intent intent = new Intent("UpdateService");
                intent.putExtra("command", 1);
                sendBroadcast(intent);
            }
        });

        btnStop = (ImageButton) this.findViewById(R.id.btnStop);
        btnStop.setOnClickListener(new View.OnClickListener() {
            @Override
            public void onClick(View v) {
                //send message to receiver in Service
                Intent intent = new Intent("UpdateService");
                intent.putExtra("command", 2);
                sendBroadcast(intent);
            }
        });

        //register receiver in Activity
        receiver1 = new Receiver1();
        IntentFilter filter = new IntentFilter();
        filter.addAction("UpdateActivity");
        registerReceiver(receiver1, filter);

        //start Service
        Intent intent = new Intent(this, MyService.class);
        startService(intent);
    }
```

```java
public class Receiver1 extends BroadcastReceiver {
    @Override
    public void onReceive(Context context, Intent intent) {
        status = intent.getIntExtra("status", -1);
        int current = intent.getIntExtra("current", -1);
        if (current >= 0) {
            tvTitle.setText(MyMusics.musics[current].title);
            tvAuthor.setText(MyMusics.musics[current].author);
        }

        switch (status) {
            case 0x11:
                btnPlay.setImageResource(R.drawable.play);
                break;
            case 0x12:
                btnPlay.setImageResource(R.drawable.pause);
                break;
            case 0x13:
                btnPlay.setImageResource(R.drawable.play);
                break;
            default:
                break;
        }
    }
}
```

也许有人看不懂 Receiver1 和 Receiver2 的对应关系，为了便于理解，请参见图 2-33。

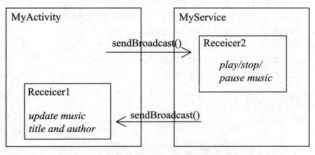

图 2-33　音乐播放器中的两个 Receiver

3）在 Service 这边，当一首音乐播放完，在播放下一首音乐的同时，会发消息给 Activity：

```java
public class MyService extends Service {

    Receiver2 receiver2;
    AssetManager am;

    MediaPlayer mPlayer;
```

```java
int status = 0x11;
int current = 0;

@Override
public IBinder onBind(Intent intent) {
    return null;
}

@Override
public void onCreate() {
    am = getAssets();

    //register receiver in Service
    receiver2 = new Receiver2();
    IntentFilter filter = new IntentFilter();
    filter.addAction("UpdateService");
    registerReceiver(receiver2, filter);

    mPlayer = new MediaPlayer();
    mPlayer.setOnCompletionListener(new OnCompletionListener() {
        @Override
        public void onCompletion(MediaPlayer mp) {
            current++;
            if (current >= 3) {
                current = 0;
            }
            prepareAndPlay(MyMusics.musics[current].name);

            //send message to receiver in Activity
            Intent sendIntent = new Intent("UpdateActivity");
            sendIntent.putExtra("status", -1);
            sendIntent.putExtra("current", current);
            sendBroadcast(sendIntent);
        }
    });
    super.onCreate();
}

private void prepareAndPlay(String music) {
    try {
        AssetFileDescriptor afd = am.openFd(music);
        mPlayer.reset();
        mPlayer.setDataSource(afd.getFileDescriptor()
                , afd.getStartOffset()
                , afd.getLength());
        mPlayer.prepare();
        mPlayer.start();
    } catch (IOException e) {
        e.printStackTrace();
    }
}
```

```
        }

    public class Receiver2 extends BroadcastReceiver {
        @Override
        public void onReceive(final Context context, Intent intent) {
            int command = intent.getIntExtra("command", -1);
            switch (command) {
                case 1:
                    if (status == 0x11) {
                        prepareAndPlay(MyMusics.musics[current].name);
                        status = 0x12;
                    }
                    else if (status == 0x12) {
                        mPlayer.pause();
                        status = 0x13;
                    }
                    else if (status == 0x13) {
                        mPlayer.start();
                        status = 0x12;
                    }
                    break;
                case 2:
                    if (status == 0x12 || status == 0x13) {
                        mPlayer.stop();
                        status = 0x11;
                    }
            }

            //send message to receiver in Activity
            Intent sendIntent = new Intent("UpdateActivity");
            sendIntent.putExtra("status", status);
            sendIntent.putExtra("current", current);
            sendBroadcast(sendIntent);
        }
    }
}
```

也许有人看不懂 0x11（stoping）, 0x12（playing）和 0x13（pausing）三个状态之间的切换关系，为便于理解，请参见图 2-34。

2.15.2　基于一个 Receiver 的音乐播放器

> 提示　本节的示例代码参见 https://github.com/Baobaojianqiang/ReceiverTestBetweenActivity AndService2。

上一节介绍了音乐播放器 App 的第一种实现 —— 使用两个 Receiver 的方式，在 Activity 和 Service 中各注册一个 Receiver 给对方使用。

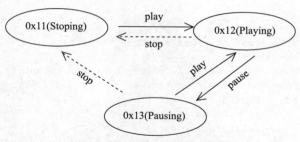

图 2-34 音乐按钮的状态机

其实，很多音乐类播放器中只有一个 Receiver，也就是上一节中介绍的 Receiver1，在 Activity 中注册，而后台音乐 Service 一旦播放完某首音乐，就发送广播给 Receiver1，更新 Activity 界面，

另一方面，我们使用 Service 的 onBind 方法，通过 ServiceConnection 获取到在 Service 中定义的 Binder 对象，在 Activity 点击播放或暂停音乐的按钮，会调用这个 Binder 对象的 play 和 stop 方法来操作后台 Service，如图 2-35 所示。

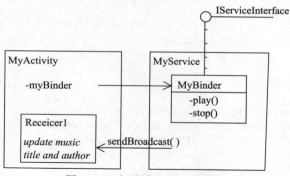

图 2-35 音乐播放器的流程图

为了解耦 Activity 和 Service，不在 Activity 中直接使用 Service 中定义的 MyBinder 对象，我们创建 IServiceInterface 接口，让 Activity 和 Service 都面向 IServiceInterface 接口编程：

```
public interface IServiceInterface {
    public void play();
    public void stop();
}
```

音乐播放器的 Activity 代码如下：

```
public class MainActivity extends Activity {
    TextView tvTitle, tvAuthor;
    ImageButton btnPlay, btnStop;
```

```java
//0x11: stoping; 0x12: playing; 0x13:pausing
int status = 0x11;

Receiver1 receiver1;

IServiceInterface myService = null;

ServiceConnection mConnection = new ServiceConnection() {
    public void onServiceConnected(ComponentName name, IBinder binder) {
        myService = (IServiceInterface) binder;
        Log.e("MainActivity", "onServiceConnected");
    }

    public void onServiceDisconnected(ComponentName name) {
        Log.e("MainActivity", "onServiceDisconnected");
    }
};

@Override
protected void onCreate(Bundle savedInstanceState) {
    super.onCreate(savedInstanceState);
    setContentView(R.layout.activity_main);

    tvTitle = (TextView) findViewById(R.id.tvTitle);
    tvAuthor = (TextView) findViewById(R.id.tvAuthor);

    btnPlay = (ImageButton) this.findViewById(R.id.btnPlay);
    btnPlay.setOnClickListener(new View.OnClickListener() {
        @Override
        public void onClick(View v) {
            myService.play();
        }
    });

    btnStop = (ImageButton) this.findViewById(R.id.btnStop);
    btnStop.setOnClickListener(new View.OnClickListener() {
        @Override
        public void onClick(View v) {
            myService.stop();
        }
    });

    //register receiver in Activity
    receiver1 = new Receiver1();
    IntentFilter filter = new IntentFilter();
    filter.addAction("UpdateActivity");
    registerReceiver(receiver1, filter);

    //bind Service
    Intent intent = new Intent(this, MyService.class);
```

```
        bindService(intent, mConnection, Context.BIND_AUTO_CREATE);
    }

    public class Receiver1 extends BroadcastReceiver {
        @Override
        public void onReceive(Context context, Intent intent) {
            status = intent.getIntExtra("status", -1);
            int current = intent.getIntExtra("current", -1);
            if (current >= 0) {
                tvTitle.setText(MyMusics.musics[current].title);
                tvAuthor.setText(MyMusics.musics[current].author);
            }

            switch (status) {
                case 0x11:
                    btnPlay.setImageResource(R.drawable.play);
                    break;
                case 0x12:
                    btnPlay.setImageResource(R.drawable.pause);
                    break;
                case 0x13:
                    btnPlay.setImageResource(R.drawable.play);
                    break;
                default:
                    break;
            }
        }
    }
}
```

音乐播放器的 Service 代码如下：

```
public class MyService extends Service {

    AssetManager am;

    MediaPlayer mPlayer;
    int status = 0x11;
    int current = 0;

    private class MyBinder extends Binder implements IServiceInterface {

        @Override
        public void play() {
            if (status == 0x11) {
                prepareAndPlay(MyMusics.musics[current].name);
                status = 0x12;
            } else if (status == 0x12) {
                mPlayer.pause();
                status = 0x13;
            } else if (status == 0x13) {
```

```java
            mPlayer.start();
            status = 0x12;
        }

        sendMessageToActivity(status, current);
    }

    @Override
    public void stop() {
        if (status == 0x12 || status == 0x13) {
            mPlayer.stop();
            status = 0x11;
        }

        sendMessageToActivity(status, current);
    }
}

MyBinder myBinder = null;

@Override
public void onCreate() {
    myBinder = new MyBinder();

    am = getAssets();

    mPlayer = new MediaPlayer();
    mPlayer.setOnCompletionListener(new OnCompletionListener() {
        @Override
        public void onCompletion(MediaPlayer mp) {
            current++;
            if (current >= 3) {
                current = 0;
            }
            prepareAndPlay(MyMusics.musics[current].name);

            sendMessageToActivity(-1, current);
        }
    });
    super.onCreate();
}


@Override
public IBinder onBind(Intent intent) {
    return myBinder;
}

@Override
public boolean onUnbind(Intent intent) {
```

```
        myBinder = null;
        return super.onUnbind(intent);
    }

    private void sendMessageToActivity(int status1, int current1) {
        Intent sendIntent = new Intent("UpdateActivity");
        sendIntent.putExtra("status", status1);
        sendIntent.putExtra("current", current1);
        sendBroadcast(sendIntent);
    }

    private void prepareAndPlay(String music) {
        try {
            AssetFileDescriptor afd = am.openFd(music);
            mPlayer.reset();
            mPlayer.setDataSource(afd.getFileDescriptor()
                    , afd.getStartOffset()
                    , afd.getLength());
            mPlayer.prepare();
            mPlayer.start();
        } catch (IOException e) {
            e.printStackTrace();
        }
    }
}
```

希望通过上面两个例子，能让各位读者更加深入了解 Receiver 和 Service，毕竟这两个组件平常的出镜率并不是很高。

2.16 本章小结

本章详细介绍了 Android 底层的知识点。本章没有贴太多代码，而是画了几十张图，这是本章的特色。

对于 Binder，掌握其原理即可，不需要深入源码，尤其是那些读起来让人头大的 C++ 代码。Binder 在 App 中的代表是 AIDL，所以要牢记，在 AIDL 生成的 Java 代码中 stub 和 proxy 的作用。

要牢记 App 的启动流程和安装流程。

四大组件非常重要。四大组件要和 AMS 打交道，要牢记 App 端是怎么和 AMS 打交道的，而不需要了解太多 AMS 内部的逻辑。这就引出了 App 端参与交互的那些类，比如：

❑ ActivityThread；
❑ Instrumentation；
❑ H；
❑ AMN 和 AMP；

❑　Context 家族；

❑　LoadedApk。

我们一般对 Activity 很熟悉，而对其他三大组件就很少了解了，这是我们需要去补充的知识。音乐播放器是一个很好的例子。

对于 PMS，不需要深入 PMS 读取 Apk 的过程，而是要关注使用什么手段获取 Apk 的信息。重结果不重过程。

对于 ClassLoader 家族，要掌握 DexClassLoader，这是插件化编程的关键。此外对双亲委托机制要理解。

对于 MultiDex，要掌握手动拆包的办法，我们会在插件混淆的章节中用到这个技术。

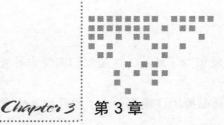

Chapter 3 第3章

反 射

本章介绍 Java 中最强大的技术：反射。

Java 原生的反射语法艰涩难懂，于是我们一般将这些反射语法封装成 Utils 类，包括反射类、反射方法（构造函数）、反射字段。这其中，做得最好的莫过于 jOOR 这个开源反射封装库。但是它有个缺点，就是不适用于 Android 中定义为 final 的字段，就连作者也承认，jOOR 只为了 Java 而设计，而没有考虑 Android。

所有反射语法中最难的莫过于反射一个泛型类，而这又是我们在做插件化编程中不可避免的。

3.1 基本反射技术

反射包括以下技术：

❑ 根据一个字符串得到一个类的对象。

❑ 获取一个类的所有公用或私有、静态或实例的字段、方法、属性。

❑ 对泛型类的反射。

相比于其他语言，Java 反射的语法是非常艰涩难懂的，我们按照上面的三点依次介绍。

 提示　本节的示例代码参见 https://github.com/BaoBaoJianqiang/TestReflection。

3.1.1 根据一个字符串得到一个类

1. getClass

通过一个对象，获取它的类型。类型用 Class 表示：

```
String str = "abc";
Class c1 = str.getClass();
```

2. Class.forName

这个方法用得最多。

通过一个字符串获取一个类型。这个字符串由类的命名空间和类的名称组成。而通过 getSuperclass 方法，获取对象的父类类型：

```
try {
    Class c2 = Class.forName("java.lang.String");
    Class c3 = Class.forName("android.widget.Button");

    //通过getSuperClass，每个Class都有这个函数
    Class c5 = c3.getSuperclass();  //得到TextView
} catch (ClassNotFoundException e) {
    e.printStackTrace();
}
```

3. class 属性

每个类都有 class 属性，可以得到这个类的类型：

```
Class c6 = String.class;
Class c7 = java.lang.String.class;
Class c8 = MainActivity.InnerClass.class;
Class c9 = int.class;
Class c10 = int[].class;
```

4. TYPE 属性

基本类型，如 BOOLEAN，都有 TYPE 属性，可以得到这个基本类型的类型：

```
Class c11 = Boolean.TYPE;
Class c12 = Byte.TYPE;
Class c13 = Character.TYPE;
Class c14 = Short.TYPE;
Class c15 = Integer.TYPE;
Class c16 = Long.TYPE;
Class c17 = Float.TYPE;
Class c18 = Double.TYPE;
Class c19 = Void.TYPE;
```

看到这里，读者也许会问，为什么不厌其烦地想要得到类或对象的类型。在后面的章节，我们在使用 Proxy.newProxyInstance() 的时候，会大量用到这些类型值作为参数。

3.1.2　获取类的成员

1. 获取类的构造函数

获取类的构造函数，包括 private 和 public 两种，也支持无参数和有参数这两种类型的

构造函数。

比如 TestClassCtor 这个类，就有很多构造函数：

```
public TestClassCtor() {
    name = "baobao";
}

public TestClassCtor(int a) {

}

public TestClassCtor(int a, String b) {
    name = b;
}

private TestClassCtor(int a, double c) {

}
```

1）获取类的所有构造函数。

通过 Class 的 **getDeclaredConstructors** 方法，获取类的所有构造函数，包括 public 和 private 的构造函数，然后就可以通过 for 循环遍历每一个构造函数了：

```
TestClass r = new TestClass();
    Class temp = r.getClass();
    String className = temp.getName();            // 获取指定类的类名

    Log.v("baobao", "获取类的所有ctor, 不分public还是private--------------------");
    //获取类的所有ctor, 不分public还是private
    try {
        Constructor[] theConstructors = temp.getDedaredConstructors();
                                    // 获取指定类的公有构造方法

        for (int i = 0; i < theConstructors.length; i++) {
            int mod = theConstructors[i].getModifiers();     // 输出修饰域和方法名称
            Log.v("baobao", Modifier.toString(mod) + " " + className + "(");

            Class[] parameterTypes = theConstructors[i].getParameterTypes();
                                    //获取指定构造方法参数的集合
            for (int j = 0; j < parameterTypes.length; j++) {
                                    // 输出打印参数列表
                Log.v("baobao", parameterTypes[j].getName());
                if (parameterTypes.length > j + 1) {
                    Log.v("baobao", ", ");
                }
            }
            Log.v("baobao", ")");
        }
    } catch (Exception e) {
        e.printStackTrace();
    }
```

如果只想获取类的所有 public 构造函数，就不能再使用 Class 的 getConstructors 方法了，而要使用 getDeclaredConstructors 方法。

2）获取类的某个构造函数。

获取无参数的构造函数：

```
Constructor c1 = temp.getDeclaredConstructor();
```

获取有一个参数的构造函数，参数类型 int：

```
Class[] p2 = {int.class};
Constructor c2 = temp.getDeclaredConstructor(p2);
```

获取有两个参数的构造函数，参数类型依次是 int 和 String：

```
Class[] p3 = {int.class, String.class};
Constructor c3 = temp.getDeclaredConstructor(p3);
```

反射到类的构造函数很重要，这是下述流程中至关重要的一步：通过字符串反射出一个类，然后通过反射获取到类的构造函数，执行构造函数就得到了类的实例。有了实例，就可以通过反射进一步得到实例的所有字段和方法。

3）调用构造函数。

接下来通过反射调用构造函数，得到类的实例，这要借助于 Constructor 的 newInstance 方法：

```
Class r = Class.forName("jianqiang.com.testreflection.TestClassCtor");

//含参
Class[] p3 = {int.class, String.class};
Constructor ctor = r.getDeclaredConstructor(p3);
Object obj = ctor.newInstance(1, "bjq");

//无参
Constructor ctor2 = r.getDeclaredConstructor();
Object obj2 = ctor2.newInstance();
```

如果构造函数是无参数的，那么可以直接使用 Class 的 newInstance 方法：

```
Class r = Class.forName("jianqiang.com.testreflection.TestClassCtor");
Object obj4 = r.newInstance();
```

2. 获取类的私有实例方法并调用它

在 TestClassCtor 中，有一个私有方法 doSOmething：

```
private String doSOmething(String d) {
    Log.v("baobao", "TestClassCtor, doSOmething");

    return "abcd";
}
```

想获取这个私有方法并执行它，要写如下代码：

```
Class r = Class.forName("jianqiang.com.testreflection.TestClassCtor");
Class[] p3 = {int.class, String.class};
Constructor ctor = r.getDeclaredConstructor(p3);
Object obj = ctor.newInstance(1, "bjq");

//以下4句话，调用一个private方法
Class[] p4 = {String.class};
Method method = r.getDeclaredMethod("doSOmething", p4); //在指定类中获取指定的方法
method.setAccessible(true);

Object argList[] = {"jianqiang"};    //这里写死，下面有个通用的函数getMethodParamObject
Object result = method.invoke(obj, argList);
```

3. 获取类的静态的私有方法并调用它

在 TestClassCtor 中，有一个静态的私有方法 work：

```
private static void work() {
    Log.v("baobao", "TestClassCtor, work");
}
```

想获取这个静态的私有方法并执行它，要写如下代码：

```
Class r = Class.forName("jianqiang.com.testreflection.TestClassCtor");
//以下3句话，调用一个private静态方法
Method method = r.getDeclaredMethod("work"); //在指定类中获取指定的方法
method.setAccessible(true);
method.invoke(null);
```

4. 获取类的私有实例字段并修改它

在 TestClassCtor 中，有一个私有的实例字段 name：

```
public class TestClassCtor {
    private String name;

    public String getName() {
        return name;
    }
}
```

想获取这个私有实例字段并修改它的值，要写如下代码：

```
//以下4句话，创建一个对象
Class r = Class.forName("jianqiang.com.testreflection.TestClassCtor");
Class[] p3 = {int.class, String.class};
Constructor ctor = r.getDeclaredConstructor(p3);
Object obj = ctor.newInstance(1, "bjq");

//获取name字段，private
Field field = r.getDeclaredField("name");
```

```
field.setAccessible(true);
Object fieldObject = field.get(obj);

//只对obj有效
field.set(obj, "jianqiang1982");
```

值得注意的是，这次修改仅对当前这个对象有效，如果接下来我们再次创建一个
TestClassCtor 对象，它的 name 字段的值为空而不是 jianqiang1982：

```
TestClassCtor testClassCtor = new TestClassCtor(100);
testClassCtor.getName(); //仍然返回null，并没有修改
```

5. 获取类的私有静态字段并修改它

在 TestClassCtor 中，有一个静态的私有字段 address，想获取这个私有的静态字段并修
改它的值，要写如下代码：

```
//以下4句话，创建一个对象
Class r = Class.forName("jianqiang.com.testreflection.TestClassCtor");

//获取address静态字段, private
Field field = r.getDeclaredField("address");
field.setAccessible(true);

Object fieldObject = field.get(null);

field.set(fieldObject, "ABCD");

//静态变量，一次修改，终生受用
TestClassCtor.printAddress();
```

与前面介绍的实例字段不同，静态字段的值被修改了，下次再使用，这个字段的值是
修改后的值。所谓"一次修改，终生受用"。

3.1.3　对泛型类的反射

Android 系统源码中存在大量泛型，所以插件化技术离不开对泛型进行反射，比如单例
模式（Singleton），下述代码是从 Android 源码中找出来的：

```
public abstract class Singleton<T> {
    private T mInstance;

    protected abstract T create();

    public final T get() {
        synchronized (this) {
            if (mInstance == null) {
                mInstance = create();
```

```
        }
        return mInstance;
    }
    }
}
```

Singleton 是一个泛型类，我们可以通过以下三行代码，取出 Singleton 中的 mInstance 字段：

```
Class<?> singleton = Class.forName("jianqiang.com.testreflection.Singleton");
Field mInstanceField = singleton.getDeclaredField("mInstance");
mInstanceField.setAccessible(true);
```

同时，Singleton 也是一个抽象类，在实例化 Singleton 的时候，一定要实现 create 这个抽象方法。

接下来我们看 ActivityManagerNative（AMN）这个类，其中和 Singleton 有关的是下面几行代码：

```
public class AMN {
    private static final Singleton<ClassB2Interface> gDefault = new Singleton
        <ClassB2Interface>() {
        protected ClassB2Interface create() {
            ClassB2 b2 = new ClassB2();
            b2.id = 2;
            return b2;
        }
    };

    static public ClassB2Interface getDefault() {
        return gDefault.get();
    }
}
```

上面的代码中 gDefault 是 AMN 的静态私有变量，它是 Singleton 类型的，所以要实现 create 方法，返回一个 ClassB2 类型的对象。

在 Android 的源码中，可通过 AMN.getDefault() 来获取 create 方法创建的 ClassB2 对象。

我们可以通过以下几行代码来获取 AMN 的 gDefault 静态私有字段，进一步得到生成的 ClassB2 类型对象 rawB2Object：

```
Class<?> activityManagerNativeClass = Class.forName("jianqiang.com.testreflection.
    AMN");
Field gDefaultField = activityManagerNativeClass.getDeclaredField("gDefault");
gDefaultField.setAccessible(true);
Object gDefault = gDefaultField.get(null);
// AMN的gDefault对象里面原始的 B2 对象
Object rawB2Object = mInstanceField.get(gDefault);
```

后来我们可能发现，rawB2Object 不是我们所需要的，我们希望把它换成 ClassB2Mock 类型的对象 proxy。

ClassB2Mock 是对 rawB2Object 的动态代理，这里使用了 Proxy.newProxyInstance 方法，额外打印了一行日志：

```
// 创建一个这个对象的代理对象ClassB2Mock，然后替换这个字段，让我们的代理对象帮忙干活
Class<?> classB2Interface = Class.forName("jianqiang.com.testreflection.ClassB2Interface");
Object proxy = Proxy.newProxyInstance(
    Thread.currentThread().getContextClassLoader(),
    new Class<?>[] { classB2Interface },
    new ClassB2Mock(rawB2Object));
mInstanceField.set(gDefault, proxy);
```

最后一行代码就是把 AMN 中的 gDefault 字段的 mInstance 字段，设置为代理对象 proxy。

经过 Hook，AMN.getDefault().doSomething() 将执行 ClassB2Mock 里面的逻辑。

Android 源码中 AMN 的思路和我的这些代码在思路上是一致的，只是这里用 ClassB2 和 ClassB2Mock 来模拟，比较简单。

3.2　jOOR

上面例子的语法都是基于原始的 Java 语法，有没有觉得这些语法很艰涩？我们希望用一种自然的、简单的、面向对象的语法，来取代上面这些艰涩的语言，于是便有了 jOOR 这个开源库。⊖

jOOR 库就两个类，Reflect.java 和 ReflectException.java，所以我一般不依赖于 gradle，而是直接把这两个类拖到项目中来。

其中，Reflect.java 最为重要，包括 6 个核心方法：

❑ on：包裹一个类或者对象，表示在这个类或对象上进行反射，类的值可以是 Class，也可以是完整的类名（包含包名信息）。

❑ create：用来调用之前的类的构造方法，有两种重载，一种有参数，一种无参数。

❑ call：方法调用，传入方法名和参数，如有返回值还需要调用 get。

❑ get：获取（field 和 method 返回）值相关，会进行类型转换，常与 call 组合使用。

❑ set：设置属性值。

我们使用 jOOR 把上一节的代码重构一下。

 提示　本节的示例代码参见 https://github.com/BaoBaoJianqiang/TestReflection2。

⊖　开源地址：https://github.com/jOOQ/jOOR

3.2.1 根据一个字符串得到一个类

1. getClass

通过一个字符串，获取它的类型。类型用 Class 表示：

```
String str = "abc";
Class c1 = str.getClass();
```

这些代码还是传统的语法，并没有改变。

2. 根据字符串获取一个类

对于 jOOR，我们一般 import 它的 Reflect.on 方法，这样我们就可以直接在代码中使用 on 了，让编码更加简单。代码如下：

```
import static jianqiang.com.testreflection.joor.Reflect.on;

    //以下3个语法等效
    Reflect r1 = on(Object.class);
    Reflect r2 = on("java.lang.Object");
    Reflect r3 = on("java.lang.Object", ClassLoader.getSystemClassLoader());

    //以下2个语法等效，实例化一个Object变量，得到Object.class
    Object o1 = on(Object.class).<Object>get();
    Object o2 = on("java.lang.Object").get();

    String j2 = on((Object)"abc").get();
    int j3 = on(1).get();

    //等价于Class.forName()
    try {
        Class j4 = on("android.widget.Button").type();
    }
    catch (ReflectException e) {
        e.printStackTrace();
    }
```

3.2.2 获取类的成员

1. 调用类的构造函数

调用类的构造函数，包括 private 和 public 两种，也支持无参数和有参数这两种类型的构造函数。

jOOR 认为构造函数就是用来调用的，所以没有给出获取构造函数的方法，而是直接给出了调用构造函数的方法 create：

```
TestClassCtor r = new TestClassCtor();
Class temp = r.getClass();
String className = temp.getName();        // 获取指定类的类名

//public构造函数
Object obj = on(temp).create().get();     //无参
Object obj2 = on(temp).create(1, "abc").get();  //有参

//private构造函数
TestClassCtor obj3 = on(TestClassCtor.class).create(1, 1.1).get();
String a = obj3.getName();
```

2. 获取类的私有实例方法

获取类的私有实例方法并调用它：

```
//以下4句话，创建一个对象
    TestClassCtor r = new TestClassCtor();
    Class temp = r.getClass();
    Reflect reflect = on(temp).create();

    //调用一个实例方法
    String a1 = reflect.call("doSOmething", "param1").get();
```

3. 获取类的私有静态方法

获取类的私有静态方法并调用它：

```
//以下4句话，创建一个对象
TestClassCtor r = new TestClassCtor();
Class temp = r.getClass();
Reflect reflect = on(temp).create();

//调用一个静态方法
on(TestClassCtor.class).call("work").get();
```

4. 获取类的私有实例字段

获取类的私有实例字段并修改它：

```
Reflect obj = on("jianqiang.com.testreflection.TestClassCtor").create(1, 1.1);
obj.set("name", "jianqiang");
Object obj1 = obj.get("name");
```

5. 获取类的私有静态字段

获取类的私有静态字段并修改它：

```
on("jianqiang.com.testreflection.TestClassCtor").set("address", "avccccc");
Object obj2 = on("jianqiang.com.testreflection.TestClassCtor").get("address");
```

3.2.3　对泛型类的反射

这个例子用 jOOR 写起来会更简单：

```
//获取AMN的gDefault单例gDefault, gDefault是静态的
Object gDefault = on("jianqiang.com.testreflection.AMN").get("gDefault");

// gDefault是一个 android.util.Singleton对象; 我们取出这个单例里面的mInstance字段
// mInstance就是原始的ClassB2Interface对象
Object mInstance = on(gDefault).get("mInstance");

// 创建一个这个对象的代理对象ClassB2Mock, 然后替换这个字段, 让我们的代理对象帮忙干活
Class<?> classB2Interface = on("jianqiang.com.testreflection.ClassB2Interface").type();
Object proxy = Proxy.newProxyInstance(
    Thread.currentThread().getContextClassLoader(),
    new Class<?>[] { classB2Interface },
    new ClassB2Mock(mInstance));

on(gDefault).set("mInstance", proxy);
```

外界对 jOOR 的评价很高，我看了相关的文章，大多是一些浮于表面的介绍，然后就被媒体无限放大，殊不知 jOOR 在 Android 领域有个很大的缺陷，那就是不支持反射 final 类型的字段。

看一个例子，User 类有两个 final 字段，其中 userId 是静态字段，name 是实例字段：

```
public class User {
    private final static int userId = 3;
    private final String name = "baobao";
}
```

在使用 jOOR 反射时的语法如下：

```
//实例字段
Reflect obj = on("jianqiang.com.testreflection.User").create();
obj.set("name", "jianqiang");
Object newObj = obj.get("name");

//静态字段
Reflect obj2 = on("jianqiang.com.testreflection.User");
obj2.set("userId", "123");
Object newObj2 = obj2.get("userId");
```

上面这段代码在执行 set 语法时必然报错，抛出一个 NoSuchFieldException 异常。究其原因，是 jOOR 的 Reflect 的 set 方法会在遇到 final 时，尝试反射出 Field 类的 modifiers 字段，在 Java 环境是有这个字段的，但是 Android 版本的 Field 类并没有这个字段，于是就报错了。

3.3 对基本反射语法的封装

考虑到 jOOR 的局限性，我们不得不另辟蹊径。对基本的 Java 反射语法进行封装，以得到简单的语法。

考察前面介绍的种种语法，无论是反射出一个类，还是反射出一个构造函数并调用它，都是为了进一步读写类的方法和字段，所以我们只要封装以下几个方法即可：

❏ 反射出一个构造函数并调用它。
❏ 调用静态方法。
❏ 调用实例方法。
❏ 获取和设置一个字段的值。
❏ 对泛型的处理。

 提示 本节的示例代码参见 https://github.com/BaoBaoJianqiang/TestReflection3。

3.3.1 反射出一个构造函数

在 RefInvoke 类定义方法如下：

```
public static Object createObject(String className, Class[] pareTyples, Object[]
    pareVaules) {
    try {
        Class r = Class.forName(className);
        Constructor ctor = r.getDeclaredConstructor(pareTyples);
        ctor.setAccessible(true);
        return ctor.newInstance(pareVaules);
    } catch (Exception e) {
        e.printStackTrace();
    }

    return null;
}
```

以下是对这个封装函数的调用：

```
Class r = Class.forName(className);

//含参
Class[] p3 = {int.class, String.class};
Object[] v3 = {1, "bjq"};
Object obj = RefInvoke.createObject(className, p3, v3);

//无参
Object obj2 = RefInvoke.createObject(className, null, null);
```

3.3.2 调用实例方法

在 RefInvoke 类定义方法如下：

```
public static Object invokeInstanceMethod(Object obj, String methodName, Class[]
    pareTyples, Object[] pareVaules) {
    if(obj == null)
```

```
                return null;

        try {
                //调用一个private方法
                Method method = obj.getClass().getDeclaredMethod(methodName, pareTyples);
                        //在指定类中获取指定的方法
                method.setAccessible(true);
                return method.invoke(obj, pareVaules);

        } catch (Exception e) {
                e.printStackTrace();
        }

        return null;
}
```

以下是调用这个封装函数：

```
Class[] p3 = {};
Object[] v3 = {};
RefInvoke.invokeStaticMethod(className, "work", p3, v3);
```

3.3.3 调用静态方法

在 RefInvoke 类定义方法如下：

```
public static Object invokeStaticMethod(String className, String method_name,
    Class[] pareTyples, Object[] pareVaules) {
    try {
            Class obj_class = Class.forName(className);
        Method method = obj_class.getDeclaredMethod(method_name, pareTyples);
        method.setAccessible(true);
        return method.invoke(null, pareVaules);
    } catch (Exception e) {
        e.printStackTrace();
    }

    return null;
}
```

以下是调用这个封装函数：

```
Class[] p4 = {String.class};
Object[] v4 = {"jianqiang"};
Object result = RefInvoke.invokeInstanceMethod(obj, "doSOmething", p4, v4);
```

3.3.4 获取并设置一个字段的值

在 RefInvoke 类定义方法如下：

```
public static Object getFieldObject(String className, Object obj, String filedName) {
    try {
```

```
            Class obj_class = Class.forName(className);
            Field field = obj_class.getDeclaredField(filedName);
            field.setAccessible(true);
            return field.get(obj);
    } catch (Exception e) {
            e.printStackTrace();
    }

    return null;
}

public static void setFieldObject(String classname, Object obj, String filedName,
    Object filedVaule) {
    try {
        Class obj_class = Class.forName(classname);
        Field field = obj_class.getDeclaredField(filedName);
        field.setAccessible(true);
        field.set(obj, filedVaule);
    } catch (Exception e) {
        e.printStackTrace();
    }
}
```

以下是调用这两个封装函数：

```
//获取实例字段
Object fieldObject = RefInvoke.getFieldObject(className, obj, "name");
RefInvoke.setFieldObject(className, obj, "name", "jianqiang1982");

//获取静态字段
Object fieldObject = RefInvoke.getFieldObject(className, null, "address");
RefInvoke.setFieldObject(className, null, "address", "ABCD");
```

3.3.5　对泛型类的处理

借助于前面封装的 5 个方法，我们重写对泛型的反射调用：

```
//获取AMN的gDefault单例gDefault，gDefault是静态的
Object gDefault = RefInvoke.getFieldObject("jianqiang.com.testreflection.AMN",
    null, "gDefault");

// gDefault是一个 android.util.Singleton对象；我们取出这个单例里面的mInstance字段
Object rawB2Object = RefInvoke.getFieldObject(
    "jianqiang.com.testreflection.Singleton",
    gDefault, "mInstance");

// 创建一个这个对象的代理对象ClassB2Mock，然后替换这个字段，让我们的代理对象帮忙干活
Class<?> classB2Interface = Class.forName("jianqiang.com.testreflection.
    ClassB2Interface");
Object proxy = Proxy.newProxyInstance(
```

```
      Thread.currentThread().getContextClassLoader(),
      new Class<?>[] { classB2Interface },
      new ClassB2Mock(rawB2Object));

//把Singleton的mInstance替换为proxy
RefInvoke.setFieldObject("jianqiang.com.testreflection.Singleton", gDefault,
      "mInstance", proxy);
```

虽然不是面向对象的语法，但总要简单得多。

3.4 对反射的进一步封装

我们在 3.3 节对反射语法进行了简单的封装，但在实际的使用中，我们发现，有的时候，有很多不方便的地方。在本节中会对此进行优化。

 本节示例代码参考 https://github.com/BaoBaoJianqiang/TestReflection4

1. 对于无参数和只有一个参数的处理

通过反射调用方法或者构造函数的时候，它们有时只需要一个参数，有时根本不需要参数，但我们每次都要按照多个参数的方式来编写代码，如下所示：

```
Class r = Class.forName(className);

//含参
Class[] p3 = {int.class, String.class};
Object[] v3 = {1, "bjq"};
Object obj = RefInvoke.createObject(className, p3, v3);

//无参
Object obj2 = RefInvoke.createObject(className, null, null);
```

我们希望把代码写的更简单一些，比如说这样：

```
//无参
public static Object createObject(String className) {
    Class[] pareTyples = new Class[]{};
    Object[] pareVaules = new Object[]{};

    try {
        Class r = Class.forName(className);
        return createObject(r, pareTyples, pareVaules);
    } catch (ClassNotFoundException e) {
        e.printStackTrace();
    }

    return null;
}
```

```
//一个参数
public static Object createObject(String className, Class pareTyple, Object pareVaule) {
    Class[] pareTyples = new Class[]{ pareTyple };
    Object[] pareVaules = new Object[]{ pareVaule };

    try {
        Class r = Class.forName(className);
        return createObject(r, pareTyples, pareVaules);
    } catch (ClassNotFoundException e) {
        e.printStackTrace();
    }

    return null;
}

//多个参数
public static Object createObject(String className, Class[] pareTyples, Object[]
    pareVaules) {
    try {
        Class r = Class.forName(className);
        return createObject(r, pareTyples, pareVaules);
    } catch (ClassNotFoundException e) {
        e.printStackTrace();
    }

    return null;
}

//多个参数
public static Object createObject(Class clazz, Class[] pareTyples, Object[]
    pareVaules) {
    try {
        Constructor ctor = clazz.getDeclaredConstructor(pareTyples);
        ctor.setAccessible(true);
        return ctor.newInstance(pareVaules);
    } catch (Exception e) {
        e.printStackTrace();
    }

    return null;
}
```

以此类推，构造函数就是方法，我们封装的 invokeStaticMethod 和 invokeInstanceMethod 方法也可以有这许多种重载方式。

2. 字符串可以替换为 Class
截止到现在，我们加载类的方式，都是通过字符串的方式，比如 createObject 的实现：

```java
public static Object createObject(String className, Class[] pareTyples, Object[]
    pareVaules) {
    try {
        Class r = Class.forName(className);
        Constructor ctor = r.getConstructor(pareTyples);
        return ctor.newInstance(pareVaules);
    } catch (Exception e) {
        e.printStackTrace();
    }

    return null;
}
```

但有时候，我们直接就拥有这个类的 Class 类型，而不再用 Class.forName(className) 的方式再去生成，于是就可以有字符串和 Class 这两种形式的方法重载，如下所示：

```java
//多个参数
public static Object createObject(String className, Class[] pareTyples, Object[]
    pareVaules) {
    try {
        Class r = Class.forName(className);
        return createObject(r, pareTyples, pareVaules);
    } catch (ClassNotFoundException e) {
        e.printStackTrace();
    }

    return null;
}
```

```java
//多个参数
public static Object createObject(Class clazz, Class[] pareTyples, Object[]
    pareVaules) {
    try {
        Constructor ctor = clazz.getConstructor(pareTyples);
        return ctor.newInstance(pareVaules);
    } catch (Exception e) {
        e.printStackTrace();
    }

    return null;
}
```

RefInvoke 中的所有方法，大都拥有 String 和 Class 这两种方法的重载，限于篇幅，这里就不一一介绍了，具体情况可以参考源码例子。

3. 区分静态字段和实例字段

在反射字段的时候，我们发现，对静态字段和实例字段的处理，区别就在一个地方，由于静态字段的反射不需要 obj 参数，所以设置为 null，如下所示：

```
//获取实例字段
Object fieldObject = RefInvoke.getFieldObject(className, obj, "name");
RefInvoke.setFieldObject(className, obj, "name", "jianqiang1982");

//获取静态字段
Object fieldObject = RefInvoke.getFieldObject(className, null, "address");
RefInvoke.setFieldObject(className, null, "address", "ABCD");
```

为了区分静态字段和实例字段这两种场景，我们把静态字段的读写方法改名为
getStaticFieldObject 和 setStaticFieldObject，它们间接的调用了实例字段的 getFieldObject
和 setFieldObject 方法，但是省略了 obj 参数，如下所示，

```
public static Object getStaticFieldObject(String className, String filedName) {
    return getFieldObject(className, null, filedName);
}

public static void setStaticFieldObject(String classname, String filedName, Object
    filedVaule) {
    setFieldObject(classname, null, filedName, filedVaule);
}
```

那么在反射静态字段的时候，就可以优雅的写出下列代码了：

```
Object fieldObject = RefInvoke.getFieldObject(className, null, "address");
RefInvoke.setStaticFieldObject(className, "address", "ABCD");
```

4. 对反射读写字段的优化
继续观察对实例字段的封装方法，以 getFieldObject 为例：

```
public static Object getFieldObject(Class clazz, Object obj, String filedName) {
    try {
        Field field = clazz.getDeclaredField(filedName);
        field.setAccessible(true);
        return field.get(obj);
    } catch (Exception e) {
        e.printStackTrace();
    }

    return null;
}
```

我们发现，大多数情况下，obj 的类型就是 clazz，所以可以省略 clazz 参数，于是编写
两个简易版的重载方法，如下所示：

```
public static Object getFieldObject(Object obj, String filedName) {
    return getFieldObject(obj.getClass(), obj, filedName);
}

public static void setFieldObject(Object obj, String filedName, Object filedVaule) {
    setFieldObject(obj.getClass(), obj, filedName, filedVaule);
}
```

然后就可以优雅的编写代码了：

```
Object fieldObject = RefInvoke.getFieldObject(className, "address");
RefInvoke.setStaticFieldObject(className, "address", "ABCD");
```

但是也有例外，如果 obj 的类型不是 clazz（obj 有可能是 clazz 的孙子，甚至辈分更低），那么就只能老老实实的使用原先封装的 getFieldObject 和 setFieldObject 方法。

3.5 本章小结

本章给出了反射语法的三种编写方式：

1）基本反射语法。

2）jOOR 语法。

3）对基本反射语法的封装。

由于 jOOR 对 Android 的支持不是很好，所以业内开源框架一般采用的是方式 1 和 3。在本书后面的章节中，使用方式 3 来编写插件化的反射代码。

第 4 章 *Chapter 4*

代理模式

想搞明白插件化技术，先要掌握设计模式中的代理模式。随着泛型的引进，代理模式分为静态代理和动态代理两种，在插件化中分别表现为对 Instrumentation 和 AMN 进行 Hook。本章将会详细介绍这些技术。

4.1 概述

代理模式，也就是 Proxy，在软件项目中无处不在，但凡是一个类的名称带有 Proxy 的，基本就是使用了代理模式。比如 Android 系统源码中的 ActivityManagerProxy。

官方对代理模式的定义是：为其他对象提供一种代理以控制对这个对象的访问。

代理模式的 UML 图，如图 4-1 所示。

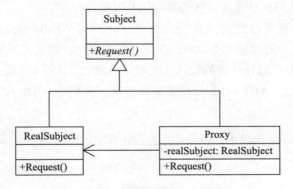

图 4-1　代理模式的 UML 图

RealSubject 和 Proxy 都是 Subject 的子类，在 Proxy 内部有一个 RealSubject 类型的成

员变量，Proxy 的 Request 方法会调用 RealSubject 的 Request 方法。

晒几行代码：

```
abstract public class Subject {
    abstract public void Request();
}

public class RealSubject : Subject {
    public override void Request()
    {
        //完成一些任务
    }
}

public class Proxy : Subject {
    private RealSubject realSubject;

    public override void Request()
    {
        //关键是这句话
        realSubject.Request();
    }
}
```

不要小看这张简单的 UML 图和这几个平淡无奇的类，接下来我们介绍代理模式的使用场景时，你就知道它的威力了。

4.1.1　远程代理（AIDL）

我第一次接触远程代理这个概念，是 WebService。这是 2004 年左右最流行的技术，通过 WebService 在不同的服务器（比如 Java 和 .NET）之间传递数据。它建立了 XML 和实体类之间的映射关系。我们在 Java 服务器上调用方法操作实体数据的时候，WebService 会帮我们将其转换为 XML 格式的文本，传递到 .NET 服务器。

当然 WebService 现在已经被 json 完全取代了。因为 WebService 很重，为了定义一个实体—XML 映射关系，需要十几个 XML 规范文件来支持。相比之下 json 就轻量多了。

在 Android 系统中，远程代理的设计实现就是 AIDL，如图 4-2 所示。

前面的章节介绍过，AIDL 有客户端和服务器端，我们在 AIDL 中定义一个加法：

```
sum(int a, int b)
```

在 AIDL 生成的 Java 代码中，Proxy 类的 add 方法的实现如下所示：

```
private static class Proxy implements com.lypeer.ipcclient.Caculator {

    @Override
    public int add(int a, int b) throws android.os.RemoteException {
        android.os.Parcel _data = android.os.Parcel.obtain();
```

```
        android.os.Parcel _reply = android.os.Parcel.obtain();
        int _result;
        try {
            _data.writeInterfaceToken(DESCRIPTOR);
            _data.writeInt(a);
            _data.writeInt(b);
            mRemote.transact(Stub.TRANSACTION_add, _data, _reply, 0);
            _reply.readException();
            _result = _reply.readInt();
        } finally {
            _reply.recycle();
            _data.recycle();
        }
        return _result;
    }

    //这里省略几行代码
}
```

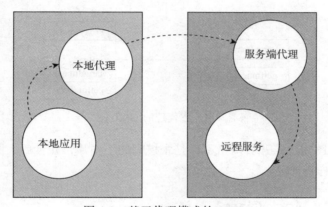

图4-2　基于代理模式的 AIDL

我们看到，add 方法是把 a 和 b 两个整数写入到 data 中，通过 mRemote 的 transact 方法，把 data 和 reply 发送到 AIDL 的另一端。replay 是回调函数，会把计算结果传递回来。这是一个典型的代理模式，它的 UML 图如图 4-3 所示。

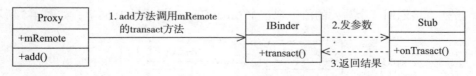

图4-3　由 Proxy 和 IBinder 两个类组成的代理模式

注意，在 AIDL 的另一端，是通过 Stub 类的 onTransact 方法把值从 data 中取出来，计算完得到结果，再把结果通过 reply 返回。

4.1.2 保护代理（权限控制）

很多公司会有请病假的内部网站，员工请假后，由老板审核同意后才能生效。但是老板会经常出差，这期间就不能审核这些请假的请求。但是老板一般都会有秘书，在出差期间老板会把自己审核请假的权限临时授予秘书，这就是一个很好的代理模式。

4.1.3 虚代理（图片占位）

如果下载一张大图片，需要很多时间，我们可以先下载一张小图片显示，不让用户无聊地等待，等大图片下载下来了，再替换之前的那张小图片。虚代理的 UML 图如图 4-4 所示。

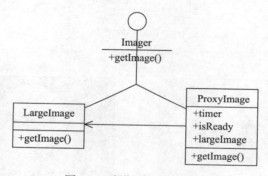

图 4-4　虚代理的 UML 图

微信朋友圈的图片，点开后网络不好是张模糊的小图片，几秒后大图片到了就变清楚了，很可能也是这样设计的。

4.1.4 协作开发（Mock Class）

A 同学和 B 同学同时开发，A 同学开发 Class1 类，里面有个 do 方法，B 同学开发 Class2 类，要调用 Class1 的 do 方法。

但是 A 同学的 Class1 类一时半会不能写好，于是 B 同学只好等几天。这样时间就拖了很久。我们希望 B 同学不要等，那么这时候就要设计一个带有 do 方法的 MockClass1 类，这个 do 方法直接返回一个写死的值，把这个 MockClass1 提供给 B 同学，如图 4-5 所示。

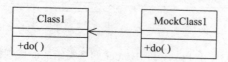

图 4-5　Mock 与代理模式

MockClass1 其实就是一个代理类，代码如下：

```
class MockClass1 {
    String do() {
        //从配置文件中读取Class1是否写好了
        bool isClass1Done = GetConfiguration("isClass1Done");

        if (isClass1Done) {
            Class1 class1 = new Class1();
            return class.do();
        } else {
            return "something";
        }
    }
}
```

4.1.5　给生活加点料（记日志）

Class1 有个 doSomething 方法，我们想在 do 方法执行前记录一行日志。一般的做法是，直接在 doSomething 方法的最前端写一行记录日志的代码。

在学习了代理模式后，我们可以设计一个 Class1Proxy，如图 4-6 所示：

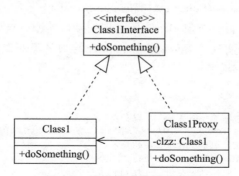

图 4-6　代理模式的静态实现

代码如下：

```
public class Class1Proxy implements Class1Interface {
    Class1 clzz = new Class1();

    @Override
    public void doSomething() {
        System.out.println("Begin log");
        clzz.doSomething();
        System.out.println("End log");
    }
}
```

接下来我们使用 Class1Proxy，而不要使用 Class1：

```
Class1Proxy proxy = new Class1Proxy();
proxy.doSomething();
```

4.2 静态代理和动态代理

 本节示例代码参见 https://github.com/BaoBaoJianqiang/InvocationHandler。

继续上一节在方法中打印日志的主题。这样设计虽然也算是代理模式，但其实是有问题的。每一个类都要有一个对应的 Proxy 类，Proxy 类的数量会很多，但逻辑大同小异。我们称这种实现方式为"静态代理"。

接下来我们介绍代理模式的另一种设计方式——动态代理，也就是 Proxy 类的 newProxyInstance 方法，它的声明如下所示：

```
static Object newProxyInstance(
    ClassLoader loader,
    Class<?>[] interfaces,
    InvocationHandler h)
```

参数说明：

❑ loader，设置为目标对象 class1 对应的 classLoader。

❑ interfaces，设置为目标对象 class1 所实现的接口类型，这里是 Class1Interface。

❑ 第 3 个参数是一个实现了 InvocationHandler 接口的类对象，我们通过它的构造函数把目标对象 class1 注入。

代码如下：

```
Class1Interface class1 = new Class1();
Class1Interface class1Proxy = (Class1Interface) Proxy.newProxyInstance(
    class1.getClass().getClassLoader(),
    class1.getClass().getInterfaces(),
    new InvocationHandlerForTest(class1));
class1Proxy.doSomething();
```

通过 Proxy.newProxyInstance 方法创建的对象，是一个实现了 Class1Interface 接口的对象，也就是 class1Proxy。

执行 class1Proxy 的 doSomething 方法，其实是在执行 InvocationHandlerForTest 类的 invoke 方法。这个 invoke 方法是代理模式的设计思想。它有一个 method 参数，执行 method 的 invoke 方法，就是在执行 class1 的 doSomething 方法。

在 method 的 invoke 方法前后，可以打印日志，代码如下所示：

```
public class InvocationHandlerForTest implements InvocationHandler {
    private Object target;

    public InvocationHandlerForTest(Object target) {
        this.target = target;
    }
```

```
    @Override
    public Object invoke(Object o, Method method, Object[] objects) throws
        Throwable {
        System.out.println("日志开始");
        Object obj = method.invoke(target, objects);
        System.out.println("日志结束");
        return obj;
    }
}
```

注意，method.invoke(target, objects) 这行代码，target 就是 class1 对象，object 是 class1 的 doSomething 方法所需要的参数。

接下来调用 class1Proxy 的 doSomething 方法，就会调用 class1 类的 doSomething 方法。

Proxy.newProxyInstance 方法可以"套"在任何一个接口类型的对象上，为这个对象增加新功能，所以我们称之为"动态代理"。在插件化的领域，Proxy.newProxyInstance 生成的对象，直接替换掉原来的对象，这个技术就是 Hook 技术。

4.3　对 AMN 的 Hook

在第 3 章，我们自定义了一个 AMN 类和 Singleton 类，其实这就是 Android 系统源码中 ActivityManagerNative 的实现，只是被我简化了逻辑。

在前面讲 Android 底层知识时，我们介绍过四大组件和 AMS 通信都是通过 AMN/AMP 进行的。比如 App 调用 startActivity 方法，其实是调用下面的代码：

```
ActivityManagerNative.getDefault().startActivity()
```

再比如，发送消息使用 sendBroadcast 方法，其实是调用下面的代码：

```
ActivityManagerNative.getDefault().broadcastIntent()
```

如果大家看懂了第 3 章反射泛型类的例子，就能知道，ActivityManagerNative.getDefault() 其实调用了单例 Singleton 的 get 方法，获得了 Singleton 的 mInstance 字段。我们可以把 mInstance 字段换成我们自己的逻辑，比如打印几行日志，代码如下所示：

```
public final class HookHelper {

    public static void hookActivityManager() {
        try {
            //获取AMN的gDefault单例gDefault，gDefault是静态的
            Object gDefault = RefInvoke.getStaticFieldObjbect("android.app.
                ActivityManagerNative", "gDefault");
            // gDefault是一个 android.util.Singleton对象；我们取出这个单例里面的
                mInstance字段，IActivityManager类型
```

```
        Object rawIActivityManager = RefInvoke.getFieldObjbect(
            "android.util.Singleton",
            gDefault, "mInstance");

        // 创建这个对象的代理对象iActivityManagerInterface, 然后替换这个字段, 让我们
           的代理对象帮忙干活
          Class<?> iActivityManagerInterface = Class.forName("android.app.
              IActivityManager");
          Object proxy = Proxy.newProxyInstance(
              Thread.currentThread().getContextClassLoader(),
              new Class<?>[] { iActivityManagerInterface },
              new HookHandler(rawIActivityManager));

          //把Singleton的mInstance替换为proxy
          RefInvoke.setFieldObjbect("android.util.Singleton", gDefault,
              "mInstance", proxy);

      } catch (Exception e) {
          throw new RuntimeException("Hook Failed", e);
      }
    }
}
```

HookHandler 类的实现比较简单, 就是在执行原始方法之前, 先打印几行日志:

```
class HookHandler implements InvocationHandler {

    private static final String TAG = "HookHandler";

    private Object mBase;

    public HookHandler(Object base) {
        mBase = base;
    }

    @Override
    public Object invoke(Object proxy, Method method, Object[] args) throws
        Throwable {
        Log.d(TAG, "hey, baby; you are hooked!!");
        Log.d(TAG, "method:" + method.getName() + " called with args:" + Arrays.
            toString(args));

        return method.invoke(mBase, args);
    }
}
```

提示 本节示例代码参见 https://github.com/BaoBaoJianqiang/HookAMS。

4.4 对 PMS 的 Hook

PMS 是系统服务，是没办法进行 Hook 的。标题这样写，是为了浅显易懂，我们只能修改它在 Android App 进程中的代理对象，它是 PackageManager 类型的，很多类中都有这个代理对象的身影。比如，在 ActivityThread 中，有一个字段 sPackageManager；又比如 ApplicationPackageManager 的 mPM 字段。

我们可以尝试 Hook 这些字段，打印几行日志：

```
public static void hookPackageManager(Context context) {
    try {
        // 获取全局的ActivityThread对象
        Object currentActivityThread = RefInvoke.getStaticFieldOjbect("android.
            app.ActivityThread", "currentActivityThread");

        // 获取ActivityThread里面原始的 sPackageManager
        Object sPackageManager = RefInvoke.getFieldObjbect("android.app.ActivityThread",
            currentActivityThread, "sPackageManager");

        // 准备好代理对象，用来替换原始的对象
        Class<?> iPackageManagerInterface = Class.forName("android.content.
            pm.IPackageManager");
        Object proxy = Proxy.newProxyInstance(iPackageManagerInterface.getClassLoader(),
            new Class<?>[] { iPackageManagerInterface },
            new HookHandler(sPackageManager));

        // 替换掉ActivityThread里面的 sPackageManager 字段
        RefInvoke.setFieldObjbect(sPackageManager, "sPackageManager", proxy);

        // 替换掉ApplicationPackageManager里面的 mPM对象
        PackageManager pm = context.getPackageManager();
        RefInvoke.setFieldObjbect(pm, "mPM", proxy);

    } catch (Exception e) {
        throw new RuntimeException("hook failed", e);
    }
}
```

 提示 本节示例代码参见 https://github.com/BaoBaoJianqiang/HookPMS。

4.5 本章小结

本章详细介绍了代理模式在 Android 中的两种实现方式，由此不得不赞叹 Proxy. newProxyInstance 方法的强大。

在本章中，我们尝试 Hook 了 AMN 以及 PMS，但仅仅是打印了几行日志，这只是小试牛刀。在下一章中，我们将尝试对 startActivity 方法进行 Hook，以此启动一个没有在 AndroidManifest 中声明过的 Activity。

第 5 章 Chapter 5

对 startActivity 方法进行 Hook

上一章我们讲了如何 Hook AMS 和 PMS 在 App 进程中的代理，本章会把 Hook 技术进行到底，从 startActivity 入手，看一下有多少地方可以 Hook。

有了 Hook startActivity 的经验，就可以启动一个没有在 AndroidManifest 中声明的 Activity 了。

5.1 startActivity 方法的两种形式

startActivity 有两种写法，最常见的是下面这种，使用 Activity 自带的 startActivity 方法：

```
Intent intent = new Intent(MainActivity.this, SecondActivity.class);
startActivity(intent);
```

还有一种写法是使用 Context 的 startActivity 方法，我们使用 getApplicationContext 方法获取 Context 对象，如下所示：

```
Intent intent = new Intent(MainActivity.this, SecondActivity.class);
getApplicationContext().startActivity(intent);
```

两种写法殊途同归，它们都是在 App 进程中通知 AMS 要启动哪个 Activity，如图 5-1 和图 5-2 所示。Context 内部的 startActivity 方法，其实也是在调用 Instrumentation 的 execStartActivity 方法，后面的流程，两种方式就都是一样的了。

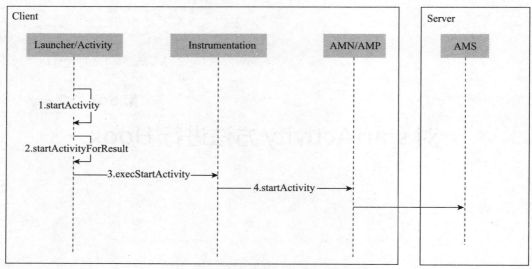

图 5-1 Activity 的 startActivity 时序图

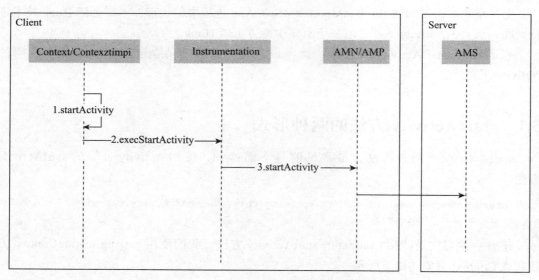

图 5-2 Context 的 startActivity 的时序图

5.2 对 Activity 的 startActivity 方法进行 Hook

我们希望在每次执行 Activity 的 startActivity 方法时，都打印一行日志。

在 Activity1 中执行 startActivity 启动 Activity2，这个流程很长，可以参见 2.6 节的分析，我们只看其中的第一步和最后一步：

❑ 第一步，Activity1 通知 AMS，要启动 Activity2；

❑ 最后一步，AMS 通知 App 进程，要启动 Activity2。

我们称第一步为 startActivity 的上半场（见图 5-3），称最后一步为 startActivity 的下半场（见图 5-4）。

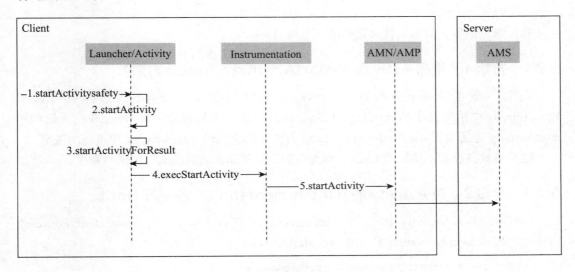

图 5-3　startActivity 的时序图之上半场

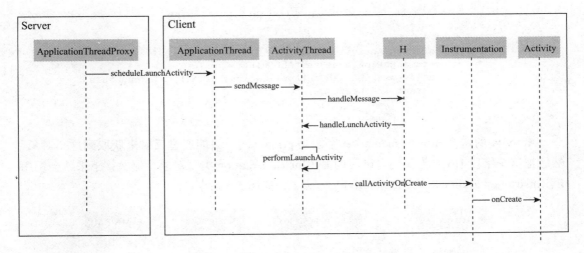

图 5-4　startActivity 的时序图之下半场

根据图 5-3，我们在上半场可以 Hook 的地方包括：

❑ Activity 的 startActivityForResult 方法；

❑ Activity 的 mInstrumentation 字段；

❑ AMN 的 getDefault 方法获取到的对象。

根据图 5-4，我们在下半场可以 Hook 的地方包括：

❑ H 的 mCallback 字段；

❑ ActivityThread 的 mInstrumentation 对象，对应的 newActivity 方法和 callActivityOnCreate 方法。

接下来的内容，讲解为什么这些地方可以 Hook。

5.2.1   方案 1：重写 Activity 的 startActivityForResult 方法

我 们 一 般 会 为 App 中 所 有 的 Activity 做 一 个 基 类 BaseActivity， 这 样 就 可 以 在 BaseActivity 中重写其中的 startActivityForResult 方法，于是在每个 Activity 中，无论调用 startActivity 还是调用 startActivityForResult 方法，都会执行 BaseActivity 中重写的逻辑 .

这种方式甚至都不能称为 Hook，因为我们只是使用面向对象的思想来写程序。

5.2.2   方案 2：对 Activity 的 mInstrumentation 字段进行 Hook

继续看图 5-3，Activity 中有一个 mInstrumentation 字段，Activity 的 startActivityForResult 方法会调用 mInstrumentation 字段的 execStartActivity 方法，如下所示：

```
public class Activity extends ContextThemeWrapper {
    private Instrumentation mInstrumentation;

    public void startActivityForResult(Intent intent, int requestCode, @Nullable
        Bundle options) {
    //前后省略一些代码
    Instrumentation.ActivityResult ar =
        mInstrumentation.execStartActivity(
            this, mMainThread.getApplicationThread(), mToken, this,
            intent, requestCode, options);
    }
}
```

Activity 的这个 mInstrumentation 字段是 private 的，只能通过反射来获取到这个对象，然后把这个字段 Hook 为我们自己写的 EvilInstrumentation 类型对象，那么接下来就会调用 EvilInstrumentation 的 execStartActivity 方法了，如图 5-5 所示。

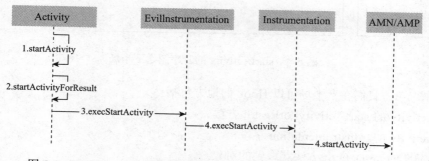

图 5-5   EvilInstrumentation 强势介入 Activity 和 Instrumentation 之间

EvilInstrumentation 类型对象是对这个 mInstrumentation 对象的包装,所以,虽然 Activity 的这个 mInstrumentation 字段被 Hook 了,但在执行 Activity 的 startActivity 方法时,实际调用的仍然是 Instrumentation 的 execStartActivity 方法,我们只是在 EvilInstrumentation 这个包装类中,额外打印了一行日志,如图 5-6 所示。

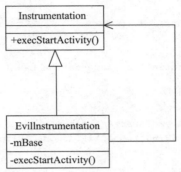

图 5-6　EvilInstrumentation 是 Instrumentation 的包装类

提
示　本节示例代码参见 https://github.com/BaoBaoJianqiang/Hook11。

1) MainActivity 的代码如下,我把 Hook 的逻辑写在了 onCreate 函数里:

```java
public class MainActivity extends Activity {

    @Override
    protected void onCreate(Bundle savedInstanceState) {
        super.onCreate(savedInstanceState);

        Instrumentation mInstrumentation = (Instrumentation) RefInvoke.
            getFieldObject(Activity.class, this, "mInstrumentation");
        Instrumentation evilInstrumentation = new EvilInstrumentation(mInstrumentation);

        RefInvoke.setFieldObject(Activity.class, this, "mInstrumentation",
            evilInstrumentation);

        Button tv = new Button(this);
        tv.setText("测试界面");
        setContentView(tv);

        tv.setOnClickListener(new View.OnClickListener() {
            @Override
            public void onClick(View v) {
                Intent intent = new Intent(MainActivity.this, SecondActivity.class);
                startActivity(intent);
            }
        });
    }
}
```

2）EvilInstrumentation 的逻辑很简单，重写了 Instrumentation 的 execStartActivity
方法：

```
public class EvilInstrumentation extends Instrumentation {

    private static final String TAG = "EvilInstrumentation";

    // ActivityThread中原始的对象, 保存起来
    Instrumentation mBase;

    public EvilInstrumentation(Instrumentation base) {
        mBase = base;
    }

    public ActivityResult execStartActivity(
            Context who, IBinder contextThread, IBinder token, Activity target,
            Intent intent, int requestCode, Bundle options) {

        Log.d(TAG, "×××到此一游!");

        // 开始调用原始的方法, 调不调用随你,但是不调用的话, 所有的startActivity都失效了.
        // 由于这个方法是隐藏的,因此需要使用反射调用;首先找到这个方法
        Class[] p1 = {Context.class, IBinder.class,
            IBinder.class, Activity.class,
            Intent.class, int.class, Bundle.class};
        Object[] v1 = {who, contextThread, token, target,
            intent, requestCode, options};
        return (ActivityResult) RefInvoke.invokeInstanceMethod(
            mBase, "execStartActivity", p1, v1);
    }
}
```

这种 Hook 的方式有个很大的缺点——只针对于当前 Activity 生效，因为它只修改了当前 Activity 实例的 mInstrumentation 字段。

我们可以把这段 Hook 代码从 MainActivity 的 onCreate 方法中转移到自定义的 BaseActivity 中，这样所有继承自 BaseActivity 的 Activity，它们的 mInstrumentation 字段就都被 Hook 了。

5.2.3 方案 3：对 AMN 的 getDefault 方法进行 Hook

提示 本节的示例代码参见 https://github.com/BaoBaoJianqiang/Hook12。

继续观察图 5-3，Instrumentation 的 execStartActivity 方法会调用 AMN 的 startActivity 方法，如下所示：

```
public class Instrumentation {
```

```
    public ActivityResult execStartActivity(
            Context who, IBinder contextThread, IBinder token, Activity target,
            Intent intent, int requestCode, Bundle options) {

        //省略一些代码
        int result = ActivityManagerNative.getDefault()
            .startActivity(whoThread, who.getBasePackageName(), intent,
                intent.resolveTypeIfNeeded(who.getContentResolver()),
                token, target != null ? target.mEmbeddedID : null,
                requestCode, 0, null, options);
    }
}
```

我们曾在 4.3 节中介绍过 AMN 的 getDefault 方法，返回一个 IActivityManager 类型。IActivityManager 是一个接口，那么我们就可以使用 Proxy.newProxyInstance 方法，把这个 IActivityManager 接口类型的对象 Hook 成我们自定义的类 MockClass1 生成的对象，如下所示：

```
public class AMSHookHelper {
    public static final String EXTRA_TARGET_INTENT = "extra_target_intent";

    public static void hookAMN() throws ClassNotFoundException,
            NoSuchMethodException, InvocationTargetException,
            IllegalAccessException, NoSuchFieldException {

        //获取AMN的gDefault单例gDefault，gDefault是final静态的
        Object gDefault = RefInvoke.getStaticFieldObject("android.app.
            ActivityManagerNative", "gDefault");

        // gDefault是一个 android.util.Singleton<T>对象；取出这个单例中的mInstance字段
        Object mInstance = RefInvoke.getFieldObject("android.util.Singleton",
            gDefault, "mInstance");

        // 创建一个这个对象的代理对象MockClass1，然后替换这个字段，让我们的代理对象帮忙干活
        Class<?> classB2Interface = Class.forName("android.app.IActivityManager");
        Object proxy = Proxy.newProxyInstance(
                Thread.currentThread().getContextClassLoader(),
                new Class<?>[] { classB2Interface },
                new MockClass1(mInstance));

        //把gDefault的mInstance字段，修改为proxy
        RefInvoke.setFieldObject("android.util.Singleton", gDefault, "mInstance",
            proxy);
    }
}
```

这个 MockClass1 类，要做到：

1）实现 InvocationHandler 接口；

2）在 invoke 方法中拦截 startActivity 方法，打印一行日志；

代码如下所示：

```
class MockClass1 implements InvocationHandler {

    private static final String TAG = "MockClass1";

    Object mBase;

    public MockClass1(Object base) {
        mBase = base;
    }

    @Override
    public Object invoke(Object proxy, Method method, Object[] args) throws Throwable {

        if ("startActivity".equals(method.getName())) {

            Log.e("bao", method.getName());

            return method.invoke(mBase, args);
        }

        return method.invoke(mBase, args);
    }
}
```

然后就可以在 MainActivity 的 attachBaseContext 这个生命周期函数中，执行 AMSHookHelper 的 hookAMN 方法，对 AMN 进行 Hook 了。在这个页面点击按钮，就会进入我们自定义的 MockClass1 类中。

选择 MainActivity 的 attachBaseContext 生命周期函数，是因为它是最早执行的，比 onCreate 要早，这就提前把 Hook 操作完成了。而且 MainActivity 是 App 的首页，在 MainActivity 完成了的 Hook，在其他 Activity 中也是生效的。

但是有些外部链接是直接进入 App 的详情页的，这时候就来不及做 Hook 了。在插件化框架中，我们通常是在自定义 Application 的 attachBaseContext 方法中执行 AMSHookHelper 的 hookAMN 方法，这是个一劳永逸的切入点。

本章出于演示的目的，让代码简单些，所以都选择在 MainActivity 的 attachBaseContext 方法中进行 Hook，在后面的章节中，读者会看到在自定义 Application 中完成这个工作。代码如下：

```
public class MainActivity extends Activity {

    @Override
    protected void attachBaseContext(Context newBase) {
        super.attachBaseContext(newBase);
```

```
        try {
            AMSHookHelper.hookAMN();
        } catch (Throwable throwable) {
            throw new RuntimeException("hook failed", throwable);
        }
    }

    @Override
    protected void onCreate(Bundle savedInstanceState) {
        super.onCreate(savedInstanceState);
        Button button = new Button(this);
        button.setText("启动TargetActivity");

        button.setOnClickListener(new View.OnClickListener() {
            @Override
            public void onClick(View v) {
                Intent intent = new Intent(MainActivity.this, TargetActivity.class);
                startActivity(intent);
            }
        });
        setContentView(button);
    }
}
```

5.2.4　方案 4：对 H 类的 mCallback 字段进行 Hook

　　startActivity 是一个很长的流程。我们前面 Hook 的三种方式都是在 startActivity 的上半场，即在 App 进程向 AMS 进程发送 startActivity 消息之前。

　　接下来我们把视线转移到 startActivity 的下半场，也就是在图 5-4 中，截取其中我们感兴趣的部分，如图 5-7 所示。

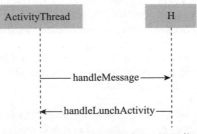

图 5-7　ActivityThread 与 H 的通信

　　ActivityThread 内部有一个 mH 字段，它是 H 类型的。H 类就是一个 Handler 类型的消息处理类。

　　Handler 类内部有一个 Callback 类的对象 mCallback，H 类型是 Handler 的子类，所以 mH 对象内部也有个 mCallback 对象，如图 5-8 所示。

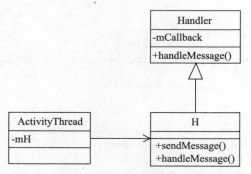

图 5-8　ActivityThread 与 H 的类关系图

AMS 发送启动 Activity 的消息给 App 进程，ActivityThread 会调用 mH 的 sendMessage 方法。启动 Activity 的消息对应的消息值是 100（LAUNCH_ACTIVITY）。

mH 的 sendMessage 方法，间接调用 mCallback 的 handleMessage 方法，发送消息。

由此得到结论，我们可以对 H 类的这个 mCallback 字段进行 Hook。因为它是 Callback 类型的，对于 App 编程是可以直接使用的一个类。

接下来，我们对 H 类的 mCallback 字段进行 Hook，拦截它的 handleMessage 方法。

 提示　本节示例代码参考 https://github.com/BaoBaoJianqiang/Hook13。

1）HookHelper 的实现代码如下：

```
public class HookHelper {

    public static void attachBaseContext() throws Exception {

        // 先获取到当前的ActivityThread对象
        Object currentActivityThread = RefInvoke.getStaticFieldObject("android.
            app.ActivityThread", "sCurrentActivityThread");

        // 由于ActivityThread一个进程只有一个,我们获取这个对象的mH
        Handler mH = (Handler) RefInvoke.getFieldObject("android.app.ActivityThread",
            currentActivityThread, "mH");

        //把Handler的mCallback字段, 替换为new MockClass2(mH)
        RefInvoke.setFieldObject(Handler.class, mH, "mCallback", new MockClass2(mH));
    }
}
```

2）MockClass2 类的实现代码如下：

```
public class MockClass2 implements Handler.Callback {

    Handler mBase;
```

```
public MockClass2(Handler base) {
    mBase = base;
}

@Override
public boolean handleMessage(Message msg) {

    switch (msg.what) {
        // ActivityThread里面 "LAUNCH_ACTIVITY" 这个字段的值是100
        // 本来使用反射的方式获取最好，这里为了简便直接使用硬编码
        case 100:
            handleLaunchActivity(msg);
            break;
    }

    mBase.handleMessage(msg);
    return true;
}

private void handleLaunchActivity(Message msg) {
    // 这里简单起见,直接取出TargetActivity;

    Object obj = msg.obj;

    Log.d("baobao", obj.toString());
}
}
```

讲到这里，你也许会问，为什么不直接 Hook 了 ActivityThread 的 mH 字段?

答案是，实现不了。

截至现在，我们已经陆陆续续 Hook 了很多类，要么使用静态代理，要么使用动态代理，回顾一下:

❑ 使用静态代理，只有两个类，一个是 Handler.Callback，另一个是 Instrumentation。参与 Android 系统运转的类，暴露给我们的只有这两个。

❑ 使用动态代理，只有两个接口，一个是 IPackageManager，另一个是 IActivityManager。这符合 Proxy.newProxyInstance 方法的特性，它只能对接口类型的对象进行 Hook。

再看 ActivityThread 的 mH 字段，它是 H 类型的，H 类是不对外暴露的，所以我们没办法伪造一个 H 类型的对象取代 mH 字段；同时，H 类也不是接口类型，所以 Proxy. newProxyInstance 是派不上用场的。

Android 系统中大部分类是不对外暴露的，能让我们做 Hook 的类和对象实在不多。

5.2.5　方案 5：再次对 Instrumentation 字段进行 Hook

继续看图 5-4，仍然是 startActivity 的下半场，我们把目光锁定到最后两步，如图 5-9 所示。

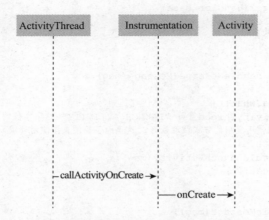

图 5-9　Instrumentation 在 startActivity 下半场的角色

我们在 5.2 节中分析过，Activity 内部有一个 mInstrumentation 字段，我们修改它，换成我们自己写的 EvilInstrumentation 对象。

ActivityThread 内 部 也 有 一 个 mInstrumentation 字 段。ActivityThread 会 调 用 mInstrumentation 的 newActivity 方法生成 Activity 对象，然后调用 mInstrumentation 的 callActivityOnCreate 方法启动这个 Activity。

如法炮制，我们也可以对 ActivityThread 的 mInstrumentation 字段进行 Hook，换成自己写的 EvilInstrumentation 对象，不过这次截获的是 Instrumentation 的 newActivity 和 callActivityOnCreate 方法。

1）HookHelper 类，对 ActivityThread 的 mInstrumentation 字段进行 Hook：

```
public class HookHelper {

    public static void attachContext() throws Exception{
        // 先获取到当前的ActivityThread对象
        Object currentActivityThread = RefInvoke.invokeStaticMethod("android.app.
            ActivityThread", "currentActivityThread");

        // 拿到原始的 mInstrumentation字段
        Instrumentation mInstrumentation = (Instrumentation) RefInvoke.getFieldObject(c
            urrentActivityThread, "mInstrumentation");

        // 创建代理对象
        Instrumentation evilInstrumentation = new EvilInstrumentation(mInstrumentation);

        // 偷梁换柱
        RefInvoke.setFieldObject(currentActivity-Thread, "mInstrumentation",
            evilInstrumentation);
    }
}
```

2）EvilInstrumentation，在 newActivity 方法和 callActivityOnCreate 方法中各输出一行
日志：

```
public class EvilInstrumentation extends Instrumentation {

    private static final String TAG = "EvilInstrumentation";

    // ActivityThread中原始的对象，保存起来
    Instrumentation mBase;

    public EvilInstrumentation(Instrumentation base) {
        mBase = base;
    }

    public Activity newActivity(ClassLoader cl, String className,
                                Intent intent)
            throws InstantiationException, IllegalAccessException,
            ClassNotFoundException {

        Log.d(TAG, "包建强到此一游!");

        return mBase.newActivity(cl, className, intent);
    }

    public void callActivityOnCreate(Activity activity, Bundle bundle) {

        Log.d(TAG, "到此一游!");

        Class[] p1 = {Activity.class, Bundle.class};
        Object[] v1 = {activity, bundle};
        RefInvoke.invokeInstanceMethod(
                mBase, "callActivityOnCreate", p1, v1);
    }
}
```

 提示 本节的示例代码参见 https://github.com/BaoBaoJianqiang/Hook14。

5.3 对 Context 的 startActivity 方法进行 Hook

启动 Activity 有两种方式，前面介绍了使用最多的一种，即 Activity 的 startActivity 方法。本节介绍启动 Activity 的另一种方式——Context 的 startActivity 方法。

5.3.1 方案 6：对 ActivityThread 的 mInstrumentation 字段进行 Hook

 提示 本节的示例代码参见 https://github.com/BaoBaoJianqiang/Hook15。

启动一个新的Activity，还可以使用Context的startActivity方法，我们通过getApplicationContext()方法获取Context对象，然后就可以startActivity了：

```
Intent intent = new Intent(MainActivity.this, SecondActivity.class);
getApplicationContext().startActivity(intent);
```

Context类本身是没有任何实现的，Context类的所有方法的具体实现都在它的子类ContextImpl中。调用Context的startActivity方法，其实就是调用ContextImpl的startActivity方法。

ContextImpl的startActivity方法，会调用ActivityThread的mInstrumentation字段的execStartActivity方法，如下所示：

```
class ContextImpl extends Context {
    @Override
    public void startActivity(Intent intent, Bundle options) {
        //中间省略一些代码
        mMainThread.getInstrumentation().execStartActivity(
            getOuterContext(), mMainThread.getApplicationThread(), null,
            (Activity) null, intent, -1, options);
    }
}
```

所以，我们尝试对ActivityThread的mInstrumentation字段进行Hook，截获Instrumentation的execStartActivity方法。

1）HookHelper类的代码，与5.2.5节中介绍的HookHelper一模一样：

```
public class HookHelper {

    public static void attachContext() throws Exception{
        // 先获取到当前的ActivityThread对象
        Object currentActivityThread = RefInvoke.invokeStaticMethod("android.app.
            ActivityThread", "currentActivityThread");

        // 拿到原始的 mInstrumentation字段
        Instrumentation mInstrumentation = (Instrumentation) RefInvoke.getFieldO
            bject(currentActivityThread, "mInstrumentation");

        // 创建代理对象
        Instrumentation evilInstrumentation = new EvilInstrumentation(mInstrumentation);

        // 偷梁换柱
        RefInvoke.setFieldObject(currentActivityThread, "mInstrumentation",
            evilInstrumentation);
    }
}
```

2）EvilInstrumentation的代码，和5.2.2节中介绍的EvilInstrumentation一模一样：

```
public class EvilInstrumentation extends Instrumentation {
```

```
private static final String TAG = "EvilInstrumentation";

// ActivityThread中原始的对象, 保存起来
Instrumentation mBase;

public EvilInstrumentation(Instrumentation base) {
    mBase = base;
}

public ActivityResult execStartActivity(
    Context who, IBinder contextThread, IBinder token, Activity target,
    Intent intent, int requestCode, Bundle options) {

    Log.d(TAG, "×××到此一游!");

    // 开始调用原始的方法, 调不调用随你,但是不调用的话, 所有的startActivity都失效了。
    // 由于这个方法是隐藏的,因此需要使用反射调用;首先找到这个方法
    Class[] p1 = {Context.class, IBinder.class,
        IBinder.class, Activity.class,
        Intent.class, int.class, Bundle.class};
    Object[] v1 = {who, contextThread, token, target,
        intent, requestCode, options};
    return (ActivityResult) RefInvoke.invokeInstanceMethod(
        mBase, "execStartActivity", p1, v1);
    }
}
```

5.3.2　对 AMN 的 getDafault 方法进行 Hook 是一劳永逸的

走 Context 的 startActivity() 这条路，是通过 ActivityThread 获取到 Instrumentation 对象，然后进入 Instrumentation 的 execStartActivity 方法，最终调用 AMN.getDefault(). startActivity 方法的。

我们发现，5.2.3 节介绍的方案 3——对 AMN 的 getDefault 方法进行 Hook，对 Context 的 startActivity 方法也是适用的。殊途同归。

为了只 Hook 一个地方，就能使得 Activity 的 startActivity() 和 Context 的 startActivity() 都能生效，那么方案 3，即对 AMN 的 getDefault 方法进行 Hook，是一劳永逸的办法。

所以方案 1、2、6，在插件化编程中是不会出现的，我们都选择方案 3。

5.4　启动没有在 AndroidManifest 中声明的 Activity

对于插件化的项目而言，比如游戏大厅的桥牌插件，开发人员在插件包中新增加了一个 Activity，放到服务器上，由用户下载到手机，HostApp 并不能启动这个 Activity，因为这个 Activity 事先没有在 HostApp 的 AndroidManifest 文件中声明。在插件化编程中，开发

人员无法在插件中修改 HostApp 的 AndroidManifest 文件。

本节内容，就是要分析该如何绕过这一限制。我们先简化这个问题，不谈插件，而是研究一下在一个 App 中，怎么启动一个没有在 AndroidManifest 中声明的 Activity。

5.4.1 "欺骗 AMS"的策略分析

这要从 Activity 页面跳转流程谈起，我们在 2.6 节曾介绍了这个流程，这里再回顾一下，跳转流程如图 5-10 所示。

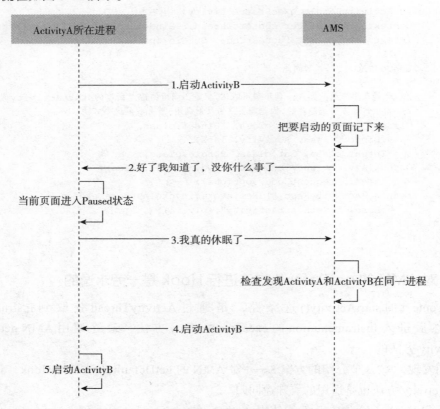

图 5-10　启动 Activity 的时序图：App 与 AMS 的交互

如果 App 启动了一个没有在 AndroidManifest 中声明的 Activity，AMS 就会抛出一个 Activity Not Found 异常。这个异常对于一线开发人员而言是比较常见的。我们经常新写了一个 Activity，在调试的时候就崩溃了，抛出这个异常信息，其实就是忘记在 AndroidManifest 中声明 Activity 导致的。

AMS 对 Activity 是否在 AndroidManifest 中声明的检查，是在第 2 步完成的。这时候，我们就需要"欺骗 AMS"，要它检查不到我们要启动的 Activity。

难道要对 AMS 进行 Hook？答案是不可以。我们知道，App 开发人员是没有权限对

AMS 系统进程进行 Hook 的，否则，随便下载一个 App，然后把 AMS 系统进程 Hook 了，要知道 AMS 还管理着其他 App，那么所有的 App 都会受到影响，比如支付时把钱都转给修改 AMS 的 App 了。Android 系统为了杜绝上述漏洞，不允许 App 修改 AMS。App 开发人员只能对 App 所在的进程进行 Hook，所影响的范围也仅限于 App 本身。

继续看图 5-10Activity 页面跳转的流程图。既然第 2 步不能 Hook，那我们就只能在第 1 步（检查前）和第 5 步（即将启动 Activity）上做文章。

我们只要"欺骗 AMS"，要启动的 Activity 在 AndroidManifest 中存在就好了。基本思路是：

❑ 在第 1 步，发送要启动的 Activity 信息给 AMS 之前，把这个 Activity 替换为一个在 AndroidManifest 中声明的 StubActivity，这样就能绕过 AMS 的检查了。在替换的过程中，要把原来的 Activity 信息存放在 Bundle 中。

❑ 在第 5 步，AMS 通知 App 启动 StubActivity 时，我们自然不会启动 StubActivity，而是在即将启动的时候，把 StubActivity 替换为原先的 Activity。原先的 Activity 信息存放在 Bundle 中，取出来就好了。

修改 Activity 启动流程如图 5-11 所示。

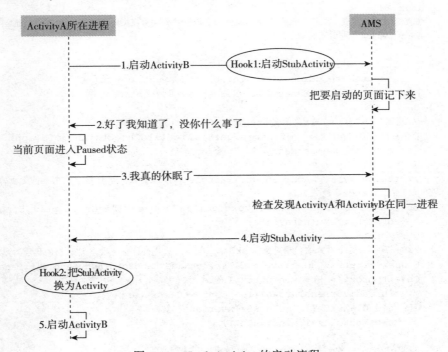

图 5-11　Hook Activity 的启动流程

5.4.2　Hook 的上半场

在 5.2 节和 5.3 节中我们介绍了针对 startActivity 的各种 Hook，在 App 发送启动 Activity

的信息给 AMS 之前，可以 Hook 3 个地方：

❑ 对 Activity 的 mInstrumentation 字段进行 Hook，适用于 Activity 的 startActivity 方法。

❑ 对 ActivityThread 的 mInstrumentation 字段进行 Hook，适用于 Context 的 startActivity 方法。

❑ 对 AMN 进行 Hook 可以同时适用于 Activity 和 Context 的 startActivity 方法。

条条大路通罗马。我们这里选择对 AMN 进行 Hook，把 TargetActivity 替换为 StubActivity。这种写法的代码量是最少的。

 本节示例代码请参考 https://github.com/BaoBaoJianqiang/Hook31。

1）AMSHookHelper 的代码如下：

```java
public class AMSHookHelper {
    public static final String EXTRA_TARGET_INTENT = "extra_target_intent";

    /**
     * Hook AMS
     * 主要完成的操作是   "把真正要启动的Activity临时替换为在AndroidManifest.xml中声明的替
     *   身Activity",进而骗过AMS
     */
    public static void hookAMN() throws ClassNotFoundException,
            NoSuchMethodException, InvocationTargetException,
            IllegalAccessException, NoSuchFieldException {

        //获取AMN的gDefault单例gDefault, gDefault是final静态的
        Object gDefault = RefInvoke.getStaticFieldObject("android.app.
            ActivityManagerNative", "gDefault");

        // gDefault是一个 android.util.Singleton<T>对象；我们取出这个单例里面的
            mInstance字段
        Object mInstance = RefInvoke.getFieldObject("android.util.Singleton",
            gDefault, "mInstance");

        // 创建一个这个对象的代理对象MockClass1，然后替换这个字段，让我们的代理对象帮忙干活
        Class<?> classB2Interface = Class.forName("android.app.IActivityManager");
        Object proxy = Proxy.newProxyInstance(
            Thread.currentThread().getContextClassLoader(),
            new Class<?>[] { classB2Interface },
            new MockClass1(mInstance));

        //把gDefault的mInstance字段, 修改为proxy
        RefInvoke.setFieldObject("android.util.Singleton", gDefault, "mInstance",
            proxy);
    }
}
```

2）MockClass1 的代码如下：

```java
class MockClass1 implements InvocationHandler {

    private static final String TAG = "MockClass1";

    Object mBase;

    public MockClass1(Object base) {
        mBase = base;
    }

    @Override
    public Object invoke(Object proxy, Method method, Object[] args) throws
        Throwable {

        Log.e("bao", method.getName());

        if ("startActivity".equals(method.getName())) {
            // 只拦截这个方法
            // 替换参数，任你所为；甚至替换原始Activity启动别的Activity偷梁换柱
            // 找到参数里面的第一个Intent 对象
            Intent raw;
            int index = 0;

            for (int i = 0; i < args.length; i++) {
                if (args[i] instanceof Intent) {
                    index = i;
                    break;
                }
            }
            raw = (Intent) args[index];

            Intent newIntent = new Intent();

            // 替身Activity的包名，也就是我们自己的包名
            String stubPackage = raw.getComponent().getPackageName();

            // 这里我们把启动的Activity临时替换为 StubActivity
            ComponentName componentName = new ComponentName(stubPackage,
                StubActivity.class.getName());
            newIntent.setComponent(componentName);

            // 把我们原始要启动的TargetActivity先存起来
            newIntent.putExtra(AMSHookHelper.EXTRA_TARGET_INTENT, raw);

            // 替换掉Intent, 达到欺骗AMS的目的
            args[index] = newIntent;

            Log.d(TAG, "hook success");
            return method.invoke(mBase, args);
```

```
        }

            return method.invoke(mBase, args);
        }
    }
```

MockClass1 的基本思路是，拦截 startActivity 方法，从参数中取出原有的 Intent，替换为启动 StubActivity 的 newIntent，同时把原有的 Intent 保存在 newIntent 中，后面把 StubActivity 换回 TargetActivity 时还要用到。

5.4.3　Hook 的下半场：对 H 类的 mCallback 字段进行 Hook

如果成功"欺骗了 AMS"，AMS 会通知 App 进程启动 StubActivity，也就是第 4 步。我们没有权限修改 AMS 进程，只能修改第 5 步，把 StubActivity 再替换回 TargetActivity。

我们在 5.2.4 和 5.2.5 节中介绍了两种修改技术：

❑ 对 H 类的 mCallback 字段进行 Hook。

❑ 对 ActivityThread 的 mInstrumentation 字段进行 Hook。

本节的解决方案是基于对 H 类的 mCallback 字段进行 Hook。

 本节示例代码参见 https://github.com/BaoBaoJianqiang/Hook31。

1）AMSHookHelper 的实现，与 5.2.4 中介绍的修改方案 4 是一样的。代码如下：

```java
public class HookHelper {
public static final String EXTRA_TARGET_INTENT = "extra_target_intent";

    public static void attachBaseContext() throws Exception {

        // 先获取到当前的ActivityThread对象
        Object currentActivityThread = RefInvoke.getStaticFieldObject("android.
            app.ActivityThread", "sCurrentActivityThread");

        // 由于ActivityThread一个进程只有一个,我们获取这个对象的mH
        Handler mH = (Handler) RefInvoke.getFieldObject(currentActivityThread,
            "mH");

        //把Handler的mCallback字段, 替换为new MockClass2(mH)
        RefInvoke.setFieldObject(Handler.class, mH, "mCallback", new MockClass2(mH));
    }
}
```

2）MockClass2 的实现，截获值为 100 的消息（也就是 startActivity），把 StubActivity 再替换回 TargetActivity：

```java
class MockClass2 implements Handler.Callback {
```

```
Handler mBase;

public MockClass2(Handler base) {
    mBase = base;
}


@Override
public boolean handleMessage(Message msg) {

    switch (msg.what) {
        // ActivityThread里面 "LAUNCH_ACTIVITY" 这个字段的值是100
        // 本来使用反射的方式获取最好，这里为了简便直接使用硬编码
        case 100:
            handleLaunchActivity(msg);
            break;
    }

    mBase.handleMessage(msg);
    return true;
}

private void handleLaunchActivity(Message msg) {
    // 这里简单起见，直接取出TargetActivity
    Object obj = msg.obj;

    // 把替身恢复成真身
    Intent intent = (Intent) RefInvoke.getFieldObject(obj, "intent");

    Intent targetIntent = intent.getParcelableExtra(AMSHookHelper.EXTRA_TARGET_INTENT);
    intent.setComponent(targetIntent.getComponent());
    }
}
```

5.4.4　Hook 的下半场：对 ActivityThread 的 mInstrumentation 字段进行 Hook

1）HookHelper 类会对 ActivityThread 的 mInstrumentation 字段进行 Hook，与 5.2.5 节中介绍的 HookHelper 一模一样：

```
public class HookHelper {
    public static final String EXTRA_TARGET_INTENT = "extra_target_intent";

    public static void attachContext() throws Exception{
        // 先获取到当前的ActivityThread对象
        Object currentActivityThread = RefInvoke.invokeStaticMethod("android.app.
            ActivityThread", "currentActivityThread");

        // 拿到原始的 mInstrumentation字段
        Instrumentation mInstrumentation = (Instrumentation) RefInvoke.getFieldO
            bject(currentActivityThread, "mInstrumentation");

        // 创建代理对象
```

```
    Instrumentation evilInstrumentation = new EvilInstrumentation(mInstrumentation);

    // 偷梁换柱
    RefInvoke.setFieldObject(currentActivityThread, "mInstrumentation",
        evilInstrumentation);
    }
}
```

 提示 本节的示例代码参见 https://github.com/BaoBaoJianqiang/Hook32。

2）我们在 5.2.5 节介绍过，对 ActivityThread 的 mInstrumentation 字段进行 Hook，
Instrumentation 有两个方法可以拦截，方法签名分别如下：

❑ Activity newActivity(ClassLoader cl, String className, Intent intent)

❑ void callActivityOnCreate(Activity activity, Bundle icicle, PersistableBundle persistentState)

callActivityOnCreate 方法的参数中不包括 Intent，所以无法读取之前存放的要启动的
Activity；而 newActivity 方法中有 Intent 参数，所以我们选择拦截 newActivity 方法：

```
public class EvilInstrumentation extends Instrumentation {

private static final String TAG = "EvilInstrumentation";

    // 替身Activity的包名，也就是我们自己的包名
    String packageName = "jianqiang.com.hook1";

    // ActivityThread中原始的对象，保存起来
    Instrumentation mBase;

    public EvilInstrumentation(Instrumentation base) {
        mBase = base;
    }

    public Activity newActivity(ClassLoader cl, String className,
            Intent intent)
        throws InstantiationException, IllegalAccessException,
        ClassNotFoundException {

        // 把替身恢复成真身
        Intent rawIntent = intent.getParcelableExtra(HookHelper.EXTRA_TARGET_INTENT);
        if(rawIntent == null) {
            return mBase.newActivity(cl, className, intent);
        }

        String newClassName = rawIntent.getComponent().getClassName();
        return mBase.newActivity(cl, newClassName, rawIntent);
    }
}
```

注意，一定要在 newActivity 方法中判断 rawIntent 是否为空，空则说明要启动的是一

个在 AndroidManifest 中声明的 Activity，将走正常的流程。

5.4.5 "欺骗 AMS"的弊端

这种欺骗手段有个大大的问题——AMS 会认为每次要打开的都是 StubActivity。在 AMS 端有个栈，会存放每次要打开的 Activity，那么现在这个栈上就都是 StubActivity 了。这就相当于那些没有在 AndroidManifest 中声明的 Activity 的 LaunchMode 就只能是默认的类型，即使为此设置了 singleTask 或 singleTop，也不会生效。

这个缺陷，我们留到第 9 章 9.5 节来解决。

5.5　本章小结

本章围绕着 startActivity 展开，从中寻找可以 Hook 的地方。一共有 6 种 Hook 方案供我们选择。基于这 6 种 Hook 方案，可以在 App 中启动一个没有在 AndroidManifest 中声明的 Activity。

本章所做的一切努力，都是为了在插件化编程中启动插件中的 Activity 做准备。

第二部分 *Part 2*

解 决 方 案

Chapter 6 第6章

插件化技术基础知识

从本章开始，就要进入插件化开发的殿堂了。本章从最基本的加载外部 apk 讲起，然后就能加载插件中的类。但每次通过反射来加载插件类，代码会很"丑"，于是便有了面向接口编程的思想。

最后，为了能更高效地编写插件化项目，我们借助 Android Studio 这个强大的工具来调试插件。

6.1　加载外部的 dex

前面第 2 章介绍了 ClassLoader 以及 SDCard 的读写权限申请。其实，加载外部的 dex 是这两种技术结合的产物。

加载流程如下：

1）从服务器下载插件 apk 到手机 SDCard，为此需要申请 SDCard 的读写权限。

2）读取插件 apk 中的 dex，生成对应的 DexClassLoader。

3）使用 DexClassLoader 的 loadClass 方法读取插件 dex 中的任何一个类。

一开始，我每次都把插件 apk 文件通过手机 QQ 下载到 SDCard 上，然后复制到一个指定的目录，这样主 App 就可以读取这个插件了。这样做比较麻烦，一旦对插件进行修改，都要通过 QQ 走一段很长的路。

后来我把插件 apk 放到主 App 的 assets 目录中，App 启动后，会把 asset 目录中的插件复制到内存，通过这种方式来模拟从服务器下载插件的办法。这一过程比较简单，方便了调试工作，如图 6-1 所示，这里 Host 项目就是主 App。

图 6-1　把插件放在宿主 App 的 assets 目录下

这个 app-debug.apk 是一个插件，参加 Dynamic0 目录下的 Plugin1 项目，它的代码很简单，只有一个 Bean 文件：

```
package jianqiang.com.plugin1;

public class Bean {
    private String name = "jianqiang";

    public String getName() {
        return name;
    }

    public void setName(String paramString) {
        this.name = paramString;
    }
}
```

提示　本节的示例代码请参见 https://github.com/BaoBaoJianqiang/Dynamic0。

我们把 Plugin1 项目打包，生成 app-debug.apk 文件，然后复制到 Host 项目中的 assets 目录下。

接下来在 Host 项目中加载 app-debug.apk。分为两步：

1）把 assets 目录下的 app-debug.apk 复制到 /data/data/files 目录下，我们把这部分逻辑封装到 Utils 的 extractAssets 方法中，然后在 App 启动的时候调用这个方法。在这个例子中，我重写了 MainActivity 的 attachBaseContext 方法，在里面做这个事情：

```
@Override
```

```
protected void attachBaseContext(Context newBase) {
    super.attachBaseContext(newBase);
    try {
        Utils.extractAssets(newBase, apkName);
    } catch (Throwable e) {
        e.printStackTrace();
    }
}
```

2）加载插件 app-debug.apk 中的 dex：

```
File extractFile = this.getFileStreamPath(apkName);
dexpath = extractFile.getPath();

fileRelease = getDir("dex", 0); //0 表示Context.MODE_PRIVATE

classLoader = new DexClassLoader(dexpath,
    fileRelease.getAbsolutePath(), null, getClassLoader());
```

就这么简单的 4 行代码，由此生成 classLoader，使用它的 loadClass 方法可以加载插件 app-debug.apk 中的任何一个类，比如 Bean 这个类：

```
Class mLoadClassBean;
try {
    mLoadClassBean = classLoader.loadClass("jianqiang.com.plugin1.Bean");
    Object beanObject = mLoadClassBean.newInstance();

    Method getNameMethod = mLoadClassBean.getMethod("getName");
    getNameMethod.setAccessible(true);
    String name = (String) getNameMethod.invoke(beanObject);
} catch (Exception e) {
    Log.e("DEMO", "msg:" + e.getMessage());
}
```

虽然取到 Bean 这个类，但因为 Host 项目中并没有 Bean 这个类，所以我们不能直接在编程中使用它，只能用反射来实例化 Bean 并调用它的 getName 方法。

这样的代码是非常"丑"的，想解决这个问题，只能借助于"面向接口编程"。

6.2　面向接口编程

设计模式中有五大设计原则，取每个设计原则的英文首字母，拼成一个词——SOLID。其中，I 表示依赖倒置原则，具体的定义是：要面向接口或抽象编程，而不要面向具体或实现编程。

接下来我们通过一个例子来理解这个设计原则。

首先，创建一个类库 MyPluginLibrary，设置 HostApp 和 Plugin1 这两个项目都依赖于 MyPluginLibrary。

创建项目依赖的办法。以 HostApp 为例，见图 6-2，在 Android Studio 的菜单中，依次选择 File -> Project Structure，在弹出界面的左下角选中 App，然后在界面的右边 Tab 列表中选择 Dependencies，点击界面左下方的 + 号，选择 Module Dependencies，在新的弹出框中添加 :MyPluginLibrary 即可。

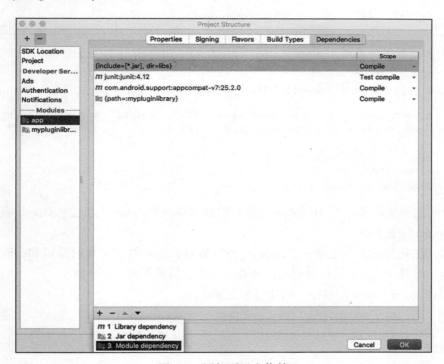

图 6-2　添加项目之依赖

在 MyPluginLibrary 中创建一个 IBean 接口：

```
public interface IBean {
    String getName();

    void setName(String paramString);
}
```

在 Plugin1 项目中，让 Bean 实现 IBean 接口：

```
import com.example.jianqiang.mypluginlibrary.IBean;

public class Bean implements IBean {
    private String name = "jianqiang";

    @Override
    public String getName() {
        return name;
```

```
    }

    @Override
    public void setName(String paramString) {
        this.name = paramString;
    }
}
```

 提示 本节的示例代码参见 https://github.com/BaoBaoJianqiang/Dynamic1.0。

在 Host 项目中，就可以面向接口 IBean 来编程，如下所示：

```
Class mLoadClassBean = classLoader.loadClass("jianqiang.com.plugin1.Bean");
Object beanObject = mLoadClassBean.newInstance();

IBean bean = (IBean) beanObject;
bean.setName("Hello");
tv.setText(bean.getName());
```

第 1 个例子就演示完了，HostApp 可以轻松地从插件 Plugin1 中通过 getName 获取数据，通过 setName 设置数据。

但是，这是 HostApp 主动从 Plugin1 "拉" 数据，很多时候，我们希望 Plugin1 主动把数据 "推" 给 HostApp，这就需要回调函数出场了，请看下面第 2 个例子。

在 MyPluginLibrary 项目中，创建一个 ICallback：

```
public interface ICallback {
    void sendResult(String result);
}
```

在 Plugin1 项目中，对 Bean 类增加一些内容：

```
public class Bean implements IBean {
…省略一些代码

    private ICallback callback;

    @Override
    public void register(ICallback callback) {
        this.callback = callback;

        clickButton();
    }

    public void clickButton() {
        callback.sendResult("Hello: " + this.name);
    }
}
```

在 HostApp 中就可以使用了：

```
Class mLoadClassBean = classLoader.loadClass("jianqiang.com.plugin1.Bean");
Object beanObject = mLoadClassBean.newInstance();

IBean bean = (IBean) beanObject;

ICallback callback = new ICallback() {
    @Override
    public void sendResult(String result) {
        tv.setText(result);
    }
};
bean.register(callback);
```

因为目前 Plugin1 中还没有界面，所以不能放一个按钮。正常的流程是点击插件页面的按钮，触发 Plugin1 的 Bean 类的 clickButton 方法，这样就能主动调用 HostApp 的 sendResult 方法，把插件 Plugin1 中的数据回传给 HostApp。

没有界面是目前这个例子的一个瑕疵，我们会在第 8 章弥补这个遗憾。

为什么需要这个功能呢？以游戏大厅为例，上千款游戏虽然逻辑不同，但是都有输赢和玩家的分数结算，游戏结束了，把这些数据传给游戏大厅，游戏大厅需要知道这些数据变化，一是展示在看板上，二是发送给服务器。

GOF 的 23 个设计模式基本都在讨论怎么面向父类、抽象类、接口去编程，而不是面向一个具体的子类去编程。

但是依赖倒置原则也有一个缺点——代码可读性变差了，只有在运行时才知道到底是哪个子类。

6.3　插件的瘦身

插件化项目中，无论是 HostApp 还是 Plugin1，经常会有一些代码复用，我们将这些代码放到 MyPluginLibrary 这样的库中，以 jar 或 aar 的方式提供给主 App 和各个插件 App。

这样做会导致 HostApp 和 Plugin1 中都有一份 MyPluginLibrary，这无疑会增加 App 最终的体积，并不可取。

我们通过 Jadx-GUI 查看一下 Plugin1 打包后的 apk，如图 6-3 所示。

想解决这个问题，只能借助 Gradle 的 provided 语法。

一般而言，我们使用 compile，以 Plugin1 项目的 gradle 文件为例：

```
dependencies {
    compile fileTree(dir: 'libs', include: ['*.jar'])
    testCompile 'junit:junit:4.12'
    compile 'com.android.support:appcompat-v7:25.2.0'
    compile project(path: ':mypluginlibrary')
}
```

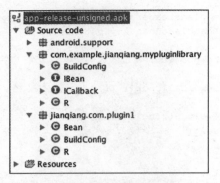

图 6-3 在 Jadx 中查看 plugin1.apk

 本节的示例代码参见 https://github.com/BaoBaoJianqiang/Dynamic1.1。

只要 compile 出现的地方，相应的 jar 包和代码库都会被打包到当前项目中。这也是每个插件打包成 apk 后都会包含 MyPluginLibrary 类库的代码的原因。

我们可以把 compile 替换为 provided。关键字 provided 的意思是只在编译时会用到相应的 jar 包，打包成 apk 后 jar 包并不会在 apk 中存在。

关键字 provided 只支持 jar 包，而不支持 module。因此，要把 mypluginlibrary 项目打包成 jar，在 mypluginlibrary 的 build.gradle 中编写一个 Task，起名为 makeJar：

```
task clearJar(type: Delete) {
    delete 'build/outputs/mypluginlibrary.jar'
}

task makeJar(type: Copy) {
    from('build/intermediates/bundles/default/')
    into('build/outputs/')
    include('classes.jar')
    rename?('classes.jar', 'mypluginlibrary.jar')
}

makeJar.dependsOn(clearJar, build)
```

点击 Android Studio 的 "Sync Project with gradle files"，就能看到 Gradle 面板的 other 分组下多了一个 makeJar 命令，如图 6-4 所示。

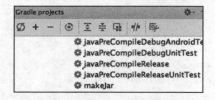

图 6-4 Android Studio 中的 makeJar 命令

点击 makeJar 这个命令，就能在 mypluginlibrary/build/outputs/ 下看到 mypluginlibrary. jar 这个新生成的 jar 包了。

把这个 jar 包复制到 Plugin1 项目的 lib 目录下，然后修改 gradle 中的引用方式：

```
dependencies {
    compile fileTree(dir: 'libs', include: ['*.jar'])
    testCompile 'junit:junit:4.12'
    compile 'com.android.support:appcompat-v7:25.2.0'
    provided files("lib/classes.jar")
}
```

注意，不要把 jar 包放到 libs 目录下，这会导致 provided 失效，Plugin1 中仍然包括 mypluginlibrary 的代码，这是上述代码中的第一行，会把 libs 目录下的所有 jar 包都打包进来。

在配置 provided 后，我们重新打包 Plugin1，然后用 jadx-GUI 查看 Plugin1.apk 中的内容，会发现 mypluginlibrary 的代码都不见了，如图 6-5 所示。

图 6-5　使用 provided 关键字打包后 Plugin1.apk 的目录结构

6.4　对插件进行代码调试

感谢 Android Studio，让插件的调试成为可能。

 提示　本节的示例代码参见 https://github.com/BaoBaoJianqiang/Dynamic1.2。

我们以 6.3 节中的示例代码 Dynalmic1.1 为基础，把宿主 HostApp、插件 Pluin1 以及公共类库 MyPluginLibrary 放在一个过程中，这样就可以从宿主调试到插件中了。

1）创建一个 Android App 项目，起名为 Dynamic1.2。此时目录结构如图 6-6 所示。

2）删除 Dynamic1.2 目录下的 app 子目录。

3）在 Dynamic1.2 目录下创建 HostApp、Pluin1 和 MyPluginLibrary 这 3 个子目录。

4）执行表 6-1 的粘贴复制工作。

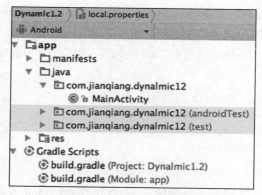

图 6-6 Dynamic1.2 的初始目录结构

表 6-1 粘贴复制工作

From	To
Dynamic1.1/Host/app 目录下的所有内容	Dynamic1.2/ Host
Dynamic1.1/Pluin1/app 目录下的所有内容	Dynamic1.2/ Pluin1
Dynamic1.1/MyPluginLibrary 目录下的所有内容	Dynamic1.2/MyPluginLibrary

5）修改 Dynamic1.2 目录下的 settings.gradle：

```
include ':HostApp', ':Plugin1', ':mypluginlibrary'
```

6）现在可以重新打开 Dynamic1.2 项目了，点击 Android Studio 中的 Sync Project with Gradle files 菜单，项目更新后的目录结构如图 6-7 所示。

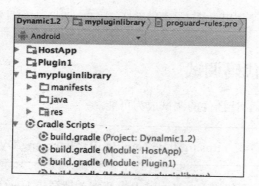

图 6-7 项目更新后的目录结构

7）在插件 Plugin1 的 build.gradle 中，插入下列代码，Plugin1 会在打包后把 apk 的名字改为 plugin1.apk，并复制到宿主 HostApp 的 assets 目录下：

```
applicationVariants.all { variant ->
    variant.outputs.each { output ->
```

```
    def file = output.outputFile
    output.outputFile = new File(file.parent,
        "plugin1.apk")

    println("$buildDir/outputs/apk/")
    println("$rootDir/HostApp/src/main/assets")

    copy {
        from "$buildDir/outputs/apk/plugin1.apk"
        into "$rootDir/HostApp/src/main/assets"
    }
    }
}
```

8）选中 HostApp 进行调试，你会发现，点击按钮进入插件后，断点会停在插件
MainActivity 的 onCreate 函数。Android Studio 具有自动发现并进行调试的功能。

6.5　Application 的插件化解决方案

在插件中也可以有自定义的 Application，插件会在这个自定义 Application 的 onCreate
函数中，做一些初始化的工作。插件 Application 的 onCreate 是没有机会被执行的。除非我
们在宿主的自定义 Application 的 onCreate 方法中，手动把这些插件 Application 都反射出
来，执行它们的 onCreate 方法。但是这样一来，插件 Application 就没有生命周期了，它彻
底沦为一个普普通通的类。

提示　本节示例代码参见 https://github.com/BaoBaoJianqiang/ZeusStudy1.8。

本节是在 ZeusStudy1.4 的基础上改造成的，主要是修改了宿主 App 中的
MyApplication 的 onCreate 方法：

```
public class MyApplication extends Application {
    //省略一些代码
    @Override
    public void onCreate() {
        super.onCreate();
        for(PluginItem pluginItem: PluginManager.plugins) {
            try {
                Class clazz = PluginManager.mNowClassLoader.loadClass(pluginItem.
                    applicationName);
                Application application = (Application)clazz.newInstance();
                if(application == null)
                    continue;
                application.onCreate();
            } catch (ClassNotFoundException e) {
```

```
                        e.printStackTrace();
                } catch (InstantiationException e) {
                        e.printStackTrace();
                } catch (IllegalAccessException e) {
                        e.printStackTrace();
                }
            }
        }
    }
```

此外，需要提供一个方法，解析出插件 apk 中的自定义 Application 的名称，如下所示：

```
public static String loadApplication(Context context, File apkFile) {
    // 首先调用parsePackage获取到apk对象对应的Package对象
    Object packageParser = RefInvoke.createObject("android.content.
        pm.PackageParser");
    Class[] p1 = {File.class, int.class};
    Object[] v1 = {apkFile, PackageManager.GET_RECEIVERS};
    Object packageObj = RefInvoke.invokeInstanceMethod(packageParser,
        "parsePackage", p1, v1);
    Object obj = RefInvoke.getFieldObject(packageObj, "applicationInfo");
    ApplicationInfo applicationInfo = (ApplicationInfo)obj;
    return applicationInfo.className;
}
```

6.6   本章小结

本章介绍了插件化技术的一些基础知识。掌握了这些技术，就完成了门外汉到初入殿堂的华丽转变。

但这还远远不够，Activity 和资源才是插件化编程的主角，接下来的章节，就要详细介绍四大组件怎样在插件中也能工作。

第 7 章 _Chapter 7_

资 源 初 探

Activity 与资源是一对孪生兄弟。所以想彻底解决 Activity 的插件化，就要面对如何使用插件中资源的问题。

本章从资源的加载机制讲起，进一步讲到通过 AssetManager 的 addAssetPath 方法，来实现资源的插件化。基于这种解决方案，我们实现了换肤技术。

7.1　资源加载机制

7.1.1　资源分类

Android 资源文件分为两类：第一类是 res 目录下存放的可编译的资源文件。编译时，系统会自动在 R.java 中生成资源文件的十六进制值，如下所示：

```
public final class R {
    public static final class anim {
        public static final int abc_fade_in=0x7f050000;
        public static final int abc_fade_out=0x7f050001;
        public static final int abc_grow_fade_in_from_bottom=0x7f050002;
        public static final int abc_popup_enter=0x7f050003;
        public static final int abc_popup_exit=0x7f050004;
        public static final int abc_shink_fade_out_from_bottom=0x7f050005;
        public static final int abc_slide_in_bottom=0x7f050006;
        public static final int abc_slide_in_top=0x7f050007;
        public static final int abc_slide_out_bottom=0x7f050008;
        public static final int abc_slide_out_top=0x7f050009;
    }
```

```
public static final class id {
    public static final int action0=0x7f0b006d;
    public static final int action_bar=0x7f0b0047;
    public static final int action_bar_activity_context=0x7f0b0000;
    public static final int action_bar_container=0x7f0b0046;
    public static final int action_bar_root=0x7f0b0042;
    public static final int action_bar_spinner=0x7f0b0001;
    public static final int action_bar_subttle=0x7f0b0025;
    public static final int action_bar_title=0x7f0b0024;
    public static final int action_container=0x7f0b006a;
    public static final int action_context_bar=0x7f0b0048;
    public static final int action_divide=0x7f0b0071;
    public static final int action_image=0x7f0b006b;
```

所以访问这种资源比较简单，使用 Context 的 getResources 方法，得到 Resources 对象，进而通过 Resources 的 getXXX 方法得到各种资源，如下所示：

```
Resources resources = getResources();
String appName = resources.getString(R.string.app_name);
```

第二类是 assets 目录下存放的原始资源文件。因为 apk 在编译的时候不会编译 assets 下的资源文件，所以我们不能通过 R.xx 的方式访问它们。那我们能不能通过该资源的绝对路径去访问它们呢？也不行，因为 apk 下载后不会解压到本地，所以我们无法直接获取到 assets 的绝对路径。

这时候就只能借助 AssetManager 类的 open 方法来获取 assets 目录下的文件资源了，而 AssetManager 又来源于 Resources 类的 getAssets 方法，如下所示：

```
Resources resources = getResources();
AssetManager am = getResources().getAssets();
InputStream is = getResources().getAssets().open("filename");
```

由此可见，Resources 类能搞定一切。

7.1.2 剪不断理还乱：Resources 和 AssetManager

Resources 类就像公司的销售，而 AssetManager 类就像公司的研发。销售对外，研发基本不对外。

如图 7-1 所示，我们看到 Resources 类对外提供 getString，getText，getDrawable 等各种方法，但其实都是间接调用 AssetManager 的私有方法，AssetManager 负责向 Android 系统要资源。

AssetManager 很委屈，做了事许多，但是知名度并不高，它只有两个方法是对外的，比如 open 方法，专门用来访问 assets 目录下的资源。

AssetManager 中有一个 addAssetPath(String path) 方法，App 启动的时候，会把当前 apk 的路径传进去，接下来 AssetManager 和 Resources 就能访问当前 apk 的所有资源了。

addAssetPath 方法是不对外的,我们可以通过反射的方式,把插件 apk 的路径传入这个方法,那么就把插件资源添加到一个资源池中了。当前 App 的资源已经在这个池子中了。

App 有几个插件,我们就调用几次 addAssetPath,把插件中的资源都塞到池子里。

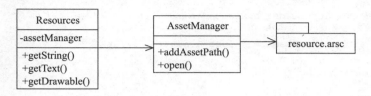

图 7-1 Resources 和 AssetManager

AssetManager 内部有一个 NDK 的方法,用于访问资源文件。apk 打包时,对于每个资源,都会在 R 中生成一个十六进制值,但在 App 运行的时候,我们怎么知道这个十六进制值对应于 res 目录下的哪个资源文件中的哪个资源呢?

apk 打包时会生成一个 resources.arsc 文件,它就是一个 Hash 表,存放着每个十六进制值和资源的对应关系。

7.2 资源的插件化解决方案

我们尝试在宿主 App 中读取插件里的一个字符串资源。

提示 本节示例代码参见 https://github.com/BaoBaoJianqiang/Dynamic1.3。

1)先看一下插件 Plugin1 中的代码:

```
public class Dynamic implements IDynamic {

    @Override
    public String getStringForResId(Context context) {
        return context.getResources().getString(R.string.myplugin1_hello_world);
    }
}
```

在插件 Plugin1 的 res/values 目录下的 strings.xml 文件中,定义字符串资源:

```
<resources>
    <string name=" myplugin1_hello_world">Hello World</string>
</resources>
```

2)接下来看一下 HostApp 中 MainActivity 的代码:

```
public class MainActivity extends AppCompatActivity {
```

```
    private AssetManager mAssetManager;
    private Resources mResources;
    private Resources.Theme mTheme;
    private String dexpath = null;      //apk文件地址
    private File fileRelease = null;   //释放目录
    private DexClassLoader classLoader = null;

    private String apkName = "plugin1.apk";      //apk名称

TextView tv;

@Override
protected void attachBaseContext(Context newBase) {
    super.attachBaseContext(newBase);
    try {
        Utils.extractAssets(newBase, apkName);
    } catch (Throwable e) {
        e.printStackTrace();
    }
}

@SuppressLint("NewApi")
@Override
protected void onCreate(Bundle savedInstanceState) {
    super.onCreate(savedInstanceState);
    setContentView(R.layout.activity_main);

    File extractFile = this.getFileStreamPath(apkName);
    dexpath = extractFile.getPath();

    fileRelease = getDir("dex", 0); //0 表示Context.MODE_PRIVATE

    classLoader = new DexClassLoader(dexpath,
            fileRelease.getAbsolutePath(), null, getClassLoader());

    Button btn_6 = (Button) findViewById(R.id.btn_6);

    tv = (TextView)findViewById(R.id.tv);

    //带资源文件的调用
    btn_6.setOnClickListener(new View.OnClickListener() {
        @Override
        public void onClick(View arg0) {
            loadResources();
            Class mLoadClassDynamic = null;

            try {
                mLoadClassDynamic = classLoader.loadClass("jianqiang.com.
                    plugin1.Dynamic");
                Object dynamicObject = mLoadClassDynamic.newInstance();
```

```
            IDynamic dynamic = (IDynamic) dynamicObject;
            String content = dynamic.getStringForResId(MainActivity.this);
            tv.setText(content);
            Toast.makeText(getApplicationContext(), content + "", Toast.
                LENGTH_LONG).show();
        } catch (Exception e) {
            Log.e("DEMO", "msg:" + e.getMessage());
        }
    }
});

protected void loadResources() {
    try {
        AssetManager assetManager = AssetManager.class.newInstance();
        Method addAssetPath = assetManager.getClass().getMethod
            ("addAssetPath", String.class);
        addAssetPath.invoke(assetManager, dexpath);
        mAssetManager = assetManager;
    } catch (Exception e) {
        e.printStackTrace();
    }

    mResources = new Resources(mAssetManager, super.getResources().
        getDisplayMetrics(), super.getResources().getConfiguration());
    mTheme = mResources.newTheme();
    mTheme.setTo(super.getTheme());
}

@Override
public AssetManager getAssets() {
    if(mAssetManager == null) {
        return super.getAssets();
    }

    return mAssetManager;
}

@Override
public Resources getResources() {
    if(mResources == null) {
        return super.getResources();
    }

    return mResources;
}

@Override
public Resources.Theme getTheme() {
    if(mTheme == null) {
```

```
                return super.getTheme();
        }

        return mTheme;
    }
}
```

上面这一百多行代码分为 4 个逻辑部分：

1）loadResources 方法。通过反射，创建 AssetManager 对象，调用 addAssetPath 方法，把插件 Plugin 的路径添加到这个 AssetManager 对象中。从此，这个 AssetManager 对象就只为插件 Plugin1 服务了。在这个 AssetManager 对象的基础上，创建相应的 Resources 和 Theme 对象。

2）重写 Activity 的 getAsset，getResources 和 getTheme 方法。

重写的逻辑都是一样的，比如 getAsset 方法：

```
@Override
public AssetManager getAssets() {
    if(mAssetManager == null) {
        return super.getAssets();
    }

    return mAssetManager;
}
```

mAssetManager 是指向插件的，如果这个对象为空，就调用父类 ContextImpl 的 getAsset 方法，这时候得到的 AssetManager 对象，就指向宿主 HostApp，读取的资源也是 HostApp 中的资源。

3）加载外部的插件，生成这个插件对应的 ClassLoader。代码如下：

```
File extractFile = this.getFileStreamPath(apkName);
dexpath = extractFile.getPath();

fileRelease = getDir("dex", 0); //0 表示Context.MODE_PRIVATE

classLoader = new DexClassLoader(dexpath,
    fileRelease.getAbsolutePath(), null, getClassLoader());
```

4）通过反射，获取插件中的类，构造出插件类的对象 dynamicObject，然后就可以让插件中的类读取插件中的资源了。代码如下：

```
loadResource();

Class mLoadClassDynamic = classLoader.loadClass("jianqiang.com.plugin1.Dynamic");
Object dynamicObject = mLoadClassDynamic.newInstance();

IDynamic dynamic = (IDynamic) dynamicObject;
String content = dynamic.getStringForResId(MainActivity.this);
tv.setText(content);
```

至此，为了读取插件中的资源，我们找到了一个完美的解决方案。

注意，Dynamic1.3 中的代码写得很乱，所有的逻辑都写在了宿主 App 的 MainActivity 中，因此需要进行重构，可以参考 Dynamic2 项目，我们把一些公用的代码封装到 BaseActivity 中，比如重写了 getAsset，getResource 和 getTheme 方法；加载第三方 apk 到资源中。

 提示 本节示例代码参考 https://github.com/BaoBaoJianqiang/Dynamic2。

7.3 换肤

用过手机 QQ 的朋友都知道，它有一个换肤功能。玩过王者荣耀的朋友也都知道，不需要更新 App，就可以看到新推出的英雄皮肤。微信的各种表情包，也可以动态下载、立刻使用。

其实这些功能，就是在换图片，换成下载包里的图片。一种简单粗暴的办法是，把这些图片压缩成 zip 包，下载到手机后解压到一个目录下，接下来就可以使用了。

有了插件化编程的技术支持，我们发现，其实可以把这些图片放到插件 App 中，然后根据生成的 R 文件来动态读取这些资源。

我们继续在上一节 Dynamic1.2 的基础上，来完成换肤功能。

 提示 本节示例代码参考 https://github.com/BaoBaoJianqiang/Dynamic3。

1）在插件 Plugin1 上的工作。

我们编写了一个工具类 UIUtil，提供 getText，getImage 和 getLayout 三个方法，根据 R.java 中的资源值，得到相应的字符串、图片和布局。代码如下：

```
public class UIUtil {
    public static String getTextString(Context ctx){
        return ctx.getResources().getString(R.string.hello_message);
    }

    public static Drawable getImageDrawable(Context ctx){
        return ctx.getResources().getDrawable(R.drawable.robert);
    }

    public static View getLayout(Context ctx){
        return LayoutInflater.from(ctx).inflate(R.layout.main_activity, null);
    }
}
```

然后设置一些资源：

❏ 在 res 的 drawable 目录下，放一张 Android 机器人的图片 robert.png，头朝右、脚朝左，如图 7-2 所示。

❏ 在 res 的 values 目录下，修改 strings.xml，增加一个 hello_message 字段：

```
<string name="hello_message">Hello</string>
```

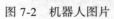

❏ 在 res 的 layout 目录下，修改 main_activity.xml 布局文件，让三个按钮水平排列。

图 7-2 机器人图片

打包编译后，生成的 apk 改名为 plugin1.apk，放置在宿主 HostApp 的 assets 目录下。

2）迅速制作 Plugin2。

复制一份 Plugin1 项目的代码，命名为 Plugin2。代码不需要做任何改动。修改 Plugin2 项目下的资源：

❏ 把 robert.png 图片旋转 180 度。

❏ 把 hello_message 字段的值修改为"你好"。

❏ 把 layout 的布局改为垂直排列三个按钮。

打包编译后，生成的 apk 改名为 plugin2.apk，放置在宿主 HostApp 的 assets 目录下。

3）在宿主端 HostApp 的工作。

我们基于 Dynamic1.2 的例子来进行修改。

第 1 步，把一些公用代码抽象到 BaseActivity 中，包括：

❏ 加载两个插件；

❏ 生产两个 ClassLoader；

❏ 重写 getAssets，getResources 和 getTheme 方法；

❏ loadResources 方法也变成两个，分别生成 plugin1 和 plugin2 各自的 AssetManager，Resources 和 Theme 对象。

代码如下：

```
public class BaseActivity extends Activity {

    private AssetManager mAssetManager;
    private Resources mResources;
    private Resources.Theme mTheme;
    private String dexpath1 = null;     //apk文件地址
    private String dexpath2 = null;     //apk文件地址
    private File fileRelease = null;    //释放目录

    protected DexClassLoader classLoader1 = null;
    protected DexClassLoader classLoader2 = null;
```

```java
TextView tv;

@Override
protected void attachBaseContext(Context newBase) {
    super.attachBaseContext(newBase);

    Utils.extractAssets(newBase, "plugin1.apk");
    Utils.extractAssets(newBase, "plugin2.apk");
}

@Override
protected void onCreate(Bundle savedInstanceState) {
    super.onCreate(savedInstanceState);

    fileRelease = getDir("dex", 0);

    File extractFile1 = this.getFileStreamPath("plugin1.apk");
    dexpath1 = extractFile1.getPath();

    classLoader1 = new DexClassLoader(dexpath1, fileRelease.getAbsolutePath(),
        null, getClassLoader());


    File extractFile2 = this.getFileStreamPath("plugin2.apk");
    dexpath2 = extractFile2.getPath();
    classLoader2 = new DexClassLoader(dexpath2, fileRelease.getAbsolutePath(),
        null, getClassLoader());
}

protected void loadResources1() {
    try {
        AssetManager assetManager = AssetManager.class.newInstance();
        Method addAssetPath = assetManager.getClass().getMethod
            ("addAssetPath", String.class);
        addAssetPath.invoke(assetManager, dexpath1);
        mAssetManager = assetManager;
    } catch (Exception e) {
        e.printStackTrace();
    }
    Resources superRes = super.getResources();
    mResources = new Resources(mAssetManager, superRes.getDisplayMetrics(),
        superRes.getConfiguration());
    mTheme = mResources.newTheme();
    mTheme.setTo(super.getTheme());
}

protected void loadResources2() {
    try {
        AssetManager assetManager = AssetManager.class.newInstance();
```

```
            Method addAssetPath = assetManager.getClass().getMethod
                ("addAssetPath", String.class);
            addAssetPath.invoke(assetManager, dexpath2);
            mAssetManager = assetManager;
        } catch (Exception e) {
            e.printStackTrace();
        }
        Resources superRes = super.getResources();
        mResources = new Resources(mAssetManager, superRes.getDisplayMetrics(),
            superRes.getConfiguration());
        mTheme = mResources.newTheme();
        mTheme.setTo(super.getTheme());
    }


    @Override
    public AssetManager getAssets() {
        return mAssetManager == null ? super.getAssets() : mAssetManager;
    }


    @Override
    public Resources getResources() {
        return mResources == null ? super.getResources() : mResources;
    }


    @Override
    public Resources.Theme getTheme() {
        return mTheme == null ? super.getTheme() : mTheme;
    }
}
```

第 2 步，让 ResourceActivity 继承自 BaseActivity，点击 Button1 加载 plugin1 的皮肤，点击 Button2 加载 plugin2 的皮肤：

```
public class ResourceActivity extends BaseActivity {
    /**
     * 需要替换主题的控件
     * 这里就列举三个: TextView,ImageView,LinearLayout
     */
    private TextView textV;
    private ImageView imgV;
    private LinearLayout layout;
    @Override
    protected void onCreate(Bundle savedInstanceState) {
        super.onCreate(savedInstanceState);
        setContentView(R.layout.activity_resource);
        textV = (TextView) findViewById(R.id.text);
        imgV = (ImageView) findViewById(R.id.imageview);
        layout = (LinearLayout) findViewById(R.id.layout);
```

```
findViewById(R.id.btn1).setOnClickListener(new OnClickListener() {
    @Override
    public void onClick(View arg0) {
        PluginInfo pluginInfo = plugins.get("plugin1.apk");
        loadResources(pluginInfo.getDexPath());
        doSomething(pluginInfo.getClassLoader());
    }
});
findViewById(R.id.btn2).setOnClickListener(new OnClickListener() {
    @Override
    public void onClick(View v) {
        PluginInfo pluginInfo = plugins.get("plugin2.apk");
        loadResources(pluginInfo.getDexPath());
        doSomething(pluginInfo.getClassLoader());
    }
});
}
private void doSomething(ClassLoader cl) {
    try {
        Class clazz = cl.loadClass("jianqiang.com.plugin1.UIUtil");
        String str = (String) RefInvoke.invokeStaticMethod(clazz, "getTextString",
            Context.class, this);
        textV.setText(str);
        Drawable drawable = (Drawable) RefInvoke.invokeStaticMethod(clazz,
            "getImageDrawable", Context.class, this);
        imgV.setBackground(drawable);
        layout.removeAllViews();
        View view = (View) RefInvoke.invokeStaticMethod(clazz, "getLayout",
            Context.class, this);
        layout.addView(view);
    } catch (Exception e) {
        Log.e("DEMO", "msg:" + e.getMessage());
    }
}
}
```

运行 HostApp，点击 Button1，显示 Plugin1 中的皮肤，如图 7-3 所示。

图 7-3　点击 Button1 对应的皮肤

点击 Button2，显示 Plugin1 中的皮肤，如图 7-4 所示。

图 7-4　点击 Button2 对应的皮肤

上述 HostApp 中的重复代码实在太多了，只是为了便于读者理解，其实很不优雅。而且，随着插件皮肤数量的增多，冗余代码会越来越多，因此有必要把插件都扔到一个 HashMap 中以便维护。

以下是 BaseActivity 的代码：

```
public class BaseActivity extends Activity {

    private AssetManager mAssetManager;
    private Resources mResources;
    private Resources.Theme mTheme;

    protected HashMap<String, PluginInfo> plugins = new HashMap<String, PluginInfo>();

    @Override
    protected void attachBaseContext(Context newBase) {
        super.attachBaseContext(newBase);

        Utils.extractAssets(newBase, "plugin1.apk");
        Utils.extractAssets(newBase, "plugin2.apk");
    }

    @Override
    protected void onCreate(Bundle savedInstanceState) {
        super.onCreate(savedInstanceState);

        genegatePluginInfo("plugin1.apk");
        genegatePluginInfo("plugin2.apk");
    }

    protected void genegatePluginInfo(String pluginName) {
        File extractFile = this.getFileStreamPath(pluginName);
```

```
        File fileRelease = getDir("dex", 0);
        String dexpath = extractFile.getPath();
        DexClassLoader classLoader = new DexClassLoader(dexpath, fileRelease.
            getAbsolutePath(), null, getClassLoader());

        plugins.put(pluginName, new PluginInfo(dexpath, classLoader));
    }

    protected void loadResources(String dexPath) {
        try {
            AssetManager assetManager = AssetManager.class.newInstance();
            Method addAssetPath = assetManager.getClass().getMethod
                ("addAssetPath", String.class);
            addAssetPath.invoke(assetManager, dexPath);
            mAssetManager = assetManager;
        } catch (Exception e) {
            e.printStackTrace();
        }
        Resources superRes = super.getResources();
        mResources = new Resources(mAssetManager, superRes.getDisplayMetrics(),
            superRes.getConfiguration());
        mTheme = mResources.newTheme();
        mTheme.setTo(super.getTheme());
    }

    @Override
    public AssetManager getAssets() {
        return mAssetManager == null ? super.getAssets() : mAssetManager;
    }

    @Override
    public Resources getResources() {
        return mResources == null ? super.getResources() : mResources;
    }

    @Override
    public Resources.Theme getTheme() {
        return mTheme == null ? super.getTheme() : mTheme;
    }
}
```

以下是 ResourceActivity 的代码：

```
public class ResourceActivity extends BaseActivity {

    /**
     * 需要替换主题的控件
     * 这里就列举三个: TextView,ImageView,LinearLayout
     */
    private TextView textV;
    private ImageView imgV;
    private LinearLayout layout;
```

```
    @Override
    protected void onCreate(Bundle savedInstanceState) {
        super.onCreate(savedInstanceState);
        setContentView(R.layout.activity_resource);

        textV = (TextView) findViewById(R.id.text);
        imgV = (ImageView) findViewById(R.id.imageview);
        layout = (LinearLayout) findViewById(R.id.layout);

        findViewById(R.id.btn1).setOnClickListener(new OnClickListener() {
            @Override
            public void onClick(View arg0) {
                PluginInfo pluginInfo = plugins.get("plugin1.apk");

                loadResources(pluginInfo.getDexPath());

                doSomething(pluginInfo.getClassLoader());
            }
        });

        findViewById(R.id.btn2).setOnClickListener(new OnClickListener() {
            @Override
            public void onClick(View v) {
                PluginInfo pluginInfo = plugins.get("plugin2.apk");

                loadResources(pluginInfo.getDexPath());

                doSomething(pluginInfo.getClassLoader());
            }
        });
    }

    private void doSomething(ClassLoader cl) {
        try {
            Class clazz = cl.loadClass("jianqiang.com.plugin1.UIUtil");

            String str = (String) RefInvoke.invokeStaticMethod(clazz, "getTextString",
                Context.class, this);
            textV.setText(str);

            Drawable drawable = (Drawable) RefInvoke.invokeStaticMethod(clazz,
                "getImageDrawable", Context.class, this);
            imgV.setBackground(drawable);

            layout.removeAllViews();
            View view = (View) RefInvoke.invokeStaticMethod(clazz, "getLayout",
                Context.class, this);
            layout.addView(view);

        } catch (Exception e) {
            Log.e("DEMO", "msg:" + e.getMessage());
        }
    }
}
```

换肤技术，用插件化技术做，其实很简单。Plugin1 就是一个模板，每次做一个新的皮肤，不需要修改任何代码，只要把 res 目录下的资源都替换了即可，而且也不需要修改这些资源的名称。

各位读者朋友们，你们学到了吗？

7.4 殊途同归：另一种换肤方式

本书代码基于 Dynamic3.1 的代码，本节代码只修改了 ResourceActivity 的 doSomething 方法。

在上一节的例子中，通过在插件中使用 R.drawable.robert 这样的方式，来访问插件中的资源。

其实，我们可以在宿主端 HostApp 中，直接访问插件中 R.java 的内部类 drawable 的 robert 字段对应的十六进制值，并得到这个值，我们通过 getResources 方法的 getDrawable(resId) 方法来获取这张图片，此时的 getResources 方法可以得到插件的资源：

```
Class stringClass = cl.loadClass("jianqiang.com.plugin1.R$string");
int resId1 = (int) RefInvoke.getStaticFieldObject(stringClass, "hello_message");
textV.setText(getResources().getString(resId1));


Class drawableClass = cl.loadClass("jianqiang.com.plugin1.R$drawable");
int resId2 = (int) RefInvoke.getStaticFieldObject(drawableClass, "robert");
imgV.setBackground(getResources().getDrawable(resId2));


Class layoutClazz = cl.loadClass("jianqiang.com.plugin1.R$layout");
int resId3 = (int) RefInvoke.getStaticFieldObject(layoutClazz, "main_activity");
View view = (View) LayoutInflater.from(this).inflate(resId3, null);
layout.removeAllViews();
layout.addView(view);
```

 提示 本节示例代码参见 https://github.com/BaoBaoJianqiang/Dynamic3.2。

插件中不再需要 UIUtil 类了，这只是一个存放各种资源文件和 R 文件的 apk。

7.5 本章小结

本章详细介绍了资源的管理。我们在此基础之上，通过反射 AssetManager 的 addAssetPath 来加载插件资源。换肤技术就是资源插件化的具体实现。

Chapter 8 第 8 章

最简单的插件化解决方案

本章介绍一种最简单的插件化解决方案，其对于四大组件都是适用的，技术涉及以下几个方面：

1）合并所有插件的 dex，来解决插件的类的加载问题。

2）预先在宿主的 AndroidManifest 文件中声明插件中的四大组件。当然，这样做对于插件中上百个 Activity 是件很麻烦的事情。

3）把插件中的所有资源一次性地合并到宿主的资源中，当然，这可能会导致资源 id 冲突。

8.1　在 AndroidManifest 中声明插件中的组件

我们前面讲过，插件中的四大组件就是一个普通的类，系统根本就不认识它们。

想要宿主认识它们，就必须在宿主的 AndroidManifest.xml 中声明四大组件。

于是就有了史上最简单的插件化解决方案——把插件中的四大组件，都声明在宿主 App 中。

 提示　本节代码示例参见 https://github.com/BaoBaoJianqiang/ZeusStudy1.0

看例子 ZeusStudy1.0，如图 8-1 所示，插件 Plugin1 中有一个 TestService1 组件。

相应地，在 HostApp 的 AndroidManifest 文件中，声明如下：

```
<service android:name="jianqiang.com.plugin1.TestService1" />
```

图 8-1　Plugin1 的项目结构

8.2　宿主 App 加载插件中的类

把插件 dex 都合并到宿主的 dex 中，那么宿主 App 对应的 ClassLoader 就可以加载插件中的任意类，代码如下：

```
public final class BaseDexClassLoaderHookHelper {

    public static void patchClassLoader(ClassLoader cl, File apkFile, File
    optDexFile)
        throws IllegalAccessException, NoSuchMethodException, IOException,
            InvocationTargetException, InstantiationException, NoSuchFieldException
            {
    // 获取 BaseDexClassLoader : pathList
    Object pathListObj = RefInvoke.getFieldObject(DexClassLoader.class.
        getSuperclass(), cl, "pathList");

    // 获取 PathList: Element[] dexElements
    Object[] dexElements = (Object[]) RefInvoke.getFieldObject(pathListObj.
        getClass(), pathListObj, "dexElements");

    // Element 类型
    Class<?> elementClass = dexElements.getClass().getComponentType();

    // 创建一个数组，用来替换原始的数组
    Object[] newElements = (Object[]) Array.newInstance(elementClass,
        dexElements.length + 1);

    // 构造插件Element(File file, boolean isDirectory, File zip, DexFile dexFile)
        这个构造函数
    Class[] p1 = {File.class, boolean.class, File.class, DexFile.class};
    Object[] v1 = {apkFile, false, apkFile, DexFile.loadDex(apkFile.
```

```
            getCanonicalPath(), optDexFile.getAbsolutePath(), 0)};
        Object o = RefInvoke.createObject(elementClass, p1, v1);

        Object[] toAddElementArray = new Object[] { o };
        // 把原始的elements复制进去
        System.arraycopy(dexElements, 0, newElements, 0, dexElements.length);
        // 插件的那个element复制进去
        System.arraycopy(toAddElementArray, 0, newElements, dexElements.length,
            toAddElementArray.length);

        // 替换
        RefInvoke.setFieldObject(pathListObj., "dexElements", newElements);
    }
}
```

宿主 App 加载插件中的类，一共有三种解决方案，本节只简要介绍其中的一种。关于这三种解决方案的详细思路，请参见第 9 章。

 本节示例代码参见 https://github.com/BaoBaoJianqiang/ZeusStudy1.0

8.3　启动插件 Service

结合 8.1～8.2 节内容，宿主 App 就能启动一个插件中的 Service 了，代码如下：

```
Intent intent = new Intent();
String serviceName = "jianqiang.com.plugin1.TestService1";
intent.setClassName(this, serviceName);
startService(intent);
```

8.4　加载插件中的资源

不仅是 Service，四大组件都可以这样实施插件化方案。ContentProvider 和 Receiver 都比较简单，读者可以自己实现。Service，ContentProvider 和 Receiver 只要合并 dex 就够了，因为它们都没有资源的概念。

Activity 的解决方案稍微有些复杂。Activity 严重依赖于资源。所以想实现 Activity 的插件化，必须解决加载插件中资源的问题。

前面的章节介绍过 AssetManager 和 Resources 这两个类的关系。AssetManager 有一个 addAssetPath 方法，可以一次性把插件的路径都"灌"进去，然后根据这个"超级" AssetManager，生成一个"超级" Resources。把这个"超级" Resources 保存在全局变量 PluginManager 中，以后无论是查找插件还是宿主的资源，就都可以找的到了。

提示　**本节示例代码参见** https://github.com/BaoBaoJianqiang/ZeusStudy1.1

上述逻辑的实现如下（位于 MyApplication 中）：

```java
private static void reloadInstalledPluginResources() {
    try {
        AssetManager assetManager = AssetManager.class.newInstance();
        Method addAssetPath = AssetManager.class.getMethod("addAssetPath", String.class);

        addAssetPath.invoke(assetManager, mBaseContext.getPackageResourcePath());
        addAssetPath.invoke(assetManager, pluginItem1.pluginPath);


        Resources newResources = new Resources(assetManager,
            mBaseContext.getResources().getDisplayMetrics(),
            mBaseContext.getResources().getConfiguration());

        RefInvoke.setFieldObject(mBaseContext, "mResources", newResources);
        //这是最主要的需要替换的，如果不支持插件运行时更新，只留这一个就可以了
        RefInvoke setFieldobject(mPackageInfo, "mResources", newResources);

        mNowResources = newResources;
        //需要清理mTheme对象，否则通过inflate方式加载资源会报错
        //如果是activity动态加载插件，则需要把activity的mTheme对象也设置为null
        RefInvoke.setFieldObject(mBaseContext, "mTheme", null);
    } catch (Throwable e) {
        e.printStackTrace();
    }
}
```

插件 Activity 必须要实现 ZeusBaseActivity 这个基类。这个基类中，重写了 getResource 方法，从而确保了插件 Activity 每次取资源都是从"超级"Resources 中拿取。代码如下：

```java
public class ZeusBaseActivity extends Activity {

    @Override
    public Resources getResources() {
        return PluginManager.mNowResources;
    }
}
```

下面是插件 Plugin1 中 TestActivity1 的代码，它要用到插件中的 layout 布局资源 activity_test1：

```java
public class TestActivity1 extends ZeusBaseActivity {
    private final static String TAG = "TestActivity1";

    @Override
    protected void onCreate(Bundle savedInstanceState) {
```

```
super.onCreate(savedInstanceState);
setContentView(R.layout.activity_test1);

findViewById(R.id.button1).setOnClickListener(new View.OnClickListener() {
    @Override
    public void onClick(View v) {
        try {
            Intent intent = new Intent();

            String activityName = "jianqiang.com.hostapp.ActivityA";
            intent.setComponent(new ComponentName("jianqiang.com.
                hostapp", activityName));

            startActivity(intent);

        } catch (Exception e) {
            e.printStackTrace();
        }
    }
});
```

至此，Activity 的"傻瓜式"插件化解决方案就完成了，我们甚至可以从插件 Activity 再跳到宿主中的 Activity。但是，这个"傻瓜式"框架有一个致命的问题：插件中的四大组件，要事先在宿主的 AndroidManifest 文件中声明，不能新增。其实，对于大部分 App 而言，很少用到 Service，Receiver 和 ContentProvider，所以，插件中有这三个组件，也基本是更新逻辑，而不会新增。

但是，插件中的 Activity 很多而且经常会新增，这时在宿主 AndroidManifest 文件中就无法预先"占位"了。这个问题，我们会在第 9 章介绍解决方法。

8.5 本章小结

本章介绍了一种最简单的插件化解决方案，虽然插件能成功加载，但是问题也不少：

1）因为插件和宿主的资源都合并到了一起，资源 id 会有冲突。

2）不能事先预料插件中有哪些 Activity，尤其是在插件中新增 Activity1 的场景。

这些问题都会在后面的章节得到解决。

第 9 章 *Chapter 9*

Activity 的插件化解决方案

Activity 是 App 中使用频率最高的组件，各种插件化框架的主要精力都放在 Activity 上。
Activity 的插件化需要解决 3 方面的技术问题：

1）宿主 App 可以加载插件 App 中类。

2）宿主 App 可以加载插件 App 中的资源。

3）宿主 App 可以加载插件中的 Activity。

本章着眼于解决上述这 3 方面的技术问题。

9.1 启动没有在 AndroidManifest 中声明的插件 Activity

我们在 5.4 节介绍了如果启动没有在 AndroidManifest 中声明的 Activity，这是一种
欺上瞒下的思想。插件中的 Activity 有几十个甚至上百个，肯定不能预先在宿主 App 的
AndroidManifest 中，但我们可以使用 5.4 节介绍的技术，也就是借助于启动在宿主 App 中
的 StubActivity。

下面的例子中，AMSHookHelper 类用来完成欺上瞒下的工作。

AMSHookHelper 的 hookAMN 方法，把真正要启动的插件 Activity 临时替换为在
AndroidManifest.xml 中声明的替身 StubActivity，进而骗过 AMS。通过对 AMN 进行
Hook，替换为 MockClass1。

AMSHookHelper 的 hookActivityThread 方法，则是把 StubActivity 再换回为真正要启
动的插件 Activity。通过对 ActivityThread 进行 Hook，替换为 MockClass2。

 提示　本节示例代码参见 https://github.com/BaoBaoJianqiang/ActivityHook1。

AMSHookHelper 类如下所示：

```java
public class AMSHookHelper {

    public static final String EXTRA_TARGET_INTENT = "extra_target_intent";

    /**
     * Hook AMS
     * 主要完成的操作是：把真正要启动的Activity临时替换为在AndroidManifest.xml中声明的替
     *   身Activity，进而骗过AMS
     */
    public static void hookAMN() throws ClassNotFoundException,
            NoSuchMethodException, InvocationTargetException,
            IllegalAccessException, NoSuchFieldException {

        //获取AMN的gDefault单例gDefault，gDefault是final静态的
        Object gDefault = RefInvoke.getStaticFieldObject("android.app.
            ActivityManagerNative", "gDefault");

        // gDefault是一个 android.util.Singleton<T>对象；我们取出这个单例里面的
        //   mInstance字段
        Object mInstance = RefInvoke.getFieldObject("android.util.Singleton",
            gDefault, "mInstance");

        // 创建一个这个对象的代理对象MockClass1，然后替换这个字段，让我们的代理对象帮忙干活
        Class<?> classB2Interface = Class.forName("android.app.IActivityManager");
        Object proxy = Proxy.newProxyInstance(
                Thread.currentThread().getContextClassLoader(),
                new Class<?>[] { classB2Interface },
                new MockClass1(mInstance));

        //把gDefault的mInstance字段，修改为proxy
        RefInvoke.setFieldObject("android.util.Singleton", gDefault, "mInstance",
            proxy);
    }

    /**
     * 由于之前我们用替身欺骗了AMS；现在我们要换回我们真正需要启动的Activity
     * 不然就真的启动替身了，狸猫换太子...
     * 到最终要启动Activity的时候，会交给ActivityThread 的一个内部类叫做 H 来完成
     * H 会完成这个消息转发；最终调用它的callback
     */
    public static void hookActivityThread() throws Exception {

        // 先获取到当前的ActivityThread对象
        Object currentActivityThread = RefInvoke.getStaticFieldObject("android.
            app.ActivityThread", "sCurrentActivityThread");

        // 由于ActivityThread一个进程只有一个,我们获取这个对象的mH
        Handler mH = (Handler) RefInvoke.getFieldObject(currentActivityThread, "mH");
```

```
        //把Handler的mCallback字段，替换为new MockClass2(mH)
        RefInvoke.setFieldObject(Handler.class,
                mH, "mCallback", new MockClass2(mH));
    }
}
```

MockClass1 类如下所示：

```
class MockClass1 implements InvocationHandler {

    private static final String TAG = "MockClass1";

    Object mBase;

    public MockClass1(Object base) {
        mBase = base;
    }

    @Override
    public Object invoke(Object proxy, Method method, Object[] args) throws Throwable {

        Log.e("bao", method.getName());

        if ("startActivity".equals(method.getName())) {
            // 只拦截这个方法
            // 替换参数，任你所为；甚至替换原始Activity启动别的Activity偷梁换柱
            // 找到参数里面的第一个Intent 对象
            Intent raw;
            int index = 0;

            for (int i = 0; i < args.length; i++) {
                if (args[i] instanceof Intent) {
                    index = i;
                    break;
                }
            }
            raw = (Intent) args[index];

            Intent newIntent = new Intent();

            // 替身Activity的包名，也就是我们自己的包名
            String stubPackage = "jianqiang.com.activityhook1";

            // 这里我们把启动的Activity临时替换为 StubActivity
            ComponentName componentName = new ComponentName(stubPackage,
                StubActivity.class.getName());
            newIntent.setComponent(componentName);

            // 把我们原始要启动的TargetActivity先存起来
            newIntent.putExtra(AMSHookHelper.EXTRA_TARGET_INTENT, raw);
```

```
            // 替换掉Intent, 达到欺骗AMS的目的
            args[index] = newIntent;

            Log.d(TAG, "hook success");
            return method.invoke(mBase, args);
        }

        return method.invoke(mBase, args);
    }
}
```

MockClass2 类如下所示：

```
class MockClass2 implements Handler.Callback {

    Handler mBase;

    public MockClass2(Handler base) {
        mBase = base;
    }

    @Override
    public boolean handleMessage(Message msg) {

        switch (msg.what) {
            // ActivityThread里面 "LAUNCH_ACTIVITY" 这个字段的值是100
            // 本来使用反射的方式获取最好, 这里为了简便直接使用硬编码
            case 100:
                handleLaunchActivity(msg);
                break;
        }

        mBase.handleMessage(msg);
        return true;
    }

    private void handleLaunchActivity(Message msg) {
        // 这里简单起见,直接取出TargetActivity;

        Object obj = msg.obj;

        // 把替身恢复成真身
        Intent raw = (Intent) RefInvoke.getFieldObject(obj, "intent");

        Intent target = raw.getParcelableExtra(AMSHookHelper.EXTRA_TARGET_INTENT);
        raw.setComponent(target.getComponent());
    }
}
```

本节中介绍的内容，和5.4节大致相同，但为了本章内容的完整性，我这里还是贴出代码来，所幸篇幅不多，谨供读者参考。

9.2　基于动态替换的 Activity 插件化解决方案

针对于 Activity 的插件化解决方案有很多种，大致分为两个方向：

- ❑ 以张勇的 DroidPlugin 框架为代表的动态替换方案，提供对 Android 底层的各种类进行 Hook，来达到加载插件中的四大组件的目的。
- ❑ 以任玉刚的 that 框架为代表的静态代理方案，通过 ProxyActivity 统一加载插件中的所有 Activity。

本章着眼于动态替换方案，实现 Activity 的插件化。

 提示　本节示例代码参见 https://github.com/BaoBaoJianqiang/ActivityHook1。

9.2.1　Android 启动 Activity 的原理分析

仍然看我们前面画的图，Activity 启动的最后一步，你会发现 ActivityThread 和 H 类的交互起到了核心的作用，参见第 5 章中的图 5-4。

1）ActivityThread 调用 H 的 handleMessage 方法：

```
public void handleMessage(Message msg) {
        switch (msg.what) {
            case LAUNCH_ACTIVITY: {
                final ActivityClientRecord r = (ActivityClientRecord) msg.obj;

                r.packageInfo = getPackageInfoNoCheck(
                        r.activityInfo.applicationInfo, r.compatInfo);
                handleLaunchActivity(r, null);
            } break;
        }
    }
```

r.packageInfo 是 LoadedApk 类型。LoadedApk 是 apk 在内存中的表示。我们可以从中获取 apk 的各种信息，比如 apk 中四大组件的信息。

getPackageInfoNoCheck 方法就是为了获得这个 LoadedApk 对象，我们看一下它的实现，它会间接调用 getPackageInfo 方法：

```
public final LoadedApk getPackageInfoNoCheck(ApplicationInfo ai,
        CompatibilityInfo compatInfo) {
    return getPackageInfo(ai, compatInfo, null, false, true, false);
}

private LoadedApk getPackageInfo(ApplicationInfo aInfo, CompatibilityInfo compatInfo,
    ClassLoader baseLoader, boolean securityViolation, boolean includeCode, boolean
    registerPackage) {
    final boolean differentUser = (UserHandle.myUserId() != UserHandle.getUserId
        (aInfo.uid));
    synchronized (mResourcesManager) {
```

```
            WeakReference<LoadedApk> ref;
            if (differentUser) {
                ref = null;
            } else if (includeCode) {
                ref = mPackages.get(aInfo.packageName);
            } else {
                ref = mResourcePackages.get(aInfo.packageName);
            }

            LoadedApk packageInfo = ref != null ? ref.get() : null;
            if (packageInfo == null || (packageInfo.mResources != null
                    && !packageInfo.mResources.getAssets().isUpToDate())) {
                packageInfo = new LoadedApk(this, aInfo, compatInfo, baseLoader,
                        securityViolation, includeCode && (aInfo.flags&ApplicationInfo.
                            FLAG_HAS_CODE) != 0, registerPackage);
            }
            return packageInfo;
        }
    }
```

getPackageInfo 方法的目的是检查缓存，比如下面这句话：

```
ref = mPackages.get(aInfo.packageName);
```

mPackages 是一个缓存对象。如果在缓存 mPackages 中找不到这个 LoadedApk 对象，那么就实例化一个 LoadedApk 对象并扔到缓存里。

2）ActivityThread 的 performLaunchActivity 方法如下：

```
private Activity performLaunchActivity(ActivityClientRecord r, Intent customIntent)
    Activity activity = null;

    java.lang.ClassLoader cl = r.packageInfo.getClassLoader();
    activity = mInstrumentation.newActivity(
                cl, component.getClassName(), r.intent);
    return activity;
}
```

在执行 mInstrumentation 的 newActivity 方法的时候，要指定 ClassLoader 对象 cl 的值，这个值是从 r.packageInfo.getClassLoader() 读取出来的。r.packageInfo 就是前面介绍的 LoadedApk 对象，从缓存中取出，如果缓存没有，就新建一个。

如果没有插件化，那么这里的 cl 对象就是宿主 App 原生的 ClassLoader。

如果是插件化，也就是要加载插件中的 Activity 类，那么这个 cl 对象就应该是插件对应的 ClassLoader。

9.2.2 故意命中缓存

结合 9.2.1 节介绍的原理，本节给出 Activity 的插件化解决方案。需要做两件事情：

1）为插件创建一个 LoadedApk 对象，并把它"事先"放到 mPackages 缓存中。这样

getPackageInfo 方法就会直接返回这个插件的 LoadedApk 对象，也就是永远命中缓存，永远不会走下面创建 LoadedApk 对象的逻辑。

2）反射得到插件的 loadedApk 对象的 mClassLoader 字段，设置为插件的 ClassLoader。针对于以上两点，于是就有了下面这若干行代码：

```
public class LoadedApkClassLoaderHookHelper {

    public static Map<String, Object> sLoadedApk = new HashMap<String, Object>();

    public static void hookLoadedApkInActivityThread(File apkFile) throws
        ClassNotFoundException,
            NoSuchMethodException, InvocationTargetException, IllegalAccessException,
                NoSuchFieldException, InstantiationException {

        // 先获取到当前的ActivityThread对象
        Object currentActivityThread = RefInvoke.invokeStaticMethod("android.app.
            ActivityThread", "currentActivityThread");

        // 获取到 mPackages 这个成员变量，这里缓存了dex包的信息
        Map mPackages = (Map) RefInvoke.getFieldObject(currentActivityThread,
            "mPackages");

        // 准备两个参数
        // android.content.res.CompatibilityInfo
        Object defaultCompatibilityInfo = RefInvoke.getStaticFieldObject("android.
            content.res.CompatibilityInfo", "DEFAULT_COMPATIBILITY_INFO");
        // 从apk中取得ApplicationInfo信息
        ApplicationInfo applicationInfo = generateApplicationInfo(apkFile);

        // 调用ActivityThread的getPackageInfoNoCheck方法loadedApk，上面得到的两个数据都
        //   是用来做参数的
        Class[] p1 = {ApplicationInfo.class, Class.forName("android.content.res.
            CompatibilityInfo")};
        Object[] v1 = {applicationInfo, defaultCompatibilityInfo};
        Object loadedApk = RefInvoke.invokeInstanceMethod(currentActivityThread,
            "getPackageInfoNoCheck", p1, v1);

        // 为插件造一个新的ClassLoader
        String odexPath = Utils.getPluginOptDexDir(applicationInfo.packageName).
            getPath();
        String libDir = Utils.getPluginLibDir(applicationInfo.packageName).
            getPath();
        ClassLoader classLoader = new CustomClassLoader(apkFile.getPath(),
            odexPath, libDir, ClassLoader.getSystemClassLoader());
        RefInvoke.setFieldObject(loadedApk, "mClassLoader", classLoader);

        // 把插件的LoadedApk对象放入缓存
        WeakReference weakReference = new WeakReference(loadedApk);
        mPackages.put(applicationInfo.packageName, weakReference);
```

```
        // 由于是弱引用，因此我们必须在某个地方存一份，不然容易被GC；那么就前功尽弃了.
        sLoadedApk.put(applicationInfo.packageName, loadedApk);
    }
}
```

其中，要通过反射动态执行 getPackageInfoNoCheck 方法，需要准备两个参数，这是比较麻烦的，尤其是 ApplicationInfo 类型的参数，我们将生成这个 ApplicationInfo 类型对象的十几行代码，封装成 generateApplicationInfo 方法，如下所示：

```
public static ApplicationInfo generateApplicationInfo(File apkFile)
        throws ClassNotFoundException, NoSuchMethodException, IllegalAccessException,
            InstantiationException, InvocationTargetException, NoSuchFieldException {

    // 找出需要反射的核心类: android.content.pm.PackageParser
    Class<?> packageParserClass = Class.forName("android.content.pm.
        PackageParser");
    Class<?> packageParser$PackageClass = Class.forName("android.content.pm.
        PackageParser$Package");
    Class<?> packageUserStateClass = Class.forName("android.content.pm.
        PackageUserState");

    // 首先拿到我们得终极目标: generateApplicationInfo方法
    // API 23 !
    // public static ApplicationInfo generateApplicationInfo(Package p, int flags,
    //     PackageUserState state) {
    // 其他Android版本不保证也是如此

    // 首先，创建一个Package对象供这个方法调用
    // 该对象可以通过 android.content.pm:PackageParser#parsePackage 方法返回的 Package
    //     对象的字段获取得到
    // 创建出一个PackageParser对象供使用
    Object packageParser = packageParserClass.newInstance();

    // 调用 PackageParser.parsePackage 解析apk的信息
    // 实际上是一个 android.content.pm.PackageParser.Package 对象
    Class[] p1 = {File.class, int.class};
    Object[] v1 = {apkFile, 0};
    Object packageObj = RefInvoke.invokeInstanceMethod(packageParser, "parsePackage",
        p1, v1);

    // 第三个参数 mDefaultPackageUserState 可直接使用默认构造函数构造
    Object defaultPackageUserState = packageUserStateClass.newInstance();

    // 万事俱备!
    Class[] p2 = {packageParser$PackageClass, int.class, packageUserStateClass};
    Object[] v2 = {packageObj, 0, defaultPackageUserState};
    ApplicationInfo applicationInfo = (ApplicationInfo)RefInvoke.invokeInstanceM
        ethod(packageParser, "generateApplicationInfo", p2, v2);

    String apkPath = apkFile.getPath();
```

```
    applicationInfo.sourceDir = apkPath;
    applicationInfo.publicSourceDir = apkPath;

    return applicationInfo;
}
```

上述代码的思想是，反射 PackageParser 的 generateApplicationInfo 方法，硬生生地创建出一个 ApplicationInfo 对象。由于这个方法在 Android 各个版本中都有改动，所以上述代码仅适用于 Android23，对于其他 Android 版本，DroidPlugin 会用一个 switch…case 来进行区分，这里不再赘述了。

我们虽然把自己写的 LoadedApk 对象扔到缓存中了，但是查找缓存的 key 仍然是不对的，回顾一下前面列出的 Android 系统的代码片段：

```
public void handleMessage(Message msg) {
    switch (msg.what) {
        case LAUNCH_ACTIVITY: {
            final ActivityClientRecord r = (ActivityClientRecord) msg.obj;

            r.packageInfo = getPackageInfoNoCheck(
                    r.activityInfo.applicationInfo, r.compatInfo);
            handleLaunchActivity(r, null);
        } break;
    }
}

public final LoadedApk getPackageInfoNoCheck(ApplicationInfo ai,
        CompatibilityInfo compatInfo) {
    return getPackageInfo(ai, compatInfo, null, false, true, false);
}

private LoadedApk getPackageInfo(ApplicationInfo aInfo, CompatibilityInfo compatInfo,
    ClassLoader baseLoader, boolean securityViolation, boolean includeCode, boolean
    registerPackage) {
        if (differentUser) {
            ref = null;
        } else if (includeCode) {
            ref = mPackages.get(aInfo.packageName);
        } else {
            ref = mResourcePackages.get(aInfo.packageName);
        }
}
```

查找缓存的代码是 mPackages.get(aInfo.packageName)，也就是说这个 key 是 aInfo.packageName，aInfo 对象来自于 handleMessage 方法的 r.activityInfo.applicationInfo，而 r 对象就是 handleMessage 方法的 msg 参数的 obj 属性。

结论是，msg 的 obj 的 activityInfo 属性的 applicationInfo 属性的 packageName 属性，因为我们"欺骗了 AMS"，所以这个值现在还是 jianqiang.com.activityhook1，我们要用 Hook

技术，把它替换为插件对应的值 jianqiang.com.testactivity，代码如下所示：

```
ActivityInfo activityInfo = (ActivityInfo) RefInvoke.getFieldObject(obj,
    "activityInfo");
activityInfo.applicationInfo.packageName = target.getPackage() == null ?target.
    getComponent().getPackageName() : target.getPackage();
```

我们把这段代码放在 MockClass2 类的 handleLaunchActivity 方法的最后。

9.2.3　加载插件中类的方案 1：为每个插件创建一个 ClassLoader

我们在上节介绍了 LoadedApkClassLoaderHookHelper 的 hookLoadedApkInActivityThread 方法，其中有以下几行代码：

```
String odexPath = Utils.getPluginOptDexDir(applicationInfo.packageName).
    getPath();
String libDir = Utils.getPluginLibDir(applicationInfo.packageName).getPath();
ClassLoader classLoader = new CustomClassLoader(apkFile.getPath(), odexPath,
    libDir, ClassLoader.getSystemClassLoader());
RefInvoke.setFieldObject(loadedApk, "mClassLoader", classLoader);
```

每个插件就是一个 LoadedApk 对象，我们把 LoadedApk 的 mClassLoader 字段，修改为自定义的 ClassLoader，也就是 CustomClassLoader。

CustomClassLoader 类的定义如下，其实就是 DexClassLoader 的子类：

```
public class CustomClassLoader extends DexClassLoader {

    public CustomClassLoader(String dexPath, String optimizedDirectory, String
        libraryPath, ClassLoader parent) {
        super(dexPath, optimizedDirectory, libraryPath, parent);
    }
}
```

通过 CustomClassLoader，我们就可以加载插件中的 Activity，从宿主 App 进入到插件 App 的 Activity。在此之后，只要还在这个插件中，就会加载这个插件中的各个类，都是通过这个 CustomClassLoader 加载的。

9.2.4　为了圆一个谎言而编造更多的谎言

通过 Hook 来实现插件化的技术，会出现一种让人啼笑皆非的 bug，比如说，上述的插件化解决方案，点击 Activity 中的按钮，会抛出一个异常：

```
Unable to get package info for jianqiang.com.testactivity; is package not installed?
```

咋一看，我们不知道问题出在哪里，但是我们有 Android 的系统源码，在 Android 系统源码中搜索 is package not installed，会查到这个异常抛出的位置，问题出在 LoadedApk 类的 initializeJavaContextClassLoader 方法中：

```
private void initializeJavaContextClassLoader() {
    IPackageManager pm = ActivityThread.getPackageManager();
    android.content.pm.PackageInfo pi;
    try {
        pi = pm.getPackageInfo(mPackageName, 0, UserHandle.myUserId());
    } catch (RemoteException e) {
        throw new IllegalStateException("Unable to get package info for "
                + mPackageName + "; is system dying?", e);
    }
    if (pi == null) {
        throw new IllegalStateException("Unable to get package info for "
                + mPackageName + "; is package not installed?");
    }
}
```

就是因为 pi 为空导致了这个异常。看上面的代码，为了让 pi 不为空，那就需要在 pi=pm.getPackageInfo(); 这句话上作文章，把 pm 对象换成一个新对象 proxy，并且让 proxy 的 getPackageInfo 方法返回一个不为空的值。

上述代码中的 pm 对象，是怎么得到的呢？看下面的代码：

```
public final class ActivityThread {
    private static ActivityThread sCurrentActivityThread;

    static IPackageManager sPackageManager;

    public static IPackageManager getPackageManager() {
        if (sPackageManager != null) {
            return sPackageManager;
        }
        IBinder b = ServiceManager.getService("package");
        sPackageManager = IPackageManager.Stub.asInterface(b);
        return sPackageManager;
    }
}
```

一目了然，pm 对象是通过 ActivityThread 的 getPackageManager 方法得到的，这个方法返回的就是 ActivityThread 内部的 sPackageManager 字段，所以我们把 sPackageManager 字段 Hook 掉就可以了，代码如下所示：

```
private static void hookPackageManager() throws Exception {
    Object currentActivityThread = .invokeStaticMethod("android.app.
        ActivityThread", "currentActivityThread");

    // 获取ActivityThread里面原始的 sPackageManager
    Object sPackageManager = RefInvoke.getFieldObject(currentActivityThread,
        "sPackageManager");

    // 准备好代理对象，用来替换原始的对象
    Class<?> iPackageManagerInterface = Class.forName("android.content.pm.
```

```
            IPackageManager");
        Object proxy = Proxy.newProxyInstance(iPackageManagerInterface.getClassLoader(),
                new Class<?>[] { iPackageManagerInterface },
                new MockClass3(sPackageManager));

        // 替换掉ActivityThread里面的 sPackageManager 字段
        RefInvoke.setFieldObject(currentActivityThread, "sPackageManager", proxy);
    }
```

相应的 MockClass3 方法，也就是那个新对象 proxy，代码如下：

```
public class MockClass3 implements InvocationHandler {

    private Object mBase;

    public MockClass3(Object base) {
        mBase = base;
    }

    @Override
    public Object invoke(Object proxy, Method method, Object[] args) throws
        Throwable {
        if (method.getName().equals("getPackageInfo")) {
            return new PackageInfo();
        }
        return method.invoke(mBase, args);
    }
}
```

把上面的 hookPackageManager 方法定义，插入到 MockClass2 类中。在 MockClass2 类的 handleLaunchActivity 方法中执行 hookPackageManager 方法即可。

如果把 MockClass2 比喻成第 1 个谎言，那么 MockClass3 就是为了圆谎而编造的第 2 个谎言。

我们再回顾一下本节介绍的 Activity 的插件化解决方案。我们把插件 apk 对应的 LoadedApk 对象，直接放入了缓存里，然后把这个 LoadedApk 对象的 ClassLoader 改为插件的 ClassLoader。

缺点是这种方案非常麻烦，为此要反射出一堆类型的对象，而且还要适配各种 Android 版本。

9.3 加载插件中类的方案 2：合并多个 dex

还记得我们加载外部 dex 的姿势吗？看几行代码：

```
File extractFile = this.getFileStreamPath(apkName);
String dexpath = extractFile.getPath();
File fileRelease = getDir("dex", 0); //0 表示Context.MODE_PRIVATE
```

```
DexClassLoader classLoader = new DexClassLoader(dexpath,
        fileRelease.getAbsolutePath(), null, getClassLoader());
```

我们把目光聚焦在 dexpath 上。这就是外部 apk 的路径。

 提
示　本节示例代码参见 https://github.com/BaoBaoJianqiang/ActivityHook2。

Android 系统对 dexpath 的处理，在 BaseDexClassLoader 和 DexPathList 这两个类中：

```
public class BaseDexClassLoader extends ClassLoader {
    private final DexPathList pathList;

    public BaseDexClassLoader(String dexPath, File optimizedDirectory,
            String librarySearchPath, ClassLoader parent) {
        super(parent);

        this.pathList = new DexPathList(this, dexPath,
            librarySearchPath, optimizedDirectory);
    }
}

public class DexPathList {
    private Element[] dexElements;

    public DexPathList(ClassLoader definingContext, String dexPath,
            String libraryPath, File optimizedDirectory) {
        this.dexElements = makeDexElements(splitDexPath(dexPath), optimizedDirectory);
    }

    private static List<File> splitDexPath(String path) {
        return splitPaths(path, false);
    }

    private static List<File> splitPaths(String searchPath, boolean directoriesOnly) {
        List<File> result = new ArrayList<>();

        if (searchPath != null) {
            for (String path : searchPath.split(File.pathSeparator)) {
            // 省略很多代码
            }
        }
    }
}
```

从上面的代码片段我们能看出，dexPath 这个字符串中可以有很多分号⊖，把这个字符串按照分号拆分成一个字符串数组，数组中每个字符串就是一个外部的 dex/apk 路径，如下

⊖　File.pathSeparator 随操作系统不同而不同，有时是冒号，有时是分号。

所示：

```
/data/user/0/jianqiang.com.activityhook1/files/plugin1.apk;/data/user/0/jianqiang.
    com.activityhook1/files/plugin1.apk;
```

拆分 dexPath 生成的数组，会转换为 DexPathList 类的 dexElements 数组。

基于此，我们可以把插件的 dex，手动添加到宿主的 dexElements 数组中，这就又用到 Hook 技术了。步骤如下：

1）根据宿主的 ClassLoader，获取宿主的 dexElements 字段：

❑ 首先反射出 BaseDexClassLoader 的 pathList 字段，它是 DexPathList 类型的。

❑ 然后反射出 DexPathList 的 dexElements 字段，这是个数组。

2）根据插件的 apkFlie，反射出一个 Element 类型的对象，这就是插件 dex。

3）把插件 dex 和宿主 dexElements 合并成一个新的 dex 数组，替换宿主之前的 dexElements 字段。

根据以上这三步，写出以下代码：

```
public static void patchClassLoader(ClassLoader cl, File apkFile, File optDexFile)
        throws IllegalAccessException, NoSuchMethodException, IOException,
            InvocationTargetException, InstantiationException, NoSuchFieldException {
    // 获取 BaseDexClassLoader : pathList
    Object pathListObj = RefInvoke.getFieldObject(DexClassLoader.class.
        getSuperclass(), cl, "pathList");

    // 获取 PathList: Element[] dexElements
    Object[] dexElements = (Object[]) RefInvoke.getFieldObject(pathListObj,
        "dexElements");

    // Element 类型
    Class<?> elementClass = dexElements.getClass().getComponentType();

    // 创建一个数组，用来替换原始的数组
    Object[] newElements = (Object[]) Array.newInstance(elementClass,
        dexElements.length + 1);

    // 构造插件Element(File file, boolean isDirectory, File zip, DexFile dexFile)
        这个构造函数
    Class[] p1 = {File.class, boolean.class, File.class, DexFile.class};
    Object[] v1 = {apkFile, false, apkFile, DexFile.loadDex(apkFile.
        getCanonicalPath(), optDexFile.getAbsolutePath(), 0)};
    Object o = RefInvoke.createObject(elementClass, p1, v1);

    Object[] toAddElementArray = new Object[] { o };
    // 把原始的Element复制进去
    System.arraycopy(dexElements, 0, newElements, 0, dexElements.length);
    // 把插件的那个element复制进去
    System.arraycopy(toAddElementArray, 0, newElements, dexElements.length,
        toAddElementArray.length);
```

```
    // 替换
    RefInvoke.setFieldObject(pathListObj, "dexElements", newElements);
}
```

其实这个解决方案和热修复框架 Nuwa 是一样的。Nuwa 的思路更进一步，它发现把热修复 dex 和宿主 dex 合并成一个新的 Elements 数组，如果这两个 dex 有相同的类和方法，那么位于数组前面的 dex 中的类和方法将生效，而后面那个不会生效。于是，我们就要把从服务器下载的热修复 dex，刻意放到新的 Elements 数组前面，这就实现了热修复的思想：旧的方法有 bug，新的方法覆盖掉它。

9.4　为 Activity 解决资源问题

以上这两个插件化的例子都有一个问题：那就是不支持资源。而 8.4 节介绍的技术则解决了 Activity 资源问题，但是却不能启动没有在 AndroidManifest 中声明的插件 Activity。

这两章内容是互补的，于是我们结合这两章的技术，以 8.4 节介绍的 ZeusStudy1.1 的例子为基础，逐步进行完善。请参考代码 ZeusStudy1.2，这里不再重复介绍了。

 提示　本节示例代码参见 https://github.com/BaoBaoJianqiang/ZeusStudy1.2。

9.5　对 LaunchMode 的支持

前面介绍的 Activity 插件化的技术，对于 LaunchMode 都是 standard 的情况，是完全适用的。然后 LaunchMode 还有其他 3 种，分别是 SingleTop、SingleTask 和 SingleInstance。

想解决插件化其他 3 种 LaunchMode 的问题，使用的是占位 Activity 的思想，即事先为这 3 种 LaunchMode 创建很多 StubActivity，如图 9-1 所示。

图 9-1　使用"占位"思想来解决 LaunchMode 问题

提示 本节示例代码参见 https://github.com/BaoBaoJianqiang/ZeusStudy1.3。

接下来，我们从服务器下载一个 JSON，指定插件 Activity 要使用哪个 StubActivity 进行加载，这里所说的 Activity 只包括 LaunchModer 为 SingleTop、SingleTask 和 SingleInstance 的 Activity。

为了便于演示，我们直接在本地 Mock 出这些数据，把它们保存在 MyApplication 的 pluginActivities 集合中，如下所示：

```java
public class MyApplication extends Application {
    public static HashMap<String, String> pluginActivities = new HashMap<String, String>();

    void mockData() {
        pluginActivities.put("jianqiang.com.plugin1.ActivityA", "jianqiang.com.
            hostapp.SingleTopActivity1");
        pluginActivities.put("jianqiang.com.plugin1.TestActivity1", "jianqiang.
            com.hostapp.SingleTaskActivity2");
    }
}
```

我们无法指定插件 Activity 的 LaunchMode，但是在上面的代码中，当建立了 ActivityA 和 SingleTopActivity1 的对应关系后，ActivityA 的 LaunchMode 就是 SingleTop 了。

然后，在 Mock1Class 截获 startActivity 请求的时候，如果发现要启动的插件 Activity 在 MyApplication 的 pluginActivities 集合中，那么就使用这个插件 Activity 对应的占位 StubActivity，代码如下：

```java
class MockClass1 implements InvocationHandler {

    @Override
    public Object invoke(Object proxy, Method method, Object[] args) throws Throwable {
        Log.e("bao", method.getName());
        if ("startActivity".equals(method.getName())) {
            // 省略部分代码
            String rawClass = raw.getComponent().getClassName();
            if(MyApplication.pluginActivities.containsKey(rawClass)) {
                String activity = MyApplication.pluginActivities.get(rawClass);
                int pos = activity.lastIndexOf(".");
                String pluginPackage = activity.substring(0, pos);
                componentName = new ComponentName(pluginPackage, activity);
            } else {
                componentName = new ComponentName(stubPackage, StubActivity.
                    class.getName());
            }
            // 省略部分代码
        }
    }
}
```

我们测试一下这个 LaunchMode 是否可以运行。

在 Plugin1 项目中，ActivityA 的 LaunchMode 是 SingleTop，TestActivity1 的 LaunchMode 是 SingleTask。

1）在 TestActivity1 中点击按钮，进入 ActivityA；而在 ActivityA 点击按钮"Goto TestActivity1"，再次进入 TestActivity1，因为 TestActivity1 的 LaunchMode 是 SingleTask，所以会在栈中找到之前创建的 TestActivity1，而不会新建一个 TestActivity1 实例，而 TestActivity1 之后创建的 ActivityA，则会被销毁。

2）在 TestActivity1 中点击按钮，进入 ActivityA；而在 ActivityA 点击按钮"Goto ActivityA"仍然启动 ActivityA，因为 ActivityA 的 LaunchMode 是 SingleTop，所以会复用栈顶的 ActivityA 实例，而不会新建一个 ActivityA 实例。

这里有个小 bug，无论是 SingleTop 还是 SingleTask，再回到这个 Activity 时，并不会触发它的 onCreate 方法，而是会触发它的 onNewIntent 方法。为此，我们需要在 MockClass2 中，拦截 onNewIntent 方法，把占位 StubActivity 替换回插件 Activity，代码如下：

```
class MockClass2 implements Handler.Callback {
    Handler mBase;
    public MockClass2(Handler base) {
        mBase = base;
    }
    @Override
    public boolean handleMessage(Message msg) {
        switch (msg.what) {
            // ActivityThread里面的 "LAUNCH_ACTIVITY" 字段的值是100
            // 本来使用反射的方式获取最好，这里为了简便直接使用硬编码
            case 100:
                handleLaunchActivity(msg);
                break;
            case 112:
                handleNewIntent(msg);
                break;
        }
        mBase.handleMessage(msg);
        return true;
    }
    private void handleNewIntent(Message msg) {
        Object obj = msg.obj;
        ArrayList intents = (ArrayList)RefInvoke.getFieldObject(obj, "intents");
        for(Object object : intents) {
            Intent raw = (Intent)object;
            Intent target = raw.getParcelableExtra(AMSHookHelper.EXTRA_TARGET_INTENT);
            if(target != null) {
                raw.setComponent(target.getComponent());
                if(target.getExtras() != null) {
                    raw.putExtras(target.getExtras());
                }
                break;
            }
```

```
        }
    }
    // 省略部分代码
}
```

验证 SingleInstance 在插件中是否能工作，就交给读者来实现吧。

9.6 加载插件中类的方案 3：修改 App 原生的 ClassLoader

宿主 App 如何能加载到插件中的类，我们在第 9.2 和 9.3 节介绍过 2 种解决方案：

1）为每个插件创建对应的 ClassLoader。

2）把所有 dex 合并到一个数组中。

 提示 本节示例代码参见 https://github.com/BaoBaoJianqiang/ZeusStudy1.4。

其实都是为了加载插件中的类。本节要介绍的是第 3 种解决方案，直接把系统的 ClassLoader 替换为我们自己写的 ZeusClassLoader。

ZeusClassLoader 能担当宿主 ClassLoader 的角色，这是在 ZeusClassLoader 的构造函数中完成的：

```
ZeusClassLoader classLoader = new ZeusClassLoader(mBaseContext.
    getPackageCodePath(), mBaseContext.getClassLoader());

class ZeusClassLoader extends PathClassLoader {
    private List<DexClassLoader> mClassLoaderList = null;

    public ZeusClassLoader(String dexPath, ClassLoader parent) {
        super(dexPath, parent);

        mClassLoaderList = new ArrayList<DexClassLoader>();
    }
}
```

ZeusClassLoader 内部有一个 mClassLoaderList 变量，还保存着所有插件 ClassLoader 的集合。于是 ZeusClassLoader 的 loadClass 方法，会先尝试使用宿主 ClassLoader 加载类，如果不能加载，就遍历 mClassLoaderList 变量，直到找到一个能加载类的 ClassLoader。

完整的 ZeusClassLoader 如下所示：

```
class ZeusClassLoader extends PathClassLoader {
    private List<DexClassLoader> mClassLoaderList = null;
    public ZeusClassLoader(String dexPath, ClassLoader parent) {
        super(dexPath, parent);
        mClassLoaderList = new ArrayList<DexClassLoader>();
    }
    /**
```

```
 *  添加一个插件到当前的classLoader中
 */
protected void addPluginClassLoader(DexClassLoader dexClassLoader) {
    mClassLoaderList.add(dexClassLoader);
}

@Override
protected Class<?> loadClass(String className, boolean resolve) throws
    ClassNotFoundException {
    Class<?> clazz = null;
    try {
        //先查找parent classLoader，这里实际就是系统帮我们创建的classLoader，目标对
            应为宿主apk
        clazz = getParent().loadClass(className);
    } catch (ClassNotFoundException ignored) {
    }
    if (clazz != null) {
        return clazz;
    }
    //挨个到插件里进行查找
    if (mClassLoaderList != null) {
        for (DexClassLoader classLoader : mClassLoaderList) {
            if (classLoader == null) continue;
            try {
                //这里只查找插件自己的apk，不需要查parent，避免多次无用查询，提高性能
                clazz = classLoader.loadClass(className);
                if (clazz != null) {
                    return clazz;
                }
            } catch (ClassNotFoundException ignored) {
            }
        }
    }
    throw new ClassNotFoundException(className + " in loader " + this);
}
}
```

相应的 **PluginManager** 的代码，如下所示，我省略了若干不相干代码：

```
public class PluginManager {
public static volatile ClassLoader mNowClassLoader = null;  //系统原始的ClassLoader
public static volatile ClassLoader mBaseClassLoader = null; //系统原始的ClassLoader

public static void init(Application application) {
    mBaseClassLoader = mBaseContext.getClassLoader();
    mNowClassLoader = mBaseContext.getClassLoader();

    ZeusClassLoader classLoader = new ZeusClassLoader(mBaseContext.
        getPackageCodePath(), mBaseContext.getClassLoader());

    File dexOutputDir = mBaseContext.getDir("dex", Context.MODE_PRIVATE);
    final String dexOutputPath = dexOutputDir.getAbsolutePath();
```

```
for(PluginItem plugin: plugins) {
    DexClassLoader dexClassLoader = new DexClassLoader(plugin.pluginPath,
            dexOutputPath, null, mBaseClassLoader);
    classLoader.addPluginClassLoader(dexClassLoader);
}

PluginUtil.setField(mPackageInfo, "mClassLoader", classLoader);
Thread.currentThread().setContextClassLoader(classLoader);
mNowClassLoader = classLoader;
    }
}
```

经过这次 Hook，所有插件的 ClassLoader 都在一起了。

但是也有瑕疵，原先我们是这样启动一个插件中的 Service 的：

```
Intent intent = new Intent();
String serviceName = PluginManager.plugins.get(0).packageInfo.packageName +
    ".TestService1";
intent.setClass(this, Class.forName(serviceName));
startService(intent);
```

但这时再使用 Class.forName 方法，就会抛出找不到宿主 apk 或找不到插件 Service 类的异常。这是因为 Class.forName 方法会使用 BootClassLoader 来加载类，这个类并没有被 Hook，所以自然就加载不到插件中的类了。

为此，我们需要换用一种调用方式，如下所示，getClassLoader 方法获取到的是我们 Hook 过的新 ClassLoader，那就肯定可以加载插件中的类了：

```
Intent intent = new Intent();
String serviceName = PluginManager.plugins.get(0).packageInfo.packageName + ".
TestService1";
intent.setClass(this, getClassLoader().loadClass(serviceName));
startService(intent);
```

9.7 本章小结

Activity 不同于其他三大组件，它的使用频率很高，因为要与用户操作打交道，所以它自身有很多特性，比如：

❑ 生命周期函数会很多。

❑ 有 LaunchMode。

❑ 要加载资源。

上面列举的每个技术点都需要相应的插件化解决方案，本章基本覆盖了这些关键内容。

本章介绍了加载插件中的类的 3 种解决方案，这 3 种方案不光对于 Activity 是可行的，对于其他三大组件也是可行的。

第 10 章 *Chapter 10*

Service 的插件化解决方案

四大组件中的 Service，就是一个后台进程。它的特点在于 startService 和 bindService 两套机制。Service 的插件化，就是要这两套方案都能正常工作。

与 Activity 一样，Service 插件化也有动态替换和静态代理两种解决方案。本章介绍动态替换方案。

10.1 Android 界的荀彧和荀攸：Service 和 Activity

我们在前面 2.7 节介绍过 Context 家庭史。Service 是 Activity 的叔叔，这就像三国时期的荀彧和荀攸，二者有太多的相似之处，但是辈分不同（见图 10-1）。比如，Service 和 Activity 都借助于 Context 来完成自身的启动，通知 AMS，然后 AMS 通知 App 进程要启动哪个组件，通过 ActivityThread 和 H 类转发消息。

二者的区别也很明显：

❑ Activity 是面向用户的，有大量的用户交互的方法；而 Service 是后台运行的，生命周期函数很少。

❑ Activity 中有 LaunchMode 的概念，每一个 Activity 都会被放到栈顶，对于默认的 LaunchMode，即使是同一个 Activity 被启动多次，也会在栈顶放置这个 Activity 的多个实例。所以在插件化编程中，我们可以使用一个 StubActivity 来"欺骗 AMS"。而 Service 组件则不同。对同一个 Service 调用多次 startService 并不会启动多个 Service 实例，只会有一个实例。所以只用一个 StubService 是应付不了多个插件 Service 的。

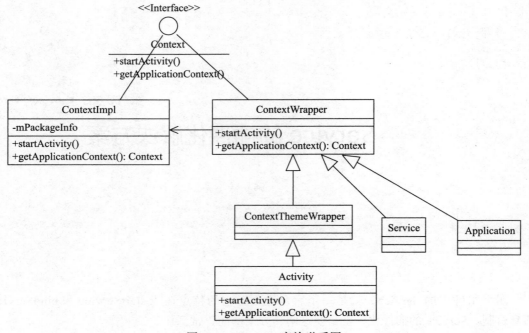

图 10-1 Context 家族世系图

- ActivityThread 最终是通过 Instrumentation 启动一个 Activity 的。而 ActivityThread 启动 Service 并不借助于 Instrumentation，而是直接把 Service 反射出来就启动了。Instrumentation 只给 Activity 提供服务。

最后说一下，Service 有两种形式：
- 由 startService 启动的服务。
- 由 bindService 绑定的服务。

二者的区别在于，startService 以及对应的 stopService，就是简单地启动和停止 Service，这类似于音乐类 App，在 Activity 中点击播放按钮，通知后台 Service 播放一首歌。

bindService 执行时会传递一个 ServiceConnection 对象给 AMS。接下来 Service 在执行 onBind 时，可以把生成的 binder 对象返回给 App 调用端，这个值存于 ServiceConnection 对象的 onServiceConnected 回调函数的第二个参数中。

10.2 预先占位

上一节我们介绍了对同一个 Service 调用多次 startService 并不会启动多个 Service 实例，只会有一个实例。所以只用一个 StubService 是应付不了多个插件 Service 的。

考虑到在绝大部分的 App 中，Service 的数量不超过 10 个，所以我们可以预先在宿主

App 中创建 10 个 StubService，也就是 StubService1，StubService2，…，StubService10。
每个 StubService 只对应插件中的一个 Service，如图 10-2 所示。

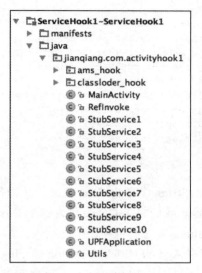

图 10-2　在宿主中预先占位

接下来就是让每一个插件 Service 匹配一个宿主中的 StubService 了。有两种匹配方式：
1）服务器下发一个 JSON 字符串，给出二者的一一对应关系，代码如下所示：

```
{
    "plugins": [
        {
            "PluginService": "jianqiang.com.testservice1.MyService1",
            "StubService": "jianqiang.com.activityhook1.StubService1"
        },
        {
            "PluginService": "jianqiang.com.testservice1.MyService2",
            "StubService": "jianqiang.com.activityhook1.StubService2"
        }
    ]
}
```

> 💡提示　本节示例代码参见 https://github.com/BaoBaoJianqiang/ServiceHook1。

每次宿主 App 启动的时候，就从服务器取一次这个 JSON 字符串。
2）在每个插件 App 的 assets 目录中，创建一个 plugin_config 配置文件，把这个 JSON
字符串放进去，若插件 App 中没定义 Service，则这个配置为空或者不存在。
第 2 种做法更自然，随着插件 App 下载到本地，再去解析其中的数据，而且不需要和服务器交互。

解析插件中的 plugin_config 配置文件的核心代码，如下所示：

```
String strJSON = Utils.readZipFileString(dexFile.getAbsolutePath(), "assets/plugin_
    config.json");
if(strJSON != null && !TextUtils.isEmpty(strJSON)) {
JSONObject jObject = new JSONObject(strJSON.replaceAll("\r|\n", ""));
JSONArray jsonArray = jObject.getJSONArray("plugins");
for(int i = 0; i< jsonArray.length(); i++) {
    JSONObject jsonObject = (JSONObject)jsonArray.get(i);
    UPFApplication.pluginServices.put(
        jsonObject.optString("PluginService"),
        jsonObject.optString("StubService"));
    }
}
```

其中，Utils 的 readZipFileString 参考自 Zeus 框架，从插件 apk 中读取 assets 目录下的 plugin_config 配置文件的内容。我们将 JSON 转化为一个 HashMap，以插件的类名称作为 key，以宿主的替身类作为 value。

这个 HashMap 存放在宿主 App 的 UPFApplication 的 pluginServices 中，是一个全局变量。接下来当加载插件 Service 时，这个 pluginServices 将起到关键的作用。

10.3 startService 的解决方案

Service 的插件化机制和 Activity 很像，因为它们是亲戚。

我们先从简单的 startService 和 stopService 的插件化做起。首先，把插件和宿主的 dex 做合并，我们在 9.3 节中介绍过 BaseDexClassLoaderHookHelper 类，合并后才可以随心所欲地加载哪个类，而不用担心 ClassNotFound 异常。其次，采用"欺骗 AMS"方法。这个实现位于 AMSHookHelper 类中，如下所示：

```
public class AMSHookHelper {

    public static final String EXTRA_TARGET_INTENT = "extra_target_intent";

    public static void hookAMN() throws ClassNotFoundException,
            NoSuchMethodException, InvocationTargetException,
            IllegalAccessException, NoSuchFieldException {

        //获取AMN的gDefault单例gDefault, gDefault是final静态的
        Object gDefault = RefInvoke.getStaticFieldObject("android.app.
            ActivityManagerNative", "gDefault");

        // gDefault是一个 android.util.Singleton<T>对象；我们取出这个单例里面的
            mInstance字段
        Object mInstance = RefInvoke.getFieldObject("android.util.Singleton",
```

```
                                gDefault, "mInstance");

        // 创建一个这个对象的代理对象MockClass1，然后替换这个字段，让我们的代理对象帮忙干活
        Class<?> classB2Interface = Class.forName("android.app.IActivityManager");
        Object proxy = Proxy.newProxyInstance(
                Thread.currentThread().getContextClassLoader(),
                new Class<?>[] { classB2Interface },
                new MockClass1(mInstance));

        //把gDefault的mInstance字段，修改为proxy
        Class class1 = gDefault.getClass();
        RefInvoke.setFieldObject("android.util.Singleton", gDefault, "mInstance",
            proxy);
    }

    public static void hookActivityThread() throws Exception {

        // 先获取到当前的ActivityThread对象
        Object currentActivityThread = RefInvoke.getStaticFieldObject("android.
            app.ActivityThread", "sCurrentActivityThread");

        // 由于ActivityThread一个进程只有一个,我们获取这个对象的mH
        Handler mH = (Handler) RefInvoke.getFieldObject(currentActivityThread, "mH");

        //把Handler的mCallback字段，替换为new MockClass2(mH)
        RefInvoke.setFieldObject(Handler.class, mH, "mCallback", new MockClass2
            (mH));
    }
}
```

 本节示例代码参见 https://github.com/BaoBaoJianqiang/ServiceHook1。

我们来分析一下上述代码中的 MockClass1 和 MockClass2 这两个类：

1）Hook AMN，让 AMS 启动 StubService。代码的实现在类 MockClass1 上，这次要拦截的是 startService 和 stopService 这两个方法，不过，这次不再需要把 Intent 缓存了，因为有了 UPFApplication 中的 pluginServices，我们可以根据插件 Service 找到 StubService，也可以根据 StubService 反向找到插件 Service：

```
class MockClass1 implements InvocationHandler {

    private static final String TAG = "MockClass1";

    // 替身 StubService 的包名
    private static final String stubPackage = "jianqiang.com.activityhook1";

    Object mBase;
```

```java
public MockClass1(Object base) {
    mBase = base;
}


@Override
public Object invoke(Object proxy, Method method, Object[] args) throws Throwable {

    Log.e("bao", method.getName());

    if ("startService".equals(method.getName())) {
        // 只拦截这个方法
        // 替换参数，任你所为；甚至替换原始 StubService 启动别的 Service 偷梁换柱

        // 找到参数里面的第一个 Intent 对象
        int index = 0;
        for (int i = 0; i < args.length; i++) {
            if (args[i] instanceof Intent) {
                index = i;
                break;
            }
        }

        // 从 UPFApplication.pluginServices 获取 StubService
        Intent rawIntent = (Intent) args[index];
        String rawServiceName = rawIntent.getComponent().getClassName();

        HashMap<String, String> a = UPFApplication.pluginServices;

        String stubServiceName = UPFApplication.pluginServices.get(rawServiceName);

        // 替换 Plugin Service of StubService
        ComponentName componentName = new ComponentName(stubPackage,
            stubServiceName);
        Intent newIntent = new Intent();
        newIntent.setComponent(componentName);

        // 替换 Intent, 期骗 AMS
        args[index] = newIntent;

        Log.d(TAG, "hook success");
        return method.invoke(mBase, args);
    } else if ("stopService".equals(method.getName())) {
        // 只拦截这个方法
        // 替换参数，任你所为；甚至替换原始StubService启动别的Service，偷梁换柱

        // 找到参数里面的第一个Intent 对象
        int index = 0;
        for (int i = 0; i < args.length; i++) {
            if (args[i] instanceof Intent) {
                index = i;
                break;
```

```
            }
        }

        // 从 UPFApplication.pluginServices 获取 StubService
        Intent rawIntent = (Intent) args[index];
        String rawServiceName = rawIntent.getComponent().getClassName();
        String stubServiceName = UPFApplication.pluginServices.get(rawServiceName);

        // 替换 Plugin Service of StubService
        ComponentName componentName = new ComponentName(stubPackage,
            stubServiceName);
        Intent newIntent = new Intent();
        newIntent.setComponent(componentName);

        // 替换 Intent, 欺骗 AMS
        args[index] = newIntent;

        Log.d(TAG, "hook success");
        return method.invoke(mBase, args);
    }

    return method.invoke(mBase, args);
}
}
```

2）AMS 被"欺骗"后，它原本会通知 App 启动 StubService，而我们要 Hook 掉 ActivityThread 的 mH 对象的 mCallback 对象，仍然截获它的 handleMessage 方法，只不过这次截获的是 114 这个 CREATE_SERVICE 分支，这个分支执行 ActivityThread 中的 handleCreateService 方法。

在 handleCreateService 方法中，并不能获取 App 发送给 AMS 的 Intent。AMS 要启动哪个 Service，该信息存在 handleCreateService 方法的 dat 参数中，是 CreateServiceData 类型的。Android 系统的实现如下所示：

```
private void handleCreateService(CreateServiceData data) {
    LoadedApk packageInfo = getPackageInfoNoCheck(data.info.applicationInfo, data.
        compatInfo);
    Service service = null;

    java.lang.ClassLoader cl = packageInfo.getClassLoader();
    service = (Service) cl.loadClass(data.info.name).newInstance();

// 省略无关代码
service.onCreate();
}
```

注意代码中的 data.info.name，只需将这个值 Hook 为插件 Service 的值即可。

搞清思路后，我们在 MockClass2 中实现上述逻辑：

```java
class MockClass2 implements Handler.Callback {

    Handler mBase;

    public MockClass2(Handler base) {
        mBase = base;
    }

    @Override
    public boolean handleMessage(Message msg) {

        Log.d("baobao4321", String.valueOf(msg.what));
        switch (msg.what) {

            // ActivityThread里面 "CREATE_SERVICE" 这个字段的值是114
            // 本来使用反射的方式获取最好，这里为了简便直接使用硬编码
            case 114:
                handleCreateService(msg);
                break;
        }

        mBase.handleMessage(msg);
        return true;
    }

    private void handleCreateService(Message msg) {
        // 这里简单起见，直接取出插件Servie

        Object obj = msg.obj;
        ServiceInfo serviceInfo = (ServiceInfo)RefInvoke.getFieldObject(obj, "info");

        String realServiceName = null;

        for (String key : UPFApplication.pluginServices.keySet()) {
            String value = UPFApplication.pluginServices.get(key);
            if(value.equals(serviceInfo.name)) {
                realServiceName = key;
                break;
            }
        }

        serviceInfo.name = realServiceName;
    }
}
```

至此，一个支持 startService 的插件化框架就完成了，我们看一下怎么在宿主中调用插件中的 MyService1：

```java
Intent intent = new Intent();
intent.setComponent(
```

```
    new ComponentName("jianqiang.com.testservice1", "jianqiang.com.testservice1.
        MyService1"));
startService(intent);
```

10.4　bindService 的解决方案

提示　本节示例代码参见 https://github.com/BaoBaoJianqiang/ServiceHook2。

接下来解决 Service 的另一套语法：bindService 和 unbindService。

有了前面例子的基础，Service 的 bind 与 unbind 非常简单，只要在 MockClass1 中增加一个分支，在 bindService 的时候"欺骗 AMS"就够了。代码如下：

```
else if ("bindService".equals(method.getName())) {

        // 找到参数里面的第一个Intent 对象
        int index = 0;
        for (int i = 0; i < args.length; i++) {
            if (args[i] instanceof Intent) {
                index = i;
                break;
            }
        }

        Intent rawIntent = (Intent) args[index];
        String rawServiceName = rawIntent.getComponent().getClassName();
        String stubServiceName = UPFApplication.pluginServices.get(rawServiceName);

        // 替换 Plugin Service of StubService
        ComponentName componentName = new ComponentName(stubPackage,
            stubServiceName);
        Intent newIntent = new Intent();
        newIntent.setComponent(componentName);

        // 替换 Intent, 欺骗 AMS
        args[index] = newIntent;

        Log.d(TAG, "hook success");
        return method.invoke(mBase, args);
    }
```

接下来，我们在宿主 App 中调用插件中的 MyService2：

```
findViewById(R.id.btnBind).setOnClickListener(new View.OnClickListener() {
    @Override
    public void onClick(View v) {
        final Intent intent = new Intent();
        intent.setComponent(
```

```
            new ComponentName("jianqiang.com.testservice1",
                "jianqiang.com.testservice1.MyService2"));
        bindService(intent, conn, Service.BIND_AUTO_CREATE);
    }
});

findViewById(R.id.btnUnbind).setOnClickListener(new View.OnClickListener() {
    @Override
    public void onClick(View v) {
        unbindService(conn);
    }
});
```

写到这里，读者也许会有很多疑问：

1）上半场，为什么不在 unbind 的时候"欺骗 AMS"？

2）下半场，为什么不用在 MockClass2 中写代码，把 StubService2 切换回 MyService2？

这两个问题也曾经困扰我很久。

第一个问题，因为 unbind 的语法是这样的，需要一个 ServiceConnection 类型的参数 conn，这个 conn 是前面 bindService 时用到的：

```
unbindService(conn);
```

AMS 会根据 conn 来找到对应的 Service，所以我们在上半场不需要把 MyService2 替换为 StubService2。

第二个问题也很有趣，这要从 Android 系统源码说起。这个 bindService 语法规定，在 AMS 通知 App 这下半场的流程如图 10-3 所示。

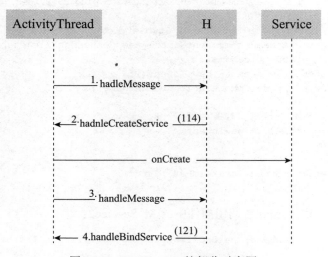

图 10-3　bindService 的部分时序图

也就是说，bindService 先走 114 的分支（handleCreateService 方法），再走 121 的分支

（handleBindService 方法）。handleCreateService 方法会把要启动的 MyService2 放到 mServices 这个集合中。

那么在 handleBindService（121 分支）和 handleUnbindService（122 分支）中，都会从 mService 集合中找到 MyService2，对其进行相应的绑定和解除绑定语法。

在 10.2.2 节，为了解决 createService 的逻辑，已经拦截了 114 分支，在 handleCreateService 方法中，把 ServiceName 从 StubService2 切换回 MyService2 了。所以，我们不需要拦截 121 分支和 122 分支，不需要在 MockClass2 中再额外增加其他代码。

10.5　本章小结

本章给出了 Service 插件化的第一种解决方案——预先占位。这种做法要预先在宿主的 AndroidManifest 文件中声明 10 个 StubService，当插件中的 Service 数量不可预知的时候，就束手无策了，比如手机助手、手机卫士这类 App。

第 14 章将会介绍任玉刚的 that 插件化框架，这是一种"牵线木偶"思想。只有在此基础之上，Hook 掉 AMN，才能彻底解决 Service 的插件化问题。

BroadcastReceiver 的插件化解决方案

BroadcastReceiver 中文翻译为"广播",以下简称为 Receiver。Receiver 是 Android 四大组件中最简单的一个。它就是一个类,实现了观察者模式的类。

我们在第 2 章详细介绍了 Receiver 的原理。本章更关注于它的插件化解决方案。Receiver 分为动态广播和静态广播两种,相应的解决方案也有两种。

11.1　Receiver 概述

Receiver 分为静态广播和动态广播两种。我们简单讨论一下它们的区别:

1)静态广播需要在 AndroidManifest 中注册。因为安装和 Android 系统重启时,PMS 都会解析 App 中的 AndroidManifest 文件,所以静态广播的注册信息存在于 PMS 中。

2)动态广播是通过写代码的方式进行注册,Context 的 registerReceiver 方法,最终调用 AMN.getDefault().registerReceiver 方法,所以动态广播的注册信息存在于 AMS 中。

静态广播和动态广播的区别仅在于上述注册方式的不同。之后,就都一样了,包括发送广播和接收广播。

1)发送广播,也就是 Context 的 sendBroadcast 方法,最终会调用 AMN.getDefault().broadcastIntent,把要发送的广播告诉 AMS。

2)AMS 在收到上述信息后,搜索 AMS 和 PMS 中保存的广播,看哪些广播符合条件,然后通知 App 进程启动这些广播,也就是调用这些广播的 onReceive 方法。

Receiver 的生命周期非常简单,仅一个 onReceive 方法,相当于一个 Callback 回调函数。

无论是发送广播,还是接收广播,都携带一个筛选条件:intent-filter。发送广播时,要设置 intent-filter,这样 AMS 才知道要通知哪些广播符合 intent-filter。我们看下面的代码。

静态广播的注册：

```
<receiver
    android:name=".MyReceiver"
    android:enabled="true"
    android:exported="true">
    <intent-filter>
        <action android:name="baobao2" />
    </intent-filter>
</receiver>
```

动态广播的注册：

```
MyReceiver myReceiver = new MyReceiver();
IntentFilter intentFilter = new IntentFilter();
intentFilter.addAction("baobao2");
registerReceiver(myReceiver, intentFilter);
```

发送广播：

```
Intent intent = new Intent();
intent.setAction("baobao2");
intent.putExtra("msg", "Jianqiang");
sendBroadcast(intent);
```

11.2　动态广播的插件化解决方案

动态广播不需要和 AMS 打交道，所以，它就是一个类。

我们只需要确保宿主 App 能加载插件中的这个动态广播类。在 9.3 节介绍过 dex 合并的技术，把这个 BaseDexClassLoaderHookHelper 类直接应用到项目中，插件中的动态广播就可以被宿主 App 正常调用了。

 本节示例代码参见 https://github.com/BaoBaoJianqiang/Receiver1.0。

11.3　静态广播的插件化解决方案

静态广播必须在 AndroidManifest 中声明，这就类似于 Activity。

前面的章节介绍过 Activity 的插件化解决方案，即使没有在 AndroidManifest 中注册，也可以启动，即做很多 StubActivity 插桩占位。

静态广播无法使用这种方式，因为无论是注册广播还是发送广播，都必须指定广播的 IntentFilter。IntentFilter 中 action 之类的参数是可以随意设置的，所以我们对于 Receiver 根本插不了桩。

那就只有另辟蹊径。我们尝试在插件的 AndroidManifest 中将声明的静态广播当作动态广播来处理：

1）PMS 只能读取宿主 App 的 AndroidManifest 文件，读取其中的静态广播并注册。我们可以通过反射，手动控制 PMS 读取插件的 AndroidManifest 中声明的静态广播列表。

2）遍历这个静态广播列表。使用插件的 classLoader 加载列表中的每个广播类，实例化成一个对象，然后作为动态广播注册到 AMS 中。

 提示　本节示例代码参见 https://github.com/BaoBaoJianqiang/Receiver1.1。

PMS 是通过 PackageParser 来解析 apk 的。PackageParser 方法的定义如下：

```
public Package parsePackage(File packageFile, int flags)
```

其中：

❏ 第 1 个参数是 apk，可以指定为插件。

❏ 第 2 个参数是过滤器，设置为 PackageManager.GET_RECEIVERS 时就返回 apk 中所有的静态 receiver。

❏ 返回值是一个 Package 对象，根据刚才输入的参数值，Package 对象中存放着插件 apk 中声明的静态 receiver 集合。

于是，我们可以通过这个 parsePackage 方法，获取到代表插件的 Package 对象。然后再次通过反射，获取到 Package 对象的 receivers 集合对象，这个静态 receiver 集合，它是 ArrayList<Receiver> 类型的。代码如下所示：

```
// 首先调用parsePackage获取到apk对象对应的Package对象
Object packageParser = RefInvoke.createObject("android.content.pm.PackageParser");
Class[] p1 = {File.class, int.class};
Object[] v1 = {apkFile, PackageManager.GET_RECEIVERS};
Object packageObj = RefInvoke.invokeInstanceMethod(packageParser, "parsePackage",
    p1, v1);

// 读取Package对象里面的receivers字段,注意这是一个 List<Activity> (没错,底层把<receiver>
    当作<activity>处理)
// 接下来要做的就是根据这个List<Activity> 获取到Receiver对应的 ActivityInfo (依然是把
    receiver信息用activity处理了)
List receivers = (List) RefInvoke.getFieldObject(packageObj, "receivers");
for (Object receiver : receivers) {
    registerDynamicReceiver(context, receiver);
}
```

在上面代码的 for 循环中执行 registerDynamicReceiver 方法，它的作用是，通过 PMS 读取插件 App 中的 AndroidManifest 定义的每个静态广播，将其转化为动态广播，注册到 AMS 中。实现如下：

```
// 解析出 receiver以及对应的 intentFilter
// 手动注册Receiver
```

```
public static void registerDynamicReceiver(Context context, Object receiver) {
    //取出receiver的intents字段
    List<? extends IntentFilter> filters = (List<? extends IntentFilter>)
        RefInvoke.getFieldObject(
            "android.content.pm.PackageParser$Component", receiver, "intents");

    try {
        // 把解析出来的每一个静态Receiver都注册为动态的
        for (IntentFilter intentFilter : filters) {
            ActivityInfo receiverInfo = (ActivityInfo) RefInvoke.getFieldObject
                (receiver, "info");

            BroadcastReceiver broadcastReceiver = (BroadcastReceiver) RefInvoke.
                createObject(receiverInfo.name);
            context.registerReceiver(broadcastReceiver, intentFilter);
        }
    } catch (Exception e) {
        e.printStackTrace();
    }
}
```

11.4　静态广播的插件化终极解决方案

我们继续探索支持静态广播的插件化解决方案。上节介绍的方案，把插件中的静态广播转化为动态广播，这使得丧失了静态广播的特性——不需要启动 App 就可以启动一个静态广播。

我们对 App 的认识还是很浅薄，不要认为 App 的启动一定是打开首页，首页 Activity 只是四大组件的一种，因为 Activity 是与用户打交道，所以给人的感觉，首页启动了，App 才算是启动，才能做其他事情。

其实启动 Activity 首页，只是启动 App 的一种方式。外界可以在首页 Activity 没启动的情况下，和 App 中其他三大组件进行通信。比如说静态广播。所以我们仍要探寻如何不启动 App 也能和插件中的静态广播进行通信。

我们在第 9 章、第 10 章讲 Activity 和 Service 插件化方案的时候，介绍过占位的思想。简单回忆一下：

❑ Activity 只需一个占位 StubActivity 就能面对大部分插件 Activity 了。对于 LaunchMode 的其他三种形式，则需要更多的占位 StubActivity 去面对。

❑ Service 也需要占位 StubService，但是一个 StubService 只能对应一个插件中的 Service。这是由 Service 的本质决定的。我们会在 14.4 节介绍一个 StubService 对应多个插件 Service 的终极解决方案。

对于静态广播，也可以借助于占位 StubReceiver。

每个静态广播都要携带一个或多个 Action，StubReceiver 也不例外。如果 StubReceiver

和插件中的静态广播是一对多的关系,那么从外界发送一个广播到 App,就会触发插件中的所有静态广播。

由此得到结论,StubReceiver 和插件中的广播只能是一对一的关系。

静态广播中,可以为一个广播设置多个 Action。这样,我们就不需要预先创建几百个 StubReceiver 用来面对插件中的静态广播了,只需要一个 StubReceiver,为它配置几百个 Action 就好了,如下所示:

```xml
<receiver
    android:name=".StubReceiver"
    android:enabled="true"
    android:exported="true">
        <intent-filter>
            <action android:name="jianqiang1" />
        </intent-filter>
        <intent-filter>
            <action android:name="jianqiang2" />
        </intent-filter>
        <intent-filter>
            <action android:name="jianqiang3" />
        </intent-filter>
        <intent-filter>
            <action android:name="jianqiang4" />
        </intent-filter>
</receiver>
```

为了节省篇幅,我只配置了 4 个 action,其中有 jianqiang1 和 jianqiang2。

提示 本节示例代码参见 https://github.com/BaoBaoJianqiang/Receiver1.2。

然后,插件中的静态广播们,就要和 StubReceiver 中的这些 Action,建立一对一的对应关系了。这些对应关系,可以写在一个 JSON 字符串中,从服务器下载这个 JSON 字符串然后解析就得到了;另一种做法,是把它写到插件 apk 中。

AndroidManifest 中支持为每个组件配置 metadata,我们可以利用这个特性,为插件中每个静态广播配置对应的 StubReceiver 中的 acition,如下所示。插件中的 MyReceiver 对应 StubReceiver 中的 jianqiang1 这个 action,而 MyReceiver2,对应 StubReceiver 中的 jianqiang2 这个 action:

```xml
<?xml version="1.0" encoding="utf-8"?>
<manifest xmlns:android="http://schemas.android.com/apk/res/android"
    package="jianqiang.com.receivertest">

    <application
        android:allowBackup="true"
        android:icon="@mipmap/ic_launcher"
        android:label="@string/app_name"
```

```
                    android:supportsRtl="true"
                    android:theme="@style/AppTheme">

                    <receiver
                        android:name=".MyReceiver"
                        android:enabled="true"
                        android:exported="true">
                        <intent-filter>
                            <action android:name="baobao" />
                        </intent-filter>
                        <meta-data android:name="oldAction" android:value="jianqiang1"></
                            meta-data>
                    </receiver>
                    <receiver
                        android:name=".MyReceiver2"
                        android:enabled="true"
                        android:exported="true">
                        <intent-filter>
                            <action android:name="baobao2" />
                        </intent-filter>
                        <meta-data android:name="oldAction" android:value="jianqiang2"></meta-
                            data>
                    </receiver>
            </application>
    </manifest>
```

解析插件中的 AndroidManifest 文件，可以借助于 11.3 节介绍的 ReceiverHelper 类的 preLoadReceiver 方法，在遍历插件中的每个静态 Receiver 时，取出 Receiver 的 metadata 字段是 Bundle 类型的，从这个 Bundle 对象中根据 oldAction 取出对应值，比如 MyReceiver 对应 jianqiang1，而 MyReceiver2 对应 jianqiang2。

另一方面，在把 MyReceiver 和 MyReceiver2 这两个插件中的静态广播手动注册为动态广播的同时，取出 MyReceiver 的 action 是 baobao，而 MyReceiver2 的 action 是 baobao2。

至此，就可以建立一对一的对应关系了，baobao 对应 jianqiang1，而 baobao2 对应 jianqiang2，把这些对应关系存放在 ReceiverManager 的 pluginReceiverMappings 这个哈希表中。

上述逻辑的代码如下所示：

```java
public final class ReceiverHelper {
    private static final String TAG = "ReceiverHelper";

    /**
     * 解析插件Apk文件中的 <receiver>，并存储起来
     *
     * @param apkFile
     * @throws Exception
     */
    public static void preLoadReceiver(Context context, File apkFile) {
```

```
// 首先调用parsePackage获取到apk对象对应的Package对象
Object packageParser = RefInvoke.createObject("android.content.pm.
    PackageParser");
Class[] p1 = {File.class, int.class};
Object[] v1 = {apkFile, PackageManager.GET_RECEIVERS};
Object packageObj = RefInvoke.invokeInstanceMethod(packageParser,
    "parsePackage", p1, v1);

String packageName = (String)RefInvoke.getFieldObject(packageObj,
    "packageName");

// 读取Package对象里面的receivers字段,注意这是一个 List<Activity> (没错,底层把
    <receiver>当作<activity>处理)
// 接下来要做的就是根据这个List<Activity> 获取到Receiver对应的 ActivityInfo (依
    然是把receiver信息用activity处理了)
List receivers = (List) RefInvoke.getFieldObject(packageObj, "receivers");

try {
    for (Object receiver : receivers) {
        Bundle metadata = (Bundle)RefInvoke.getFieldObject(
                "android.content.pm.PackageParser$Component", receiver,
                "metaData");
        String oldAction = metadata.getString("oldAction");

        // 解析出 receiver以及对应的 intentFilter
        List<? extends IntentFilter> filters = (List<? extends
            IntentFilter>) RefInvoke.getFieldObject(
                "android.content.pm.PackageParser$Component", receiver,
                "intents");

        // 把解析出来的每一个静态Receiver都注册为动态的
        for (IntentFilter intentFilter : filters) {
            ActivityInfo receiverInfo = (ActivityInfo) RefInvoke.
                getFieldObject(receiver, "info");
            BroadcastReceiver broadcastReceiver = (BroadcastReceiver)
                RefInvoke.createObject(receiverInfo.name);
            context.registerReceiver(broadcastReceiver, intentFilter);

            String newAction = intentFilter.getAction(0);
            ReceiverManager.pluginReceiverMappings.put(oldAction,
                newAction);
        }
    }
} catch (Exception e) {
    e.printStackTrace();
}
```

宿主中定义了StubReceiver这个占位的静态广播，它的作用是分发，把发送给

jianqiang1 这个 action 的静态广播，在 ReceiverManager 的 pluginReceiverMappings 这个哈
希表中，找到 jianqiang1 对应的是 baobao，然后发送广播给 baobao 这个 action：

```
public class StubReceiver extends BroadcastReceiver {
    public StubReceiver() {
    }

    @Override
    public void onReceive(Context context, Intent intent) {
        String newAction = intent.getAction();
        if(ReceiverManager.pluginReceiverMappings.containsKey(newAction)) {
            String oldAction = ReceiverManager.pluginReceiverMappings.get(newAction);
            context.sendBroadcast(new Intent(oldAction));
        }
    }
}
```

至此，这种静态广播的插件化解决方案就介绍完了。我们可以在 App 没启动的时候，
就启动插件中的静态广播。

美中不足的是，需要预先在宿主 App 的 AndroidManifest 中为 StubReceiver 配置几百个
Action，这是无法避免的。

11.5　本章小结

本章详细介绍了动态广播和静态广播的插件化解决方案。在熟悉了广播的基本概念后，
这些解决方案就很好理解了。

在 14.5 节，我们还会介绍一种基于静态代理思想的 Receiver 的插件化解决方案。它
会把插件中的 Receiver，彻底当作一个类，然后在宿主 ProxyReceiver 的 onReceiver 方法
中，强制调用插件 Receiver 的 onReceive 方法，插件 Receiver 彻底沦落成了玩偶，被宿主
ProxyReceiver 玩弄于股掌之间。

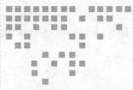

第 12 章

ContentProvider 的插件化解决方案

本章介绍 ContentProvider 的插件化解决方案。这是一个比较陌生的组件，以至于很多人开发了很多年 Android App 却从来没用过这个组件。

12.1 ContentProvider 基本概念

ContentProvider，就是 provide content，也就是提供数据，尤其是大量的数据。

ContentProvider 是 App 中使用频率最低的组件，相信阅读本书的读者，大都还没在项目中用到过这个组件，或者说，使用过别人提供的 ContentProvider，比如通信录、短信。

ContentProvider 在那些做手机系统的厂商使用很广泛，这也是我在这些公司做培训后了解到的，各模块之间通信，无论数据量大小，直接写一个 ContentProvider 扔给对方就好了。

ContentProvider 就是一个 SQLite 数据库，分为数据提供方 A 和数据使用方 B。二者是通过匿名共享内存来传输数据的。B 找 A 要数据，告诉 A，"你把数据写在这个内存地址上"；B 准备好数据，写到 A 要求的内存地址上，A 就可以直接使用这些数据了。这就是匿名共享内存，数据不需要从一个地址复制到另一个地址，当数据量很大的时候，速度是非常快的。

并不是所有的数据传递都需要 ContentProvider。比如，从 ActivityA 跳转到 ActivityB，要传递一些数据，无非就是一些字符串或整数之类的数据。我们知道 Activity 之间的跳转是通过和 AMS 通信来完成的，数据传递自然就是基于 Binder 来实现的，Binder 跨进程通信速度也很快。

当要传输的数据量大小不超过 1M 的时候，使用 Binder；数据量超过 1M 时，Binder 就搞不定了，此时需要 ContentProvider 出场了。所以你会看到，通信录的数据量很大，一定是通过 ContentProvider 来传递数据。

12.2　一个简单的 ContentProvider 例子

先来看一个例子，有助于我们理解 ContentProvider。有两个 App，A1 和 B1：

❑ B1 中定义了一个 ContentProvider，提供数据，A1 调用 B1 中定义的 ContentProvider，获取数据。

❑ A1 和 B1 事先要定一个契约。这是定义在 B1 中的：

```
<provider
    android:name=".MyContentProvider"
    android:authorities="baobao"
    android:enabled="true"
    android:exported="true"/>
```

那么对于外界（比如 A1）的 URI 就是：

```
content://baobao/
```

我们看一下定义在 B1 中的这个 MyContentProvider：

```
public class MyContentProvider extends ContentProvider {
    public MyContentProvider() {
    }

    @Override
    public boolean onCreate()
    {
        System.out.println("===onCreate===");
        return true;
    }

    @Override
    public int delete(Uri uri, String where, String[] whereArgs)
    {
        System.out.println(uri + "===delete===");
        System.out.println("where:" + where);
        return 1;
    }

    @Override
    public Cursor query(Uri uri, String[] projection, String where,
                        String[] whereArgs, String sortOrder)
    {
        //省略很多代码
```

```
    }

    @Override
    public Uri insert(Uri uri, ContentValues values)
    {
        //省略很多代码
    }

    @Override
    public int update(Uri uri, ContentValues values, String where,
                        String[] whereArgs)
    {
        //省略很多代码
    }
}
```

所有的 ContentProvider 都必须实现 CRUD（增删改查）四个方法以供外界使用，因为它是一个数据库嘛。在 B1 的 ContentProvider 中，我实现了 delete 方法，直接返回 1。

接下来看 A1 怎么使用 B1 提供的 ContentProvider。代码如下：

```
public class MainActivity extends Activity {

    ContentResolver contentResolver;
    Uri uri;

    @Override
    protected void onCreate(Bundle savedInstanceState) {
        super.onCreate(savedInstanceState);
        setContentView(R.layout.activity_main);

        uri = Uri.parse("content://baobao/");
        contentResolver = getContentResolver();
    }

    public void delete(View source) {
        int count = contentResolver.delete(uri, "delete_where", null);
        Toast.makeText(this, "delete uri:" + count, Toast.LENGTH_LONG).show();
    }
}
```

在 B1 中，先得到能够操作 ContentProvider 的句柄 contentResolver，通过它的 CRUD 四个方法，来操作远程的 ContentProvider，比如 delete 方法。我们需要在 CRUD 方法中指定远程 ContentProvider 的 URI，也就是事先定义的 content://baobao/。

接下来测试这个 ContentProvider。把 A1 和 B1 都安装到手机上，B1 不需要启动。点击 A1 的 delete 按钮，能显示从 B1 的 MyContentProvider 中返回的值 1。

 本节示例代码参见 https://github.com/BaoBaoJianqiang/ContentProvider1。

12.3　ContentProvider 插件化

前文介绍了 BroadcastReceiver 的插件化解决方案，即把插件中的静态广播都转换为动态广播，然后手动注册到宿主 App 的广播中。

其实，ContentProvider 的插件化也可以这么实现，这时不叫"注册"，叫"安装"。这个安装当前 apk 中所有 ContentProvider 的方法位于 ActivityThread 的 installContentProviders 方法中：

```
private void installContentProviders(
        Context context, List<ProviderInfo> providers) {
    final ArrayList<IActivityManager.ContentProviderHolder> results =
        new ArrayList<IActivityManager.ContentProviderHolder>();

    for (ProviderInfo cpi : providers) {
    IActivityManager.ContentProviderHolder cph = installProvider(context, null, cpi,
            false /*noisy*/, true /*noReleaseNeeded*/, true /*stable*/);
    if (cph != null) {
        cph.noReleaseNeeded = true;
        results.add(cph);
    }
    }

    try {
        ActivityManagerNative.getDefault().publishContentProviders(
            getApplicationThread(), results);
    } catch (RemoteException ex) {
    }
}
```

我们只要手动执行这个方法，把插件中的 ContentProvider 集合作为第二个参数填进去即可。

综合上面的讨论，我们得到了 ContentProvider 的插件化解决方案：

1）延用 Activity 插件化的第二种方案，把宿主 App 和插件 App 的 dex 合并到一起。参见 BaseDexClassLoaderHookHelper 类。

2）读取插件中的 ContentProvider 信息，借助 PackageParser 的 parsePackage 方法，然后提供 generateProviderInfo 方法，把得到的 Package 对象转换为我们需要的 ProviderInfo 类型对象。代码如下：

```
public static List<ProviderInfo> parseProviders(File apkFile) throws Exception {

    //获取PackageParser对象实例
    Class<?> packageParserClass = Class.forName("android.content.pm.
        PackageParser");
    Object packageParser = packageParserClass.newInstance();

    // 首先调用parsePackage获取到apk对象对应的Package对象
```

```java
Class[] p1 = {File.class, int.class};
Object[] v1 = {apkFile, PackageManager.GET_PROVIDERS};
Object packageObj = RefInvoke.invokeInstanceMethod(packageParser,
    "parsePackage",p1, v1);

// 读取Package对象里面的services字段
// 接下来要做的就是根据这个List<Provider> 获取到Provider对应的ProviderInfo
List providers = (List) RefInvoke.getFieldObject(packageObj, "providers");

// 调用generateProviderInfo 方法, 把PackageParser.Provider转换成ProviderInfo

//准备generateProviderInfo方法所需要的参数
Class<?> packageParser$ProviderClass = Class.forName("android.content.pm.
    PackageParser$Provider");
Class<?> packageUserStateClass = Class.forName("android.content.pm.
    PackageUserState");
Object defaultUserState = packageUserStateClass.newInstance();
int userId = (Integer) RefInvoke.invokeStaticMethod("android.os.UserHandle",
    "getCallingUserId");
Class[] p2 = {packageParser$ProviderClass, int.class, packageUserStateClass,
    int.class};

List<ProviderInfo> ret = new ArrayList<>();
// 解析出intent对应的Provider组件
for (Object provider : providers) {
    Object[] v2 = {provider, 0, defaultUserState, userId};
    ProviderInfo info = (ProviderInfo) RefInvoke.invokeInstanceMethod(packag
        eParser, "generateProviderInfo",p2, v2);
    ret.add(info);
}

return ret;
}
```

3）我们准备把插件中的 ContentProvider 放入宿主中，这样宿主就能认识它们了。在此之前，要把这些插件 ContentProvider 的 packageName 设置为当前 apk 的 packageName，代码如下所示：

```java
for (ProviderInfo providerInfo : providerInfos) {
providerInfo.applicationInfo.packageName = context.getPackageName();
}
```

4）通过反射执行 ActivityThread 的 installContentProviders 方法，把 ContentProvider 作为插件的参数，相当于把这些插件 ContentProvider "安装" 到了宿主 App 中：

```java
Object currentActivityThread = RefInvoke.invokeStaticMethod("android.app.
    ActivityThread", "currentActivityThread");

Class[] p1 = {Context.class, List.class};
Object[] v1 = {context, providerInfos};
```

```
RefInvoke.invokeInstanceMethod(currentActivityThread, "installContentProviders", p1, v1);
```

 提
示　本节示例代码参见 https://github.com/BaoBaoJianqiang/ContentProvider2。

12.4　执行这段 Hook 代码的时机

ContentProvider 这个组件，与其他三大组件不太一样，因为定义它，往往是给外界 App 使用的。相当于生了个女儿，嫁给别人家作媳妇。

App 中的 ContentProvider，是亲生女儿；插件中的 ContentProvider，相当于养女。养女要先过继到自己家，然后才能嫁出去。否则，亲家来娶亲，却发现养女还没过继，这就要闹矛盾了。

在插件化中对应的场景是，插件中的 ContentProvider 还都没安装到宿主 App 中，第三方 App 就来调用这个 ContentProvider，那就要等待很久了。所以安装插件 ContentProvider 的过程越早越好。如果能和 App 安装自身 ContentProvider 的时间差不多，就很好了。

App 安装自身的 ContentProvider，也就是 ActivityThread 执行 installContentProviders 方法，会在 App 进程启动时立刻执行，比 Application 的 onCreate 函数还要早，但是略晚于 Application 的 attachBaseContent 方法。所以我们可以在 attachBaseContent 方法中，手动执行 ActivityThread 的 installContentProviders 方法。代码如下：

```java
public class UPFApplication extends Application {

    @Override
    protected void attachBaseContext(Context base) {
        super.attachBaseContext(base);

        try {
            File apkFile = getFileStreamPath("plugin2.apk");
            if (!apkFile.exists()) {
                Utils.extractAssets(base, "plugin2.apk");
            }

            File odexFile = getFileStreamPath("plugin2.odex");

            // Hook ClassLoader, 让插件中的类能够被成功加载
            BaseDexClassLoaderHookHelper.patchClassLoader(getClassLoader(),
                apkFile, odexFile);

            //安装插件中的Providers
            ProviderHelper.installProviders(base, getFileStreamPath("plugin2.apk"));
        } catch (Exception e) {
            throw new RuntimeException("hook failed", e);
        }
    }
}
```

12.5 ContentProvider 的转发机制

让外界 App 直接去调用当前 App 的插件里定义的 ContentProvider，并不是一个理想的解决方案。

不如在当前 App 中定义一个 StubContentProvider 作为中转，让外界 App 调用当前 App 的 StubContentProvider，然后在 StubContentProvider 中，再调用插件里的 ContentProvider，如图 12-1 所示。

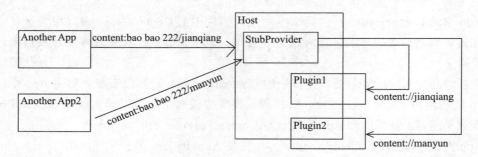

图 12-1 ContentProvider 插件化的分发思想

为此，编写一个 URI 转换的方法 getRealUri，代码如下：

```java
private Uri getRealUri(Uri raw) {
    String rawAuth = raw.getAuthority();
    if (!AUTHORITY.equals(rawAuth)) {
        Log.w(TAG, "rawAuth:" + rawAuth);
    }

    String uriString = raw.toString();
    uriString = uriString.replaceAll(rawAuth + '/', "");
    Uri newUri = Uri.parse(uriString);
    Log.i(TAG, "realUri:" + newUri);
    return newUri;
}
```

这个方法，会把 content://host_auth/plugin_auth/path/query 这样的 URI 协议，转换为 content://plugin_auth/path/query。例如，原来是 content://baobao222/jianqiang，转换后变成 content://jianqiang。

ContentProvider 以其独有的 URI 机制，可以设计一种转发机制，应用于插件化编程中。因为 URI 是 ContentProvider 的唯一标志，而且是一个简单的字符串，所以非常适用于这种转发机制。

 提示 本节示例代码参见 https://github.com/BaoBaoJianqiang/ContentProvider2。

12.6　本章小结

ContentProvider 就是一个数据库引擎，向外界提供了 CRUD 的 API。

我们只要读取插件中的 ContentProvider，把它们放在宿主的 ContentProvider 列表中，就可以使用了。

ContentProvider 插件化的精髓在于分发，外界在使用 App 提供的 ContentProviderA 时，只知道发送给一个在宿主 AndroidManifest 中声明过的 ContentProviderA。而我们要做的是，在 ContentProviderA 中接收到请求，再二次分发给插件中相应的 ContentProvider。

基于静态代理的插件化解决方案：that 框架

本章介绍我最喜爱的任玉刚设计的插件化框架[0]，他将其命名为 DL，因为 DL 框架中硬生生地造了一个 that 关键字，所以我称其为 that 框架。

本书将在接下来两章详细介绍 that 框架的设计思想，从零开始设计一套 that 框架，包括 Activity、Service 和 BroadcastReceiver 这三大组件的插件化实现。

本章详细介绍 Activity 的插件化实现，包括 LaunchMode 的实现方式。

13.1 静态代理的思想

我们知道，在主 App 中使用反射加载插件中的类 A，A 是没有生命周期的，就是一个普普通通的类而已。

比如插件里的 Activity，就算我们"欺骗了"AMS 检查 AndroidManifest 的过程，这个 Activity 也启动不了，类似 onResume、onPaused 这些生命周期函数都不能被正常调用，因为主 App 根本就不把它当作 Activity 来对待。

为此，我们在主 App 中设计一个代理类 ProxyActivity，这是一个 Activity，是主 App 所认识的。让 ProxyActivity 内部有一个对插件 ActivityA 的引用，让 ProxyActivity 的任何生命周期函数都调用 ActivityA 中同名函数。图 13-1，展现了 that 框架中的代理思想。

这很像小时候我们看的木偶戏，老艺人牵着绳子动，绳子另一端的木偶也会跟着动。ProxyActivity 就是老艺人，插件中的 ActivityA 就是木偶，ActivityA 和木偶都是没有生命的。

⊖ DL 项目开源地址：https://github.com/singwhatiwanna/dynamic-load-apk

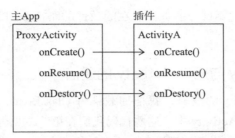

图 13-1　that 框架中的代理思想

13.2　一个最简单的静态代理的例子

这个例子涉及的关键几个类之间的关系如图 13-2 所示。

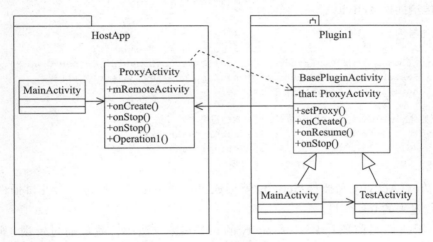

图 13-2　宿主和插件中类的关系

提示　本节示例代码参见 https://github.com/BaoBaoJianqiang/That1.0。

13.2.1　从宿主 Activity 跳转到插件 Activity

在 HostApp 中，ProxyActivity 是所有插件 Activity 的代理。想打开插件中的任何一个页面，都是打开 ProxyActivity，只是传递给 ProxyActivity 的参数不一样。

比如从 HostApp 的 MainActivity 跳转到插件中的 MainActivity，要这么写：

```
Intent intent = new Intent("jianqiang.com.hostapp.VIEW");
intent.putExtra(ProxyActivity.EXTRA_DEX_PATH, mPluginItems.get(position).pluginPath);
intent.putExtra(ProxyActivity.EXTRA_CLASS, mPluginItems.get(position).packageInfo.
    packageName + ".MainActivity");
startActivity(intent);
```

Intent 携带两个参数：要打开的页面所在的插件的路径 dexPath；要打开的 Activity 全名（包名＋类名）。

13.2.2　ProxyActivity 与插件 Activity 的通信

为了简化 ProxyActivity 的逻辑，我把加载插件 ClassLoader 和加载插件资源的逻辑，抽象到它的基类 BaseHostActivity 中。这些代码我们在第 7 章见得多了，此处不再赘述。我们集中精力看 ProxyActivity 里面的逻辑。

在 ProxyActivity 的 onCreate 方法中，我们把要打开的插件 Activity 反射出来，也就是mRemoteActivity。

接下来我就可以通过 mRemoteActivity 做事了。

1）调用 mRemoteActivity 的 setProxy 方法，把 this（也就是 ProxyActivity 自己）和插件的路径传给插件 Activity：

```
//反射出插件的Activity对象
Class<?> localClass = dexClassLoader.loadClass(className);
Constructor<?> localConstructor = localClass.getConstructor(new Class[] {});
Object instance = localConstructor.newInstance(new Object[] {});
mRemoteActivity = (Activity) instance;

//执行插件Activity的setProxy方法，建立双向引用
RefInvoke.invokeInstanceMethod(instance, "setProxy",
    new Class[] { Activity.class, String.class },
    new Object[] { this, mDexPath });
```

这样 ProxyActivity 和插件 Activity 就形成了双向引用，我们过一会儿讲插件 Activity 怎么使用传过来的 this 变量。

2）由于我们当前还在 ProxyActivity 的 onCreate 方法中，我们通过反射，调用插件 mRemoteActivity 的 onCreate 方法，这就是牵线木偶的思路了，ProxyActivity（宿主）是老师傅，mRemoteActivity（插件）是木偶。比如 onResume 方法，代码如下：

```
@Override
protected void onResume() {
    super.onResume();

    try {
        Method method = localClass.getDeclaredMethod(methodName, new Class[] { });
        method.setAccessible(true);
        method.invoke(mRemoteActivity, new Object[] { });
    } catch (Exception e) {
    e.printStackTrace();
    }
}
```

但这样写就有性能问题了，onResume 方法会被多次调用，那么反射也会被重复执

行很多次。为了优化性能，我们把 invoke 方法之前的代码，也就是生成了 onResume 的
method 对象，放到一个字典中，这样，每次再调用 onResume 方法，就从字典中取出相应
的 method 对象，然后执行 method 的 invoke 方法，这就快多了。

　　不仅有 onResume，Activity 的生命周期函数有很多，比如：onCreate、onActivityResult、
onRestart、onStart、onPause、onStop、onDestory，我们把这些方法都如法炮制，于是便有
了 instantiateLifecircleMethods，一次性把这件工作都干了。代码如下：

```
protected void instantiateLifecircleMethods(Class<?> localClass) {
    String[] methodNames = new String[] {
            "onRestart",
            "onStart",
            "onResume",
            "onPause",
            "onStop",
            "onDestory"
    };
    for (String methodName : methodNames) {
        Method method = null;
        try {
            method = localClass.getDeclaredMethod(methodName, new Class[] { });
            method.setAccessible(true);
        } catch (NoSuchMethodException e) {
            e.printStackTrace();
        }
        mActivityLifecircleMethods.put(methodName, method);
    }

    Method onCreate = null;
    try {
        onCreate = localClass.getDeclaredMethod("onCreate", new Class[] { Bundle.
            class });
        onCreate.setAccessible(true);
    } catch (NoSuchMethodException e) {
        e.printStackTrace();
    }
    mActivityLifecircleMethods.put("onCreate", onCreate);

    Method onActivityResult = null;
    try {
        onActivityResult = localClass.getDeclaredMethod("onActivityResult",
                new Class[] { int.class, int.class, Intent.class });
        onActivityResult.setAccessible(true);
    } catch (NoSuchMethodException e) {
        e.printStackTrace();
    }
    mActivityLifecircleMethods.put("onActivityResult", onActivityResult);
}
```

接下来, onResume 函数可以这么写:

```
@Override
protected void onResume() {
    super.onResume();
    Method onResume = mActivityLifecircleMethods.get("onResume");
    if (onResume != null) {
        try {
            onResume.invoke(mRemoteActivity, new Object[] { });
        } catch (Exception e) {
            e.printStackTrace();
        }
    }
}
```

上述所有生命周期函数都这样实现。

13.2.3 插件 Activity 的逻辑

我们把插件中共同的代码封装到 BasePluginActivity 中。

前面介绍过, 宿主中的 ProxyActivity 会把自己 (this) 传递给插件 Activity 的 that 变量, 这个 that 变量就定义在 BasePluginActivity 中。那么, 这个 that 变量是干什么用的呢?

插件中定义的 Activity 都只是一个木偶, 是没有生命。所以想在插件的 MainActivity 中编写如下代码, 运行时会报错:

```
@Override
protected void onCreate(Bundle savedInstanceState) {
    this.setContentView(R.layout.activity_main);
    this.findViewById(R.id.button1);
}
```

this 指向的是当前对象, 即 apk 中的 activity, 但是由于插件中的 Activity 已经不是常规意义上的 Activity, 所以 this 是没有意义的。

这时候, 我们可以使用 that, 运行时就不会有问题了:

```
that.setContentView(R.layout.activity_main);
that.findViewById(R.id.button1);
```

that 变量指的是 ProxyActivity, 相当于插件中用的 findViewById 方法, 是其父类 ProxyActivity 的 findViewById 方法。

13.3 插件内部的页面跳转

在插件 Plugin1 中, 从 MainActivity 跳转到 SecondActivity, 仍然是两个 ProxyActivity 在宿主中的跳转。

改动都在插件中完成。

 提示　本节示例代码参见 https://github.com/BaoBaoJianqiang/That1.1。

1）在 MainActivity 中增加跳转到 SecondActivity 的逻辑，代码如下：

```java
public class MainActivity extends BasePluginActivity {

    private static final String TAG = "Client-MainActivity";

    @Override
    protected void onCreate(Bundle savedInstanceState) {
        that.setContentView(R.layout.activity_main);

        //startActivity, 插件内跳转
        Button button1 = (Button) that.findViewById(R.id.button1);
        button1.setOnClickListener(new OnClickListener() {
            @Override
            public void onClick(View v) {
                Intent intent = new Intent(AppConstants.PROXY_VIEW_ACTION);
                intent.putExtra(AppConstants.EXTRA_DEX_PATH, dexPath);
                intent.putExtra(AppConstants.EXTRA_CLASS, "jianqiang.com.plugin1.
                    SecondActivity");
                that.startActivity(intent);
            }
        });
    }
}
```

2）新增 SecondActivity，代码如下：

```java
public class SecondActivity extends BasePluginActivity {

    private static final String TAG = "Client-SecondActivity";

    @Override
    protected void onCreate(Bundle savedInstanceState) {
        that.setContentView(R.layout.second);
    }
}
```

在插件中写 Activity 是不是很不习惯？ super.onCreate() 在哪里？ that 关键字满天飞？ 这些都是 that 框架被人诟病的地方，我们会在下一节尽最大努力解决这些问题。

13.4　从 "肉体" 上消灭 that 关键字

在 that 框架中，插件中 Actiivty 的 "生命周期函数"，都不需要调用 super 的同名函数，

因为它不再有生命周期了，比如上面介绍的 onCreate，你要是写如下代码，运行时肯定会报错：

```
@Override
protected void onCreate(Bundle savedInstanceState) {
    super.onCreate(savedInstanceState);

    that.setContentView(R.layout.activity_main);
    that.findViewById(R.id.button1);
}
```

所以，super 不能使用了。

此外，that 关键字在插件中大行其道，只要是 Activity 为我们提供的方法，我们都要使用 that 进行引用，比如 setContentView 和 findViewById 这些最常用的方法。其实完整的写法是这样的：

```
this.that.setContentView(R.layout.activity_main);
this.that.findViewById(R.id.button1);
```

所以你不写 that，而直接使用 setContentView 和 findViewById，它就会报错，因为它会调用插件中 Activity 的生命周期函数，而这些函数此时都是没有"生命"的。

但是这么写代码非常不方便，这也是这个框架被戏称为 that 框架的原因。

我们尝试通过面向对象的思想来解决上述这些别扭的语法问题。

 提示　本节示例代码参见 https://github.com/BaoBaoJianqiang/That1.2。

这又回到插件 Activity 的基类 BasePluginActivity，我们在其中定义 setContentView，findViewById 和 startActivity 的空方法实现：

```
public class BasePluginActivity extends Activity {
    @Override
    protected void onCreate(Bundle savedInstanceState) {
    }

    @Override
    public void setContentView(int layoutResID) {
        that.setContentView(layoutResID);
    }

    @Override
    public View findViewById(int id) {
        return that.findViewById(id);
    }

    @Override
    public void startActivity(Intent intent) {
        that.startActivity(intent);
```

```
    }
}
```

那么在插件的 MainActivity 中，我又可以像写一个普通 App 那样去编程了，that 不见了，而 super 又回来了：

```java
public class MainActivity extends BasePluginActivity {

    private static final String TAG = "Client-MainActivity";

    @Override
    protected void onCreate(Bundle savedInstanceState) {
        super.onCreate(savedInstanceState);

        setContentView(R.layout.activity_main);

        //startActivity, 插件内跳转
        Button button1 = (Button) findViewById(R.id.button1);
        button1.setOnClickListener(new OnClickListener() {
            @Override
            public void onClick(View v) {
                Intent intent = new Intent(AppConstants.PROXY_VIEW_ACTION);
                intent.putExtra(AppConstants.EXTRA_DEX_PATH, dexPath);
                intent.putExtra(AppConstants.EXTRA_CLASS, "jianqiang.com.plugin1.
                    SecondActivity");
                startActivity(intent);
            }
        });
    }
}
```

这里的 setContentView，findViewById 和 startActivity，都会调用 BasePluginActivity 中的同名方法，而 super.onCreate 也会调用 BasePluginActivity 的 onCreate 方法。

就当我一度以为 that 关键字被我从"肉体"上消灭了的时候，我遇到了 setResult 方法。setResult 方法在 Activity 中被定义为 final，也就是不能被重写（Override），所以我们还是要老老实实地写 that.setResult。

Activity 中有大量的 final 方法，我们只能最大限度地消灭 that 关键字，而不能根治这个问题。正所谓"虞姬虞姬奈若何"。

13.5　插件向外跳转

我们希望完善插件的跳转机制，从插件内部跳转到宿主或者其他插件的 Activity 中。

 提示　本节示例代码参见 https://github.com/BaoBaoJianqiang/That1.3。

1. 准备

工欲善其事，必先利其器。我们先做一些准备工作。

首先添加第 2 个插件项目 Plugin2。考虑到从 Plugin1 跳转到 Plugin2 时，并不知道插件 2 的 dexPath 是什么，所以，我建立了一个 MyPlugins 类，这是一个容器，放所有插件的 dexPath：

```
public class MyPlugins {
    public final static HashMap<String, String> plugins = new HashMap<String, String>();
}
```

然后，在宿主 MainActivity 解析插件 Plugin1 和 Plugin2 的时候，把 dexPath 都放进 MyPlugins：

```
File file1 = getFileStreamPath("plugin1.apk");
File file2 = getFileStreamPath("plugin2.apk");
File[] plugins = {file1, file2};

for (File plugin : plugins) {

    PluginItem item = new PluginItem();
    item.pluginPath = plugin.getAbsolutePath();
    item.packageInfo = DLUtils.getPackageInfo(this, item.pluginPath);
    mPluginItems.add(item);

    MyPlugins.plugins.put(plugin.getName(), item.pluginPath);
}
```

2. 从插件跳转到另一个插件

这个例子演示的是从 Plugin2 的 MainActivity 跳转到 Plugin1 的 SecondActivity，本质上仍然是宿主中两个 ProxyActivity 之间的跳转：

```
public class MainActivity extends BasePluginActivity {

    @Override
    protected void onCreate(Bundle savedInstanceState) {
        super.onCreate(savedInstanceState);
        setContentView(R.layout.activity_main);

        //startActivity, 插件外跳转
        Button button1 = (Button) findViewById(R.id.button1);
        button1.setOnClickListener(new View.OnClickListener() {
            @Override
            public void onClick(View v) {
                String plugin1DexPath = MyPlugins.plugins.get("plugin1.apk");

                Intent intent = new Intent(AppConstants.PROXY_VIEW_ACTION);
                intent.putExtra(AppConstants.EXTRA_DEX_PATH, plugin1DexPath);
                intent.putExtra(AppConstants.EXTRA_CLASS, "jianqiang.com.plugin1.
```

```
                SecondActivity");
            startActivity(intent);
        }
    });
    }
}
```

3. 从插件跳转到宿主的某个页面

这个例子演示的是从插件 Plugin1 的 MainActivity 跳转到宿主的 MainActivity：

```
Button button3 = (Button) findViewById(R.id.button3);
    button3.setOnClickListener(new OnClickListener() {
        @Override
        public void onClick(View v) {
            Intent intent = new Intent();
            intent.putExtra("userName", "baojianqiang");
            ComponentName componentName = new ComponentName("jianqiang.com.
                hostapp", "jianqiang.com.hostapp.MainActivity");
            intent.setComponent(componentName);
            startActivity(intent);
        }
    });
```

13.6　面向接口编程在静态代理中的应用

这次我们把目光集中在宿主的 ProxyActivity 上，这里大量使用了反射，语法艰涩，没有面向对象的设计思想。

提示 本节示例代码参见 https://github.com/BaoBaoJianqiang/That1.4。

下面这段代码就很难理解：

```
public class ProxyActivity extends BaseHostActivity {

    private static final String TAG = "ProxyActivity";

    private String mClass;

    private Activity mRemoteActivity;
    private HashMap<String, Method> mActivityLifecircleMethods = new HashMap
        <String, Method>();

    @Override
    protected void onCreate(Bundle savedInstanceState) {
        super.onCreate(savedInstanceState);
        mDexPath = getIntent().getStringExtra(AppConstants.EXTRA_DEX_PATH);
        mClass = getIntent().getStringExtra(AppConstants.EXTRA_CLASS);
```

```
        loadClassLoader();
        loadResources();

        launchTargetActivity(mClass);
    }

    void launchTargetActivity(final String className) {
        try {
            //反射出插件的Activity对象
            Class<?> localClass = dexClassLoader.loadClass(className);
            Constructor<?> localConstructor = localClass.getConstructor(new Class[] {});
            Object instance = localConstructor.newInstance(new Object[] {});
            mRemoteActivity = (Activity) instance;

            //执行插件Activity的setProxy方法，建立双向引用
            Method setProxy = localClass.getMethod("setProxy", new Class[] { Activity.
                class, String.class });
            setProxy.setAccessible(true);
            setProxy.invoke(instance, new Object[] { this, mDexPath });

            //一次性反射Activity的生命周期函数
            instantiateLifecircleMethods(localClass);

            //执行插件Activity的onCreate方法
            Method onCreate = mActivityLifecircleMethods.get("onCreate");
            Bundle bundle = new Bundle();
            onCreate.invoke(instance, new Object[] { bundle });
        } catch (Exception e) {
            e.printStackTrace();
        }
    }

    protected void instantiateLifecircleMethods(Class<?> localClass) {
        String[] methodNames = new String[] {
                "onRestart",
                "onStart",
                "onResume",
                "onPause",
                "onStop",
                "onDestory"
        };
        for (String methodName : methodNames) {
            Method method = null;
            try {
                method = localClass.getDeclaredMethod(methodName, new Class[] { });
                method.setAccessible(true);
            } catch (NoSuchMethodException e) {
                e.printStackTrace();
            }
            mActivityLifecircleMethods.put(methodName, method);
```

```
    }

    Method onCreate = null;
    try {
        onCreate = localClass.getDeclaredMethod("onCreate", new Class[] {
            Bundle.class });
        onCreate.setAccessible(true);
    } catch (NoSuchMethodException e) {
        e.printStackTrace();
    }
    mActivityLifecircleMethods.put("onCreate", onCreate);

    Method onActivityResult = null;
    try {
        onActivityResult = localClass.getDeclaredMethod("onActivityResult",
                new Class[] { int.class, int.class, Intent.class });
        onActivityResult.setAccessible(true);
    } catch (NoSuchMethodException e) {
        e.printStackTrace();
    }
    mActivityLifecircleMethods.put("onActivityResult", onActivityResult);
}

@Override
protected void onStart() {
    super.onStart();
    Method onStart = mActivityLifecircleMethods.get("onStart");
    if (onStart != null) {
        try {
            onStart.invoke(mRemoteActivity, new Object[] {});
        } catch (Exception e) {
            e.printStackTrace();
        }
    }
}

//以下省略100行代码，都是类似于onStart的方法，比如说onResume、onStop等
}
```

　　我们在前面章节中曾介绍过的面向接口编程的机制，尤其是在插件化编程中的应用。为此，我们设计一个接口 IRemoteActivity：

```
public interface IRemoteActivity {
    public void onStart();
    public void onRestart();
    public void onActivityResult(int requestCode, int resultCode, Intent data);
    public void onResume();
    public void onPause();
    public void onStop();
    public void onDestroy();
```

```
    public void onCreate(Bundle savedInstanceState);
    public void setProxy(Activity proxyActivity, String dexPath);
}
```

然后让插件的基类 BasePluginActivity 实现这个 IRemoteActivity 接口：

```
public class BasePluginActivity extends Activity implements IRemoteActivity {
```

原先在插件中把 onCreate 和 onResume 都标记为 protected，为此需要把这些 protected 出现的地方都改为 public，有很多地方，这里不一一说了，参考编译报错的地方逐一修改。

BasePluginActivity 现在是一个 IRemoteActivity 接口了。那么我们在宿主 ProxyActivity 中就可以面向接口编程了，而不再是各种反射语法。ProxyActivity 新的实现如下：

```
public class ProxyActivity extends BaseHostActivity {

    private static final String TAG = "ProxyActivity";

    private String mClass;

    private IRemoteActivity mRemoteActivity;
    private HashMap<String, Method> mActivityLifecircleMethods = new HashMap
        <String, Method>();

    @Override
    protected void onCreate(Bundle savedInstanceState) {
        super.onCreate(savedInstanceState);
        mDexPath = getIntent().getStringExtra(AppConstants.EXTRA_DEX_PATH);
        mClass = getIntent().getStringExtra(AppConstants.EXTRA_CLASS);

        loadClassLoader();
        loadResources();

        launchTargetActivity(mClass);
    }

    void launchTargetActivity(final String className) {
        try {
            //反射出插件的Activity对象
            Class<?> localClass = dexClassLoader.loadClass(className);
            Constructor<?> localConstructor = localClass.getConstructor(new Class[] {});
            Object instance = localConstructor.newInstance(new Object[] {});

            mRemoteActivity = (IRemoteActivity) instance;
            mRemoteActivity.setProxy(this, mDexPath);

            //执行插件Activity的onCreate方法
            Bundle bundle = new Bundle();
            mRemoteActivity.onCreate(bundle);
        } catch (Exception e) {
            e.printStackTrace();
```

```
        }
    }

    @Override
    protected void onActivityResult(int requestCode, int resultCode, Intent data) {
        Log.d(TAG, "onActivityResult resultCode=" + resultCode);
        mRemoteActivity.onActivityResult(requestCode, resultCode, data);
        super.onActivityResult(requestCode, resultCode, data);
    }

    @Override
    protected void onStart() {
        super.onStart();
        mRemoteActivity.onStart();
    }

    @Override
    protected void onRestart() {
        super.onRestart();
        mRemoteActivity.onRestart();
    }
    @Override
    protected void onResume() {
        super.onResume();
        mRemoteActivity.onResume();
    }

    @Override
    protected void onPause() {
        super.onPause();
        mRemoteActivity.onPause();
    }

    @Override
    protected void onStop() {
        super.onStop();
        mRemoteActivity.onStop();
    }

    @Override
    protected void onDestroy() {
        super.onDestroy();
        mRemoteActivity.onDestroy();
    }
}
```

是不是清爽多了？这就是面向接口编程的魅力所在。

接下来，我们应该往其中添加更多的 Activity 方法，比如：

❑ public void onSaveInstanceState(Bundle outState);

❑ public void onNewIntent(Intent intent);

❑ public void onRestoreInstanceState(Bundle savedInstanceState);

❑ public boolean onTouchEvent(MotionEvent event);

❑ public boolean onKeyUp(int keyCode, KeyEvent event);

❑ public void onWindowAttributesChanged(LayoutParams params);

❑ public void onWindowFocusChanged(boolean hasFocus);

这就留给各位读者作为作业来完成了。

13.7 对 LaunchMode 的支持

任玉刚的 that 框架有一个遗憾的地方——不支持 Activity 的 LaunchMode 机制。这一个问题，后来被张涛同学解决了。本节的内容基于张涛的 CJFramworkForAndroid，为了融入 that 框架，部分代码有改动。

 提示 本节示例代码参见 https://github.com/BaoBaoJianqiang/That1.5。

1.LaunchMode 概述

1）声明方式。

在 AndroidManifest.xml 中声明如下：

```
<activity android:launchMode="singleTask"></activity>
```

2）四种模式。

Android 内部有一个 Activity 栈，每次打开一个 Activity，都会把这个 Activity 放到栈顶。

❑ standard，默认模式。每次打开一个 Activity，都是一个新的 Activity 实例。即使是从 Activity1 跳转到 Activity1，在栈上仍然是两个实例。对于推送来的消息，点击消息，进入新闻详情页。如果有 10 个推送消息，那么就会创建 10 个新闻详情页的实例，然后点击 10 次后退，才能回到原来的页面。所以 standard 这种模式不适合这种场景。

❑ singleTop。如果当前是 Activity1 页面（位于栈顶），要跳转到 Activity1，那么就会直接使用栈顶的 Activity1 实例，而不会新建一个实例。你一定发现了，singleTop 是为推送量身打造的模式。

❑ singleTask。如果要打开 Activity1，而 Activity 实例在 Activity 栈中存在，但可能不在栈顶而是在中间的某个位置。这时，就会直接使用栈中的这个 Activity1 实例，而不会新建一个实例。与此同时，在这个 Activity 栈中，在 Activity1 实例上面的那些实例都会被销毁，于是 Activity1 成为了栈顶。singleTask 一般用于首页。首页只会创建一次。这样做的缺点是，跳转到首页之后，之前的那些跳转历史就都不在了，我们称之为"洗心革面，从头开始"。

❑ singleInstance。在一个新栈中创建该 Activity 的实例，并让多个应用共享该栈中的该 Activity 实例。一旦该模式的 Activity 实例已经存在于某个栈中，任何应用再激活该 Activity 时都会重用该栈中的实例。这个效果相当于多个应用共享一个应用，不管谁激活该 Activity 都会进入同一个应用中。以上是官方的解释，我们举个例子。如果我们的 App 要使用拍照功能，调用系统的相机 App，这是两个 App，运行在不同的进制中。当我使用完相机功能后，按返回键又回到我们自己的 App 中。相机拍照功能就是 singleInstance。因为其他 App 也会使用它。此外，在我们的 App 中使用第三方地图、微信分享、微信支付等，都是如此。

接下来我们介绍一个 SingleInstance 的例子。为了介绍方便，我们找 3 个耳熟能详的 App：微信、京东、美团外卖。我们尝试模拟微信支付，比如说美团外卖和京东 App，下单后选择微信支付，都会转入微信的支付页面，微信支付成功后会回到美团外卖和京东 App。

 本节例子代码参见 https://github.com/BaoBaoJianqiang/TestSingleInstance。

这个微信支付的 PayActivity，它的 LaunchMode 就是 SingleInstance，如下所示：

```
<activity android:name=".PayActivity"
    android:exported="true"
    android:enabled="true"
    android:launchMode="singleInstance" />
```

以下是 PayActivity 的代码实现：

```
public class PayActivity extends AppCompatActivity {

    @Override
    protected void onCreate(Bundle savedInstanceState) {
        super.onCreate(savedInstanceState);

        int price = getIntent().getIntExtra("price", -1);

        setContentView(R.layout.activity_pay);

        TextView tvPrice = (TextView)findViewById(R.id.tvPrice);
        tvPrice.setText(String.valueOf(price));
    }

    public void goto1(View view) {
        Intent intent = new Intent();
        intent.putExtra("result", "这个例子完美做好了");
        setResult(2, intent);
```

```
        finish();
    }
}
```

在 onCreate 方法接收第三方 App 传过来的要支付的金额，在 goto1 方法把支付结果返回给第三方 App，并关闭自身的页面。这里用的是 setResult 方法，这就要求第三方 App 要使用 startActivityForResult 方法来启动微信的支付页面。

接下来，我们看其他 App 怎么把支付金额传递给微信 App 的。比如，在 MainActivity 有一个支付按钮，点击后跳转到微信的支付页面，并把金额传递给微信；然后仍然是在 MainActivity，重写它的 onActivityResult 方法，接收从微信传回来的支付成功的信息，并跳转到 PaySuccessActivity，代码如下所示：

```java
public class MainActivity extends AppCompatActivity {

    @Override
    protected void onCreate(Bundle savedInstanceState) {
        super.onCreate(savedInstanceState);
        setContentView(R.layout.activity_main);
    }

    public void pay(View view) {
        ComponentName componentName = new ComponentName(
                "com.jianqiang.weixin",
                "com.jianqiang.weixin.PayActivity");
        Intent intent = new Intent();
        intent.putExtra("price", 23);
        intent.setComponent(componentName);
        startActivityForResult(intent, 100);
    }

    @Override
    protected void onActivityResult(int requestCode, int resultCode, Intent data) {
        super.onActivityResult(requestCode, resultCode, data);
        if (requestCode == 100 && resultCode == 2) {
            Intent intent = new Intent(this, PaySuccessActivity.class);
            intent.putExtra("result", data.getStringExtra("result"));
            startActivity(intent);
        }
    }
}
```

 提示 以上案例只是第三方支付的一种实现方式。只是出于介绍的方便，才举了从京东跳转到微信支付的例子。现实中，微信支付 SDK 不一定是这么设计的，也许用了更高级的技术，如有雷同纯属巧合。

2. LaunchMode 的插件化解决方案
掌握了 LaunchMode 的基本知识，我们就可以对它进行插件化了。其实就是模拟出按后退键的功能。

　　首先设计一个单例 CJBackStack，里面有一个 atyStack 集合，用来承载所有的打开的插件 Activity。

　　CJBackStack 的 launch 方法是实现 LaunchMode 的核心。代码如下：

```
public void launch(IRemoteActivity pluginAty) {
    atyStack.add(pluginAty);

    if (atyStack.size() == 1)
            return;

    if(pluginAty.getLaunchMode() == LaunchMode.STANDARD)
            return;

    if(pluginAty.getLaunchMode() == LaunchMode.SINGLETOP) {
        //倒数第2个元素
        int index = atyStack.size() - 2;
        if (atyStack.get(index).getClass().getName().equals(
                pluginAty.getClass().getName())) {
            remove(atyStack.size() - 2);
        }
    }

    for (int i = atyStack.size() - 2; i >= 0; i--) {
        if (atyStack.get(i).getClass().getName().equals(pluginAty.getClass().getName())) {
            switch (pluginAty.getLaunchMode()) {
                case LaunchMode.SINGLETASK: // 栈唯一
                    // 这里由于每次remove(),atyStack.size()会随之减小,故省略for语句第三段
                    for (int j = i; j < atyStack.size() - 1;) {
                        remove(j);
                    }
                    break;
                case LaunchMode.SINGLEINSTANCE:// 应用唯一
                    remove(i);
                    break;
            }
        }
    }
}
```

让我们尝试去解读 launch 方法。

每次打开一个插件 Activity，都会把这个 Activity 放到 atyStack 集合中。

　　1）如果这时 atyStack 集合中只有这一个元素，那就什么都不做，LaunchMode 这时候不起作用。

　　2）如果当前插件的 LaunchMode 是 Standard，那也什么都不做。我们之前的插件化例子都是基于 LaunchMode 默认为 Standard 的。

　　3）如果当前插件的 LaunchMode 是 SingleTop，那就看 atyStack 中倒数第 2 个元素，

它的类型是否是即将要打开的插件 Activity，如果是，那就把倒数第 2 个元素从 atyStack 集合中删除掉，同时要执行倒数第 2 个元素（它也是一个插件 Activity）的 finish 方法，相当于把这个插件 Activity 关掉了。代码如下：

```
private void remove(int index) {
    IRemoteActivity aty = atyStack.get(index);
    atyStack.remove(index);
    if (aty instanceof BasePluginActivity) {
        ((BasePluginActivity) aty).finish();
    }
}

public void finish(IRemoteActivity aty) {
    for (int i = atyStack.size() - 2; i >= 0; i--) {
        if (aty.equals(atyStack.get(i))) {
            remove(i);
        }
    }
}
```

是不是很巧妙？这是一种"喜新厌旧"的思想，每次新来一个插件 Activity，就会把 atyStack 集合旧有的、与之相同的插件 Activity 移除掉，同时"斩草除根"，还要执行旧有插件 Activity 的 finish 方法，从"肉体"上彻底消灭插件 Activity。这样，再按后退键的时候，就会跳转到 atyStack 集合中倒数第 3 个元素了，这就模拟了 SingleTop 的场景。

4）以此类推，当 LaunchMode 是 SingleTask 时，则是要遍历 atyStack 中其他元素，看哪个元素和要打开的插件 Activity 相同，如果有，就把这个元素以及在它之上的其他元素，全都从 atyStack 中移除，同时执行它们的 finish 方法，从肉体上消灭它们。

5）以此类推，当 LaunchMode 是 SingleInstance 时，则要遍历 atyStack 中其他元素，看哪个元素和要打开的插件 Activity 相同，如果有，就只把这元素从"精神到肉体"都消灭了。

在我提供的演示例子中，插件 Plugin2 的 MainActivity 中，点击 SingleTop 按钮打开 ActivityA。在代码中把 ActivityA 的 LaunchMode 设置为 SingleTop。ActivityA 中有个按钮，点击后仍然是打开 ActivityA。接下来按后退键，直接回到插件 Plugin2 的 MainActivity。由此可见，我们模拟 SingleTop 成功了。其他两种模式，请读者自己模拟。

🔵注意　LaunchMode 这种实现方式有一个瑕疵。如果 App 中所有的 Activity 都放在各个插件中，那么 LaunchMode 实现方式是可行的，所有的插件 Activity 都归 ProxyActivity 管理。如果 App 宿主中也有 Activity，且不受 ProxyActivity 管理，那么当从插件 Activity1 跳转到宿主 Activity2，然后又跳转到插件 Activity3，其中宿主中的 Activity2 是不遵循 ProxyActivity 这套 CJBackStack 的 launch 方法的。

13.8　本章小结

本章详细介绍了 that 框架中 Activity 的插件化实现方式。这种思想不需要太多的底层知识，只需要掌握设计模式中的代理模式就够了。

that 框架的出现，打破了当时业内所有插件化框架都是基于 Hook 的模式，形成自己独特的一个插件化流派。

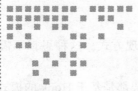

that 框架对 Service 和 BroadcastReceiver 的支持

that 框架对 Service 的支持，是由田啸和 zhangjie 完成的。本章按照 that 框架的思想一步步实现对 Service 和 BroadcastReceiver 的支持，其思想也是基于静态代理的设计思想。

14.1 静态代理的思想在 Service 的应用

第 13 章说到，that 框架对 Activity 的支持，是通过一个 ProxyActivity 来控制插件中的每个 Activity。这是一个一对多的关系。

that 对 Service 的支持也可以按照这种思想来实现，我们尝试编写这样一个例子。基于 That1.5 的代码，最关键的是 3 个类，下面是这 3 个类与 Activity 解决方案中的类的对应关系：

Activity	Service
ProxyActivity	ProxyService
BasePluginActivity	BasePluginService
IRemoteActivity	IRemoteService

提示 本节示例代码参见 https://github.com/BaoBaoJianqiang/That3.1。

下面分别介绍。

1）IRemoteService。这个接口只要声明 Service 的以下 5 个方法就好了，这要比 Activity 中大量的用户交互函数和生命周期函数简单多了。

❏ onCreate

❏ onStartCommand

❏ onDestory

❏ onBind

❏ onUnbind

2）BasePluginService。这个插件中 Service 的基类和 BasePluginActivity 一样，都是充当木偶的作用，无法主动做任何事。代码如下：

```java
public class BasePluginService extends Service implements IRemoteService {

    public static final String TAG = "DLBasePluginService";
    private Service that;
    private String dexPath;

    @Override
    public void setProxy(Service proxyService, String dexPath) {
        that = proxyService;
        this.dexPath = dexPath;
    }

    @Override
    public void onCreate() {
        Log.d(TAG, TAG + " onCreate");
    }

    @Override
    public int onStartCommand(Intent intent, int flags, int startId) {
        Log.d(TAG, TAG + " onStartCommand");
        return 0;
    }

    @Override
    public void onDestroy() {
        Log.d(TAG, TAG + " onDestroy");
    }

    @Override
    public IBinder onBind(Intent intent) {
        Log.d(TAG, TAG + " onBind");
        return null;
    }

    @Override
    public boolean onUnbind(Intent intent) {
        Log.d(TAG, TAG + " onUnbind");
        return false;
    }
}
```

3）ProxyService。 这个类和 ProxyActivity 一样，充当操纵木偶的老师傅角色。代码如下：

```
public class ProxyService extends Service {

    private static final String TAG = "DLProxyService";

    private String mClass;
    private IRemoteService mRemoteService;

    @Override
    public void onCreate() {
        super.onCreate();
    }

    @Override
    public int onStartCommand(Intent intent, int flags, int startId) {
        super.onStartCommand(intent, flags, startId);

        mDexPath = intent.getStringExtra(AppConstants.EXTRA_DEX_PATH);
        mClass = intent.getStringExtra(AppConstants.EXTRA_CLASS);

        loadClassLoader();

        try {
            //反射出插件的Activity对象
            Class<?> localClass = dexClassLoader.loadClass(mClass);
            Constructor<?> localConstructor = localClass.getConstructor(new Class[] {});
            Object instance = localConstructor.newInstance(new Object[] {});

            mRemoteService = (IRemoteService) instance;
            mRemoteService.setProxy(this, mDexPath);

            return mRemoteService.onStartCommand(intent, flags, startId);
        } catch (Exception e) {
            e.printStackTrace();
            return 0;
        }
    }

    @Override
    public void onDestroy() {
        super.onDestroy();
        Log.d(TAG, TAG + " onDestroy");

        mRemoteService.onDestroy();
    }

    @Override
    public IBinder onBind(Intent intent) {
        Log.d(TAG, TAG + " onBind");
        return mRemoteService.onBind(intent);
```

```
    }

    @Override
    public boolean onUnbind(Intent intent) {
        Log.d(TAG, TAG + " onUnbind");
        return mRemoteService.onUnbind(intent);
    }

    protected String mDexPath;
    protected ClassLoader dexClassLoader;

    protected void loadClassLoader() {
        File dexOutputDir = this.getDir("dex", Context.MODE_PRIVATE);
        final String dexOutputPath = dexOutputDir.getAbsolutePath();
        dexClassLoader = new DexClassLoader(mDexPath,
                dexOutputPath, null, getClassLoader());
    }
}
```

4）在插件 Plugin1 中，写一个 TestService1，在插件 Plugin2 中，写一个 TestService2，都是继承自 BasePluginService，以 TestService1 为例：

```
public class TestService1 extends BasePluginService {

    private static final String TAG = "TestService1";

    @Override
    public void onCreate() {
        super.onCreate();
        Log.e(TAG, "onCreate");
    }

    @Override
    public int onStartCommand(Intent intent, int flags, int startId) {
        Log.e(TAG, "onStartCommand");
        return super.onStartCommand(intent, flags, startId);
    }

    @Override
    public void onDestroy() {
        super.onDestroy();
        Log.d(TAG, TAG + " onDestroy");
    }
}
```

5）在宿主 HostApp 这边，有 StartService、StopService、BindService、UnbindService 这些方法，比如启动 Plugin1 中的 TestService：

```
public void startService1InPlugin1(View view) {
    Intent intent = new Intent();
```

```
    intent.setClass(this, ProxyService.class);
    intent.putExtra(AppConstants.EXTRA_DEX_PATH, pluginItem1.pluginPath);
    intent.putExtra(AppConstants.EXTRA_CLASS, pluginItem1.packageInfo.packageName + ".
        TestService1");

    startService(intent);
}

public void stopService1InPlugin1(View view) {
    Intent intent = new Intent();
    intent.setClass(this, ProxyService.class);
    intent.putExtra(AppConstants.EXTRA_DEX_PATH, pluginItem1.pluginPath);
    intent.putExtra(AppConstants.EXTRA_CLASS, pluginItem1.packageInfo.packageName + ".
        TestService1");

    stopService(intent);
}
```

至此，一个最基本的 Service 插件化例子就做好了，但是有以下几个问题：

第一个问题：Service 不同于 Activity。打开同一个 Activity，默认会建立这个 Activity 的多个实例，所以在插件化 that 中，一个 ProxyActivity 可以对应多个插件中的 Activity。而对于 Service，一个 Service 只会有一个实例，所以 ProxyService 不可能对应多个插件中的 Service。

可以看我的测试代码，启动和停止 Plugin2 的 TestService2，它和 Plugin1 的 TestService1 共用同一个 ProxyService：

```
public void startService2InPlugin2(View view) {
    Intent intent = new Intent();
    intent.setClass(this, ProxyService.class);
    intent.putExtra(AppConstants.EXTRA_DEX_PATH, pluginItem2.pluginPath);
    intent.putExtra(AppConstants.EXTRA_CLASS, pluginItem2.packageInfo.packageName + ".
        TestService2");

    startService(intent);
}

public void stopService2InPlugin2(View view) {
    Intent intent = new Intent();
    intent.setClass(this, ProxyService.class);
    intent.putExtra(AppConstants.EXTRA_DEX_PATH, pluginItem2.pluginPath);
    intent.putExtra(AppConstants.EXTRA_CLASS, pluginItem2.packageInfo.packageName + ".
        TestService2");

    stopService(intent);
}
```

当先后点击 start TestService1 和 start TestService2，然后再停止 TestService1，你会发现 TestService2 也被停止了。

第二个问题：当我编写了 bindService 和 unbindService 的测试代码后，我发现插件的基类 BasePluginService 的 bind 方法里面的 mRemoteService 居然为空，所以就崩溃了：

```
public void bindService3InPlugin1(View view) {
    Intent intent = new Intent();
    intent.setClass(this, ProxyService.class);
    intent.putExtra(AppConstants.EXTRA_DEX_PATH, pluginItem1.pluginPath);
    intent.putExtra(AppConstants.EXTRA_CLASS, pluginItem1.packageInfo.packageName + ".
        TestService3");

    bindService(intent, mConnection, Context.BIND_AUTO_CREATE);
}

public void unbindService3InPlugin1(View view) {
    unbindService(mConnection);
}
```

这是因为，在 ProxyService 中，mRemoteService 只有在 onStartCommand 方法中实例化，而没有在其他地方设置值。而 Service 的 bind 方法，不会执行 onStartCommand 方法，这是两条不同的路，所以我们说，Service 有两种方式，start 和 bind，图 14-1 很好地说明了这两种方式。

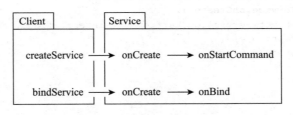

图 14-1　Service 的两种方式

第三个问题：观察 debug 插件 Service 的代码，你会发现插件 Service 的 onCreate 方法从来没有被执行过。这是因为，插件中的 Service 就是一个普通的类，没有生命周期，即使定义了 onCreate 方法，也不会执行。

14.2　对 BindService 的支持

在这一节中，我们解决上一节遗留的第二个问题和第三个问题。其实这是两个 bug，是因为 Service 和 Activity 的不同所引起的。

提示　本节示例代码参见 https://github.com/BaoBaoJianqiang/That3.2。

解决第二个问题：mRemoteService 在 ProxyService 的 onBind 方法执行时为空，那就把

ProxyService 的 onStartCommand 的代码粘贴复制到 onBind 方法中。

解决第三个问题：ProxyService 的 onCreate 方法不执行，在 ProxyService 的 onStartCommand 和 onBind 方法中手动执行一遍即可。

代码如下：

```java
@Override
public int onStartCommand(Intent intent, int flags, int startId) {
    super.onStartCommand(intent, flags, startId);

    mDexPath = intent.getStringExtra(AppConstants.EXTRA_DEX_PATH);
    mClass = intent.getStringExtra(AppConstants.EXTRA_CLASS);

    loadClassLoader();

    try {
        //反射出插件的Service对象
        Class<?> localClass = dexClassLoader.loadClass(mClass);
        Constructor<?> localConstructor = localClass.getConstructor(new Class[] {});
        Object instance = localConstructor.newInstance(new Object[] {});

        mRemoteService = (IRemoteService) instance;
        mRemoteService.setProxy(this, mDexPath);
        mRemoteService.onCreate();
        return mRemoteService.onStartCommand(intent, flags, startId);
    } catch (Exception e) {
        e.printStackTrace();
        return 0;
    }
}

@Override
public IBinder onBind(Intent intent) {
    Log.d(TAG, TAG + " onBind");

    mDexPath = intent.getStringExtra(AppConstants.EXTRA_DEX_PATH);
    mClass = intent.getStringExtra(AppConstants.EXTRA_CLASS);

    loadClassLoader();

    try {
        //反射出插件的Service对象
        Class<?> localClass = dexClassLoader.loadClass(mClass);
        Constructor<?> localConstructor = localClass.getConstructor(new Class[] {});
        Object instance = localConstructor.newInstance(new Object[] {});

        mRemoteService = (IRemoteService) instance;
        mRemoteService.setProxy(this, mDexPath);
        mRemoteService.onCreate();
        return mRemoteService.onBind(intent);
```

```
        } catch (Exception e) {
            e.printStackTrace();
            return null;
        }
    }
```

代码写完之后，会有些性能问题，即每次 bind 的时候，都要重新根据 dexPath 创建一个插件 ClassLoader。其实可以实现一次性把所有插件的 ClassLoader 都创建好，放到一个 HashMap 中，以后想用的时候直接取出来就好了。

14.3　Service 的预先占位思想

对于绝大部分 App 而言，拥有的 Service 不会超过 10 个。这不像 Activity 有 200 个左右，而且还有上涨的趋势。基于此，我们可以事先在宿主 App 中写 10 个 ProxyService 的子类，分别命名为 ProxyService1，ProxyService2，…，ProxyService10。

提示　本节示例代码参见 https://github.com/BaoBaoJianqiang/That3.3。

接下来，我们定义一个严格的映射关系，ProxyService1 对应插件中的 TestService1，ProxyService2 对应插件中的 TestService2，可以维护一个 JSON，如下所示：

```
{
    pluginServices: [
        {
            proxy: jianqiang.com.hostapp.ProxyService1,
            realService: jianqiang.com.plugin1.TestService1
        },
        {
            proxy: jianqiang.com.hostapp.ProxyService2,
            realService: jianqiang.com.plugin2.TestService2
        },
        {
            proxy: jianqiang.com.hostapp.ProxyService3,
            realService: jianqiang.com.plugin1.TestService3
        }
    ]
}
```

这个 JSON 由服务器获取，这样，每当插件中新增一个 Service，同时更新 JSON，告诉 App 这个新增 JSON 对应哪个 ProxyService。

我们称这个技术为"预先占位"。这是基于 App 中的 Service 不会超过 10 个而设计出来的。

以启动插件 Plugin1 的 TestService1 为例进行说明。

1）设计一个 ProxyServiceManager 的例子，根据插件 Service 获取对应的 ProxyService。代码如下：

```java
public class ProxyServiceManager {
    private HashMap<String, String> pluginServices = null;

    private static ProxyServiceManager instance = null;

    private ProxyServiceManager() {
        pluginServices = new HashMap<String, String>();
        pluginServices.put("jianqiang.com.plugin1.TestService1", "jianqiang.com.
            hostapp.ProxyService1");
        pluginServices.put("jianqiang.com.plugin2.TestService2", "jianqiang.com.
            hostapp.ProxyService1");
        pluginServices.put("jianqiang.com.plugin1.TestService3", "jianqiang.com.
            hostapp.ProxyService1");
    }

    public static ProxyServiceManager getInstance() {
        if(instance == null)
            instance = new ProxyServiceManager();

        return instance;
    }

    public String getProxyServiceName(String className) {
        return pluginServices.get(className);
    }
}
```

2）在宿主 HostApp 的 MainActivity，启动插件 Plugin1 的 TestService1：

```java
public void startService1InPlugin1(View view) {
    try {
        Intent intent = new Intent();

        String serviceName = pluginItem1.packageInfo.packageName + ".TestService1";
        String proxyServiceName = ProxyServiceManager.getInstance().getProxyServ
            iceName(serviceName);
        intent.setClass(this, Class.forName(proxyServiceName));

        intent.putExtra(AppConstants.EXTRA_DEX_PATH, pluginItem1.pluginPath);
        intent.putExtra(AppConstants.EXTRA_CLASS, serviceName);

        startService(intent);

    } catch (ClassNotFoundException e) {
        e.printStackTrace();
    }
}
```

这样，便完成了插件 Service 和 ProxyService 的一一对应。

14.4　Service 插件化的终极解决方案：动静结合

能否用一个 StubService 来应对多个插件的 Service？这样就不用在宿主中预先声明很多占位 Service 了。这就要用到前面几章介绍的 Hook 技术。

任玉刚和张勇（Android 界的男乔峰女慕容）用两种完全不同的思路，分别创立了各自的插件化框架。任玉刚的 that 框架完全没有 Hook，以至于很多细节问题解决不了；张勇的 DroidPlugin 框架全都是 Hook，所有问题都能解决，但改动太多。

比如针对 Service 的插件化方案，我们三个人坐在一起聊的时候发现，如果基于任玉刚的 that 框架，再 Hook 掉一部分代码，便是一个完美的解决方案。

提示　本节示例代码参见 https://github.com/BaoBaoJianqiang/ServiceHook3。

14.4.1　解析插件中的 Service

首先，还是要用到 BaseDexClassLoaderHookHelper 这个类，来将宿主和插件的 dex 合并到一起，前面多次介绍过这个类，这里不再赘述，请参见 9.3 节。

其次，插件也是一个 apk 文件，AndroidManifest 中也定义了四大组件的信息，我们可以在宿主 App 启动的时候获取到这个数据，代码如下：

```
public void preLoadServices(File apkFile) throws Exception {
    Object packageParser = RefInvoke.createObject("android.content.pm.PackageParser");

    // 首先调用parsePackage获取到apk对象对应的Package对象
    Object packageObj = RefInvoke.invokeInstanceMethod(packageParser, "parsePackage",
            new Class[] {File.class, int.class},
            new Object[] {apkFile, PackageManager.GET_SERVICES});

    // 读取Package对象里面的services字段
    // 接下来要做的就是根据这个List<Service> 获取到Service对应的ServiceInfo
    List services = (List) RefInvoke.getFieldObject(packageObj, "services");

    // 调用generateServiceInfo 方法，把PackageParser.Service转换成ServiceInfo
    Class<?> packageParser$ServiceClass = Class.forName("android.content.pm.
        PackageParser$Service");
    Class<?> packageUserStateClass = Class.forName("android.content.pm.
        PackageUserState");

    int userId = (Integer) RefInvoke.invokeStaticMethod("android.os.UserHandle",
        "getCallingUserId");
    Object defaultUserState = RefInvoke.createObject("android.content.pm.
        PackageUserState");
```

```
    // 解析出intent对应的Service组件
    for (Object service : services) {
        // 需要调用 android.content.pm.PackageParser#generateActivityInfo(android.
           content.pm.ActivityInfo, int, android.content.pm.PackageUserState, int)
        ServiceInfo info = (ServiceInfo) RefInvoke.invokeInstanceMethod(packageP
           arser, "generateServiceInfo",
                new Class[] {packageParser$ServiceClass, int.class,
                    packageUserStateClass, int.class},
                new Object[] {service, 0, defaultUserState, userId});

        mServiceInfoMap.put(new ComponentName(info.packageName, info.name), info);
    }
}
```

这段代码的总体思路是，根据插件 apk 的路径，PackageParser 类的 parsePackage 方法取出插件中的 Service 集合。但是这个集合中的每个 Service 的类型都是 android.content.pm.PackageParser$Service，是不可见的（hidden），我们在 App 编程中并不能使用。

因此要遍历这个 Service 集合，把其中的每个 Service 都转化为 ServiceInfo 这种可见类型的对象，这是通过 PackageParser 类的 generateServiceInfo 方法来实现的，生成新的插件 Service 集合 mServiceMap。

这段代码中有各种反射，其中最麻烦的是调用 PackageParser 类的 generateServiceInfo 方法，要为此准备各种 Class 类型和参数，而这些都要通过反射来得到，所以代码看上去会很复杂。

我使用了 RefInvoke 这个工具类，对各种反射代码进行了封装，希望代码看上去会稍微简单一些。

14.4.2 通过反射创建一个 Service 对象

在 Android 系统源码中，通过 ActivityThread 的 handleCreateService 方法创建出 Service 对象，如下所示：

```
private void handleCreateService(CreateServiceData data) {
    LoadedApk packageInfo = getPackageInfoNoCheck(
            data.info.applicationInfo, data.compatInfo);
    Service service = null;
    java.lang.ClassLoader cl = packageInfo.getClassLoader();
    service = (Service) cl.loadClass(data.info.name).newInstance();

    service.onCreate();
    mServices.put(data.token, service);
}
```

注意，在 handleCreateService 方法中，Service 是被 ClassLoader 反射创建出来的，同时执行了这个 Service 的 onCreate 方法，并把这个 Service 对象放到了 ActivityThread 内部的 mServices 集合中，App 中所有的 Service 都放在这个集合中。

我们在 10.3.1 节中讨论了如何读取插件中的 Service 集合。每个元素都是一个 ServiceInfo 对象，虽然也代表着一个 Service，但并不是真正的 Service 组件。接下来我们通过反射，把一个 ServiceInfo 对象变成一个 Service 组件。

大致的思路是：先反射创建出一个 CreateServiceData 类型的参数 data；然后就可以反射调用 ActivityThread 的 handleCreateService 方法了。

前面说过，ActivityThread 内部有一个 mServices 集合变量，存放着当前 App 内所有的 Service，在反射调用了 ActivityThread 的 handleCreateService 方法后，这个 mServices 集合中就多了一个 Service。

基于牵线木偶的插件化设计思想，插件中的所有组件都是木偶，没有生命周期，所以插件 Service 不应该存在于 ActivityThread 的 mServices 集合中。于是在代码中，我们要把它从 mServices 集合中移除，并把它保存在自定义的插件 Service 的集合 mServiceMap 中。

叙述完思路，我们看一下代码实现：

```
private void proxyCreateService(ServiceInfo serviceInfo) throws Exception {
    IBinder token = new Binder();

    // 创建CreateServiceData对象, 用来传递给ActivityThread的handleCreateService 当作参数
    Object createServiceData = RefInvoke.createObject("android.app.
        ActivityThread$CreateServiceData");

    // 写入我们创建的createServiceData的token字段, ActivityThread的handleCreateService
        用这个作为key存储Service
    RefInvoke.setFieldObject(createServiceData, "token", token);

    // 写入info对象
    // 这个修改是为了loadClass的时候, LoadedApk会是主程序的ClassLoader, 我们选择Hook
        BaseDexClassLoader的方式加载插件
    serviceInfo.applicationInfo.packageName = UPFApplication.getContext().
        getPackageName();
    RefInvoke.setFieldObject(createServiceData, "info", serviceInfo);

    // 获取默认的compatibility配置
    Object defaultCompatibility = RefInvoke.getStaticFieldObject("android.content.
        res.CompatibilityInfo", "DEFAULT_COMPATIBILITY_INFO");
    // 写入compatInfo字段
    RefInvoke.setFieldObject(createServiceData, "compatInfo", defaultCompatibility);

    // private void handleCreateService(CreateServiceData data) {
    Object currentActivityThread = RefInvoke.getStaticFieldObject("android.app.
        ActivityThread", "sCurrentActivityThread");
    RefInvoke.invokeInstanceMethod(currentActivityThread, "handleCreateService",
            createServiceData.getClass(),
            createServiceData};

    // handleCreateService创建出来的Service对象并没有返回, 而是存储在ActivityThread的
        mServices字段里面, 这里我们手动把它取出来
```

```
Map mServices = (Map) RefInvoke.getFieldObject(currentActivityThread, "mServices");
Service service = (Service) mServices.get(token);

// 获取到之后，移除这个Service，我们只是借花献佛
mServices.remove(token);

// 将此Service存储起来
mServiceMap.put(serviceInfo.name, service);
}
```

14.4.3 ProxyService 与 ServiceManager

有了插件 Service 的集合 mServiceMap，我们就可以进行 Service 的插件化了。这个 mServiceMap 变量保存在 ServiceManager 中。

插件化解决方案中 startService 的流程如图 14-2 所示。

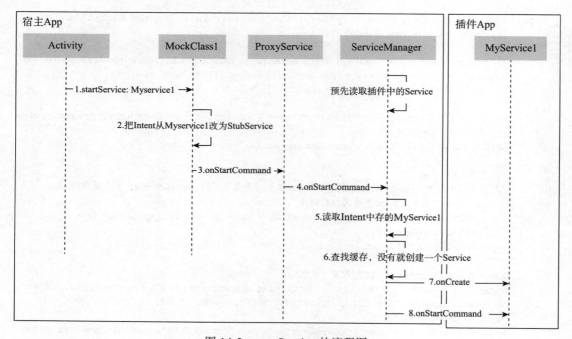

图 14-2　startService 的流程图

首先看第 2 步，MockClass1 负责拦截 startService 和 stopService，Hook 掉 AMN，把原本要启动 / 终止的插件 MyService1 替换为启动 ProxyService。这个技术在第 6 章中有详细描述。

ProxyService 就这样启动了，但是它无法同时面对多个插件 Service，所以要引入 ServiceManager 这个单例，它负责管理多个插件 Service。

ProxyService 的 onStartCommand 生命周期函数，会调用 ServiceManager 单例的 onStartCommand 方法，ServiceManager 会先取出 Intent 参数中的真正要启动的 MyService1，然后检查内部的 mServiceMap 集合，看是否有 MyService1，如果没有（第一次启动），那么就通过 10.3.2 节介绍的 proxyCreateService 方法，把 MyService1 反射出来，并调用 MyService1 的 onCreate 方法。

这样创建出来的 MyService1 就是一个普通的类，它是不会自动地执行 onCreate、onStartCommand、onDestory 这些生命周期函数的，所以我们在最后，手动调用 MyService1 的 onStartCommand 方法。

以上就是 startService 流程的整体分析。接下来我们看一下 stopService 的流程，如图 14-3 所示。

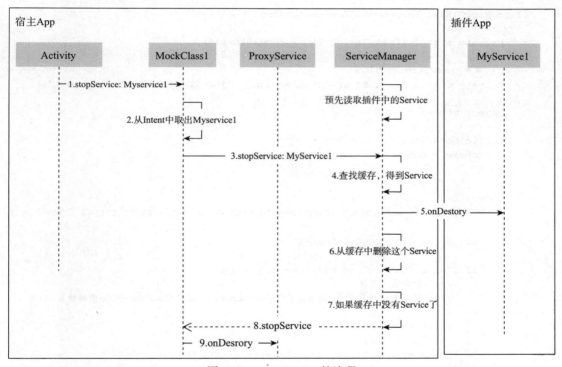

图 14-3　stopService 的流程

在 stopService 的插件化流程中，仍然是在 MockClass1 中拦截 AMN 的 stopService 方法。

这时候，不能把插件 Service1 换成 ProxyService，而是应该在 MockClass1 中直接调用 ServiceManager 的 stopService 方法，让 ServiceManager 去通知 MyService1 执行 onDestory 方法。然后 ServiceManager 检查内部的插件 Service 集合 mServiceMap，把 MyService1 删除掉。

事情并没有结束，我们要在最后检查 ServiceManager 的 mServiceMap 集合，在删除了一个插件 Service 后，是否还包含 Service。如果没有了，那么 ProxyService 也就没有存在的意义的，我们要通知 ProxyService 可以销毁了。

通知 ProxyService 销毁的工作不应直接调用 ProxyService 的 onDestory 方法，ProxyService 是有生命的，我们应该通过 Context 的 stopService，由 Android 系统去通知 ProxyService 销毁。

至此，startService 和 stopService 的插件化解决方案就介绍完了，这个方案可以实现 ProxyService 和插件 Service 的一对多关系，当然这是借助于 ServiceManager 类来辅助实现的。我们看一下相应的代码实现：

1）MockClass1。代码如下：

```
class MockClass1 implements InvocationHandler {

    private static final String TAG = "MockClass1";

    // 替身ProxyService的包名
    private static final String stubPackage = "jianqiang.com.activityhook1";

    Object mBase;

    public MockClass1(Object base) {
        mBase = base;
    }

    @Override
    public Object invoke(Object proxy, Method method, Object[] args) throws Throwable {

        Log.e("bao", method.getName());

        if ("startService".equals(method.getName())) {
            // 只拦截这个方法
            // 替换参数，任你所为;甚至替换原始ProxyService启动别的Service偷梁换柱

            // 找到参数里面的第一个Intent 对象
            int index = 0;
            for (int i = 0; i < args.length; i++) {
                if (args[i] instanceof Intent) {
                    index = i;
                    break;
                }
            }

            // 从 UPFApplication.pluginServices 获取 ProxyService
            Intent rawIntent = (Intent) args[index];

            // 代理Service的包名，也就是我们自己的包名
```

```
        String stubPackage = UPFApplication.getContext().getPackageName();

        // 替换 Plugin Service of ProxyService
        ComponentName componentName = new ComponentName(stubPackage,
            ProxyService.class.getName());
        Intent newIntent = new Intent();
        newIntent.setComponent(componentName);

        // 把我们原始要启动的TargetService先存起来
        newIntent.putExtra(AMSHookHelper.EXTRA_TARGET_INTENT, rawIntent);

        // 替换 Intent, 欺骗 AMS
        args[index] = newIntent;

        Log.d(TAG, "hook success");
        return method.invoke(mBase, args);
    } else if ("stopService".equals(method.getName())) {
        // 只拦截这个方法
        // 替换参数, 任你所为;甚至替换原始ProxyService启动别的Service偷梁换柱

        // 找到参数里面的第一个Intent 对象
        int index = 0;
        for (int i = 0; i < args.length; i++) {
            if (args[i] instanceof Intent) {
                index = i;
                break;
            }
        }

        Intent rawIntent = (Intent) args[index];
        Log.d(TAG, "hook success");
        return ServiceManager.getInstance().stopService(rawIntent);
    }

    return method.invoke(mBase, args);
    }
}
```

2）ProxyService。代码如下：

```
public class ProxyService extends Service {

    private static final String TAG = "ProxyService";

    @Override
    public void onCreate() {
        Log.d(TAG, "onCreate() called");
        super.onCreate();
    }
```

```java
@Override
public int onStartCommand(Intent intent, int flags, int startId) {
    Log.d(TAG, "onStart() called with " + "intent = [" + intent + "], startId =
        [" + startId + "]");

    // 分发Service
    ServiceManager.getInstance().onStartCommand(intent, flags, startId);
    return super.onStartCommand(intent, flags, startId);
}

@Override
public IBinder onBind(Intent intent) {
    return null;
}

@Override
public void onDestroy() {
    Log.d(TAG, "onDestroy() called");
    super.onDestroy();
}
}
```

3）ServiceManager（省略了 10.3.1 节的 proloadServices 和 10.3.2 节的 proxyCreateService）。代码如下：

```java
public final class ServiceManager {

    private static final String TAG = "ServiceManager";

    private static volatile ServiceManager sInstance;

    private Map<String, Service> mServiceMap = new HashMap<String, Service>();

    // 存储插件的Service信息
    private Map<ComponentName, ServiceInfo> mServiceInfoMap = new
        HashMap<ComponentName, ServiceInfo>();

    public synchronized static ServiceManager getInstance() {
        if (sInstance == null) {
            sInstance = new ServiceManager();
        }
        return sInstance;
    }

    /**
     * 启动某个插件Service；如果Service还没有启动，那么会创建新的插件Service
     * @param proxyIntent
     * @param startId
     */
    public int onStartCommand(Intent proxyIntent, int flags, int startId) {
```

```java
        Intent targetIntent = proxyIntent.getParcelableExtra(AMSHookHelper.EXTRA_
            TARGET_INTENT);
        ServiceInfo serviceInfo = selectPluginService(targetIntent);

        try {
            if (!mServiceMap.containsKey(serviceInfo.name)) {
                // Service还不存在, 先创建
                proxyCreateService(serviceInfo);
            }

            Service service = mServiceMap.get(serviceInfo.name);
            return service.onStartCommand(targetIntent, flags, startId);
        } catch (Exception e) {
            e.printStackTrace();
            return -1;
        }
    }


    /**
     * 停止某个插件Service, 当全部的插件Service都停止之后, ProxyService也会停止
     * @param targetIntent
     * @return
     */
    public int stopService(Intent targetIntent) {
        ServiceInfo serviceInfo = selectPluginService(targetIntent);
        if (serviceInfo == null) {
            Log.w(TAG, "can not found service: " + targetIntent.getComponent());
            return 0;
        }
        Service service = mServiceMap.get(serviceInfo.name);
        if (service == null) {
            Log.w(TAG, "can not runnning, are you stopped it multi-times?");
            return 0;
        }

        service.onDestroy();

        mServiceMap.remove(serviceInfo.name);
        if (mServiceMap.isEmpty()) {
            // 没有Service了, 这个mServiceMap没有必要存在了
            Log.d(TAG, "service all stopped, stop proxy");
            Context appContext = UPFApplication.getContext();
            appContext.stopService(new Intent().setComponent(new ComponentName
                (appContext.getPackageName(), ProxyService.class.getName())));
        }
        return 1;
    }


    /**
     * 选择匹配的ServiceInfo
     * @param pluginIntent 插件的Intent
```

```
 * @return
 */
private ServiceInfo selectPluginService(Intent pluginIntent) {
    for (ComponentName componentName : mServiceInfoMap.keySet()) {
        if (componentName.equals(pluginIntent.getComponent())) {
            return mServiceInfoMap.get(componentName);
        }
    }
    return null;
}
```

14.4.4 bindService 的插件化解决方案

有了前面 startService 和 stopService 的基础，bindService 和 unbindService 的实现就比较简单了。但在实现的过程中，也遇到了一些挑战。

提示 本节示例代码参见 https://github.com/BaoBaoJianqiang/ServiceHook4。

bindService 和 unbindService 的插件化流程如图 14-4 和图 14-5 所示。

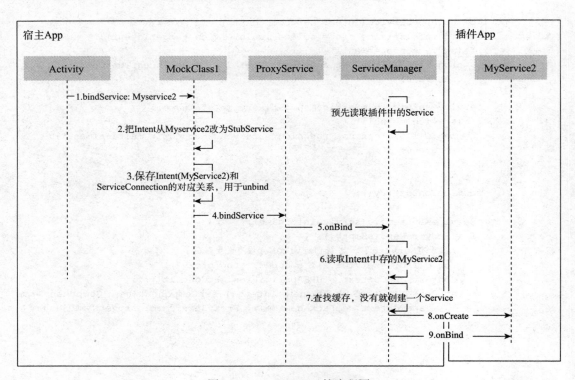

图 14-4 bindService 的流程图

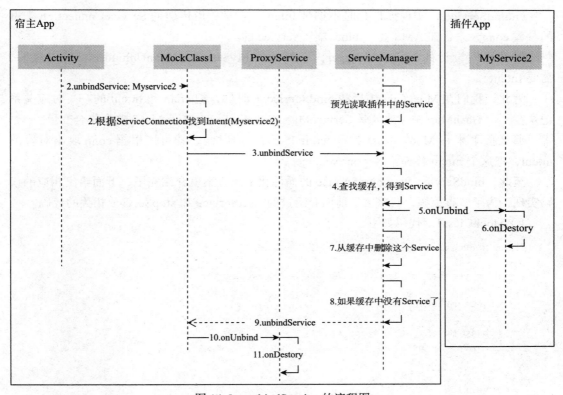

图 14-5　unbindService 的流程图

　　bindService 和 startService 的流程基本一致，而 unbindService 与 stopService 的流程基本一致。

　　主要不同点是，App 调用 bindService 和 unbindService 时需要携带一个 ServiceConnection 类型参数 conn。代码如下：

```
ServiceConnection conn = new ServiceConnection() {
    @Override
    public void onServiceConnected(ComponentName name, IBinder service) {
        Log.d("baobao", "onServiceConnected");
    }

    @Override
    public void onServiceDisconnected(ComponentName componentName) {
        Log.d("baobao", "onServiceDisconnected");
    }
};

bindService(intent, conn, Service.BIND_AUTO_CREATE);
unbindService(conn);
```

unbindService 在实现插件化时不携带 Intent，它是凭借传递的 ServiceConnection 类型的参数 conn，来告知 AMS 要 unbind 哪个 Service 的。

但是我们设计的 ServiceManager，它要调用 MyService2 的 onUnbind(intent) 方法时，需要 Intent。

为此，我们在 MockClass1 拦截 bindService 的时候，把 conn 和 Intent 的一一对应关系记录在一个 HashMap 中，这就是 ServiceManager 的 mServiceInfoMap2 这个集合变量。

那么接下来在 MockClass1 拦截 unbindService 的时候，就可以根据 conn 取出对应的 intent，把这个 intent 传递给 ServiceManager。

至此，bindService 和 unbindService 的插件化解决方案就介绍完了，下面给出相应的代码实现，为了节省篇幅，我略去了前面介绍过的 startService 和 stopService 相关的代码。

1）MockClass1。代码如下：

```java
class MockClass1 implements InvocationHandler {

    private static final String TAG = "MockClass1";

    Object mBase;

    public MockClass1(Object base) {
        mBase = base;
    }

    @Override
    public Object invoke(Object proxy, Method method, Object[] args) throws Throwable {

        Log.e("bao", method.getName());
        if("bindService".equals(method.getName())) {
            // 只拦截这个方法
            // 替换参数，任你所为;甚至替换原始ProxyService启动别的Service偷梁换柱
            // 找到参数里面的第一个Intent 对象
            int index = 0;
            for (int i = 0; i < args.length; i++) {
                if (args[i] instanceof Intent) {
                    index = i;
                    break;
                }
            }

            //get ProxyService form UPFApplication.pluginServices
            Intent rawIntent = (Intent) args[index];

            //stroe intent-conn
            ServiceManager.getInstance().mServiceMap2.put(args[4], rawIntent);

            // 代理Service的包名，也就是我们自己的包名
            String stubPackage = UPFApplication.getContext().getPackageName();
```

```java
            // replace Plugin Service of ProxyService
            ComponentName componentName = new ComponentName(stubPackage,
                ProxyService.class.getName());
            Intent newIntent = new Intent();
            newIntent.setComponent(componentName);

            // 把我们原始要启动的TargetService先存起来
            newIntent.putExtra(AMSHookHelper.EXTRA_TARGET_INTENT, rawIntent);

            // Replace Intent, cheat AMS
            args[index] = newIntent;

            Log.d(TAG, "hook success");
            return method.invoke(mBase, args);
        } else if("unbindService".equals(method.getName())) {
            Intent rawIntent = ServiceManager.getInstance().mServiceMap2.get(args[0]);
            ServiceManager.getInstance().onUnbind(rawIntent);
            return method.invoke(mBase, args);
        }

        return method.invoke(mBase, args);
    }
}
```

2）ProxyService。代码如下：

```java
public class ProxyService extends Service {

    private static final String TAG = "ProxyService";

    @Override
    public void onCreate() {
        Log.d(TAG, "onCreate() called");
        super.onCreate();
    }

    @Override
    public IBinder onBind(Intent intent) {
        Log.e("jianqiang", "Service is binded");

        // 分发Service
        return ServiceManager.getInstance().onBind(intent);
    }

    @Override
    public boolean onUnbind(Intent intent) {
        Log.e("jianqiang", "Service is unbinded");

        return super.onUnbind(intent);
    }
}
```

3）ServiceManager。代码如下：

```java
public final class ServiceManager {

    private Map<String, Service> mServiceMap = new HashMap<String, Service>();

    //store intent-conn
    public Map<Object, Intent> mServiceMap2 = new HashMap<Object, Intent>();

    public IBinder onBind(Intent proxyIntent) {

        Intent targetIntent = proxyIntent.getParcelableExtra(AMSHookHelper.EXTRA_
            TARGET_INTENT);
        ServiceInfo serviceInfo = selectPluginService(targetIntent);

        try {
            if (!mServiceMap.containsKey(serviceInfo.name)) {
                // service还不存在，先创建
                proxyCreateService(serviceInfo);
            }

            Service service = mServiceMap.get(serviceInfo.name);
            return service.onBind(targetIntent);
        } catch (Exception e) {
            e.printStackTrace();
            return null;
        }
    }

    /**
     * 停止某个插件Service，当全部的插件Service都停止之后，ProxyService也会停止
     * @param targetIntent
     * @return
     */
    public boolean onUnbind(Intent targetIntent) {
        ServiceInfo serviceInfo = selectPluginService(targetIntent);
        if (serviceInfo == null) {
            Log.w(TAG, "can not found service: " + targetIntent.getComponent());
            return false;
        }
        Service service = mServiceMap.get(serviceInfo.name);
        if (service == null) {
            Log.w(TAG, "can not runnning, are you stopped it multi-times?");
            return false;
        }

        service.onUnbind(targetIntent);

        mServiceMap.remove(serviceInfo.name);
        if (mServiceMap.isEmpty()) {
```

```
        // 没有Service了，这个mServiceMap没有必要存在了
        Log.d(TAG, "service all stopped, stop proxy");
        Context appContext = UPFApplication.getContext();
        appContext.stopService(
                new Intent().setComponent(new ComponentName(appContext.
                    getPackageName(), ProxyService.class.getName())));
    }
    return true;
}
}
```

这是 Service 插件化的完美解决方案。

14.5　静态代理的思想在 BroadcastReceiver 的应用

静态代理的思想在 BroadcastReceiver 中怎么应用呢？

插件中的 Receiver 就是一个普通的类，只有一个生命周期函数 onReceive。基于此，只要宿主有一个 ProxyReceiver，在 sendBroadcastReceiver 的时候，会根据 intent 中携带的值来决定分发给哪个插件中的 Receiver，调用它的 onReceive 方法。我们来看一下这个思想的具体实现。

由于 Activity 和 Service 都与 Context 有亲戚关系，所以可用 Context 的 getClassLoader 和 getDir 这样的语法，我们可以把插件的 dexPath 参数传递给 ProxyActivity 和 ProxyService，然后由这两个 Proxy 在内部创建插件的 ClassLoader，使用插件 ClassLoader 的 loadClass 方法来反射出插件中的 Activity 和 Service。

这个套路在 BroadcastReceiver 中是行不通的，因为 BroadcastReceiver 是没有 Context 的，所以 ProxyReceiver 中不能使用 getClassLoader 和 getDir 这样的语法，那么把 dexPath 传递给 ProxyReceiver 也就没有用了。

我们可以在此之前，一次性把所有插件的 ClassLoader 都生成了，放到 HashMap 中，这样在 ProxyReceiver 想要使用插件 ClassLoader 的时候，就可以根据插件名称得到相应的 ClassLoader 了。

 本节示例代码参见 https://github.com/BaoBaoJianqiang/That3.4。

1）在 AndroidManifest.xml 中声明 ProxyReceiver：

```
<receiver android:name=".ProxyReceiver">
    <intent-filter>
        <action android:name="baobao2" />
    </intent-filter>
</receiver>
```

2）制作 MyClassLoaders，承载所有的插件：

```
public class MyClassLoaders {
    public static final HashMap<String, DexClassLoader> classLoaders = new HashMap
        <String, DexClassLoader>();
}
```

在宿主的 MainActiviy 中，提前把所有插件的 ClassLoader 都加载到 MyClassLoaders：

```
pluginItem1 = generatePluginItem("plugin1.apk");
pluginItem2 = generatePluginItem("plugin2.apk");

private PluginItem generatePluginItem(String apkName) {
    File file = getFileStreamPath(apkName);
    PluginItem item = new PluginItem();
    item.pluginPath = file.getAbsolutePath();
    item.packageInfo = DLUtils.getPackageInfo(this, item.pluginPath);

    String mDexPath = item.pluginPath;

    File dexOutputDir = this.getDir("dex", Context.MODE_PRIVATE);
    final String dexOutputPath = dexOutputDir.getAbsolutePath();
    DexClassLoader dexClassLoader = new DexClassLoader(mDexPath,
            dexOutputPath, null, getClassLoader());

    MyClassLoaders.classLoaders.put(apkName, dexClassLoader);

    return item;
}
```

这样在 ProxyReceiver 中，就可以直接使用了：

```
public class ProxyReceiver extends BroadcastReceiver {

    private static final String TAG = "ProxyService";

    private String mClass;
    private String pluginName;
    private IRemoteReceiver mRemoteReceiver;

    @Override
    public void onReceive(Context context, Intent intent) {
        Log.d(TAG, TAG + " onReceive");

        pluginName = intent.getStringExtra(AppConstants.EXTRA_PLUGIN_NAME);
        mClass = intent.getStringExtra(AppConstants.EXTRA_CLASS);

        try {
            //反射出插件的Receiver对象
            Class<?> localClass = MyClassLoaders.classLoaders.get(pluginName).
                loadClass(mClass);
```

```
            Constructor<?> localConstructor = localClass.getConstructor(new Class[] {});
            Object instance = localConstructor.newInstance(new Object[] {});

            mRemoteReceiver = (IRemoteReceiver) instance;
            mRemoteReceiver.setProxy(this);
            mRemoteReceiver.onReceive(context, intent);

        } catch (Exception e) {
            e.printStackTrace();
        }
    }
}
```

3）想发送一个广播，就发送给 ProxyReceiver，把包名 PackageName 和插件 Receiver 的类名称传给 ProxyReceiver，而无须传递 dexPath 给 ProxyService。代码如下：

```
public void notifyReceiver1(View view) {
    Intent intent = new Intent(MainActivity.ACTION);
    intent.putExtra(AppConstants.EXTRA_PLUGIN_NAME, "plugin1.apk");
    intent.putExtra(AppConstants.EXTRA_CLASS, "jianqiang.com.plugin1.TestReceiver1");
    sendBroadcast(intent);
}

public void notifyReceiver2(View view) {
    Intent intent = new Intent(MainActivity.ACTION);
    intent.putExtra(AppConstants.EXTRA_PLUGIN_NAME, "plugin2.apk");
    intent.putExtra(AppConstants.EXTRA_CLASS, "jianqiang.com.plugin2.TestReceiver2");
    sendBroadcast(intent);
}
```

4）插件的所有 Receiver 都必须实现 BasePluginReceiver 基类，由于 IRemoteReceiver 只需要定义 setProxy 和 onReceive 方法，所以代码实现起来非常简单：

```
public interface IRemoteReceiver {
    public void onReceive(Context context, Intent intent);

    public void setProxy(BroadcastReceiver proxyReceiver);
}

public class BasePluginReceiver extends BroadcastReceiver implements IRemoteReceiver{

    public static final String TAG = "BasePluginReceiver";
    private BroadcastReceiver that;

    @Override
    public void setProxy(BroadcastReceiver proxyReceiver) {
        that = proxyReceiver;
    }

    @Override
```

```
    public void onReceive(Context context, Intent intent) {

    }
}

public class TestReceiver1 extends BasePluginReceiver {

    private static final String TAG = "TestReceiver1";

    @Override
    public void onReceive(Context context, Intent intent) {
        Log.e(TAG, "TestReceiver1 onReceive");
    }
}
```

至此，BroadcastReceiver 的插件化方案就实现了，ProxyReceiver 和各种插件 Receiver
之间是一对多的关系。

遗憾的是，在 that 框架中，我们只能实现插件中动态广播的插件化，而对静态广播是
无能为力的。

14.6　本章小结

本书用了两章的篇幅，详细介绍了 that 框架的插件化方案。虽然作者任玉刚已经不在
维护这个开源框架了，但还有很多公司在自己的企业级 App 中使用这个插件化方案。

"牵线木偶"是对这个插件化框架的最形象的描述。

再 谈 资 源

我们在第 7 章介绍了资源, 只有解决了插件中的资源的加载问题, 插件 App 中的 Activity 才能正常工作, 否则就会抛出资源找不到的异常。

每个资源都有一个对应的 id 值, 比如 0x7f001002, 由于宿主 App 和插件 App 都是各自打包, 所以宿主 App 中的某个资源的 id 值极有可能和插件 App 中某个资源的 id 值是相同的, 那我们就加载不到正确的资源了。

本章就是来解决这个资源 id 冲突的问题。我们把目光锁定在 Android App 打包过程中的 aapt 这个命令上。

15.1 Android App 的打包流程

在 2014 年之前, Android App 打包都是基于 Ant 来做的, 为此, 我们需要熟悉 Android App 打包过程中的每一步, 比如都要执行什么命令行工具, 需要哪些参数。

后来, 随着 Gradle 的问世和普及, 打包流程简化为存放在 Gradle 中的几行配置代码。我培训过很多公司, 发现很多人其实是不了解 Android App 打包流程的每一步的。

一套完整的 Android App 打包流程如图 15-1 所示。

1) aapt。为 res 目录下的资源生成 R.java 文件, 同时为 AndroidManifest.xml 生成 Manifest.java 文件。

2) aidl。把项目中自定义的 aidl 文件生成相应的 Java 代码文件。

3) javac。把项目中所有的 Java 代码编译成 class 文件。包括三部分 Java 代码, 自己写的业务逻辑代码, aapt 生成的 Java 文件, aidl 生成的 Java 文件。

4) proguard。混淆同时生成 proguardMapping.txt。这一步是可选的。

5）dex。把所有的 class 文件（包括第三方库的 class 文件）转换为 dex 文件。

6）aapt。还是使用 aapt，这里使用它的另一个功能，即打包，把 res 目录下的资源、assets 目录下的文件，打包成一个 .ap_ 文件。

7）apkbuilder。将所有的 dex 文件、ap_ 文件、AndroidManifest.xml 打包为 .apk 文件，这是一个未签名的 apk 包。

8）jarsigner。对 apk 进行签名

9）zipalign。对要发布的 apk 文件进行对齐操作，以便在运行时节省内存。

以上 9 个步骤中，我们特别关注第 1 步，R 文件的生成。我们下一节着重研究这一过程。

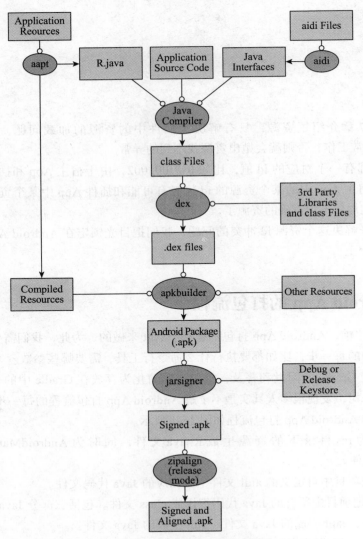

图 15-1　Android App 打包流程

15.2　修改 AAPT

插件中的资源 id 有可能会和宿主中的资源 id 是同一个值，为了解决这个资源 id 冲突的问题，有相应的 3 种解决方案：

❑ 第 1 种，修改 Android 打包流程中使用到的 aapt 命令，为插件的资源 id 指定 0x71 之类的前缀，就可避免与宿主资源 id 冲突。

❑ 第 2 种，仍然是修改插件的资源 id 前缀为 0x71，但在 Android 打包生成 resources. arsc 文件之后，对这个 resources.arsc 文件进行修改，详细的解决方案，参见 21.2 节。

❑ 第 3 种，进入到哪个插件，就为这个插件生成新的 AssetManager 和 Resources 对象，使用这两个新对象加载的资源，就只能是插件中的资源，永远不会和宿主冲突。详细的解决方案参见 7.2 节。

 提示　本节示例代码参见 https://github.com/BaoBaoJianqiang/AAPT。

15.2.1　修改并生成新的 aapt 命令

我们知道，res 目录下的所有资源会生成一个 R.java 文件。R 文件的结构如图 15-2 所示。

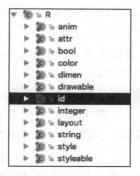

图 15-2　R 文件的结构

每个资源都对应一个 R 中的十六进制整数变量，以下是 R 文件的部分内容：

```
public final class R {
    public static final class anim {
        public static final int abc_fade_in=0x7f050000;
        public static final int abc_fade_out=0x7f050001;
        public static final int abc_grow_fade_in_from_bottom=0x7f050002;
        public static final int abc_popup_enter=0x7f050003;
        public static final int abc_popup_exit=0x7f050004;
        public static final int abc_shink_fade_out_from_bottom=0x7f050005;
        public static final int abc_slide_in_bottom=0x7f050006;
        public static final int abc_slide_in_top=0x7f050007;
        public static final int abc_slide_out_bottom=0x7f050008;
        public static final int abc_slide_out_top=0x7f050009;
```

```
    }
public static final class id {
    public static final int action0=0x7f0b006d;
    public static final int action_bar=0x7f0b0047;
    public static final int action_bar_activity_context=0x7f0b0000;
    public static final int action_bar_container=0x7f0b0046;
    public static final int action_bar_root=0x7f0b0042;
    public static final int action_bar_spinner=0x7f0b0001;
    public static final int action_bar_subttle=0x7f0b0025;
    public static final int action_bar_title=0x7f0b0024;
    public static final int action_container=0x7f0b006a;
    public static final int action_context_bar=0x7f0b0048;
    public static final int action_divider=0x7f0b0071;
    public static final int action_image=0x7f0b006b;
```

这些十六进制的变量，由三部分组成，即 PackageId+TypeId+EntryId：

❑ PackageId。apk 包的 id，默认为 0x7f。

❑ TypeId。资源类型 Id 值。图 7-1 列出了大部分资源的类型，我们比较熟悉的有 layout，
id，string，drawable 等等，它们是按顺序从 1 开始递增的，attr=0x01，drawable=0x02。

❑ EntryId。这个类型 TypeId 下的资源的 id 值，从 0 开始递增。

以 0x7f0b006d 为例，PackageId 是 0x7f，TypeId 是 0b，EntryId 是 00bd。

在插件化项目中，让我们头疼的问题是，宿主中的资源和插件中的资源会发生冲突。

解决这个问题，就要为不同的插件设置不同的 PackageId。比如游戏大厅中，桥牌插件
的 PackageId 是 0x40，象棋插件的 PackageId 是 0x41，诸如此类。而游戏大厅（宿主）的
PackageId 仍然是不变的 0x7f。这样就永远不会发生资源冲突的问题了。

在打包过程中，为 asset 目录下资源生成 R 文件的那一步，是由 AAPT 这个 Android
SDK 工具完成的。AAPT 生成的资源值，默认都是以 0x7f 开头的，所以我们要修改 AAPT
这个工具的源码。

找到 Android SDK 的位置，找到里面的 aapt 目录，里面有一堆 C 语言的代码，aapt 命
令行工具就是用这些代码编译成的。

在 aapt 代码目录下搜索 0x7f，在 ResourceTable.cpp 中找到以下代码：

```
ResourceTable::ResourceTable(Bundle* bundle, const String16& assetsPackage,
        ResourceTable::PackageType type):
    mAssetsPackage(assetsPackage),
    mPackageType(type),
    mTypeIdOffset(0),
    mNumLocal(0),
    mBundle(bundle)
{
    ssize_t packageId = -1;
    switch (mPackageType) {
        case App:
```

```
    case AppFeature:
        packageId = 0x7f;
        break;

    case System:
        packageId = 0x01;
        break;

    case SharedLibrary:
        packageId = 0x00;
        break;

    default:
        assert(0);
        break;
}

    //以下省略一些代码
}
```

这段代码什么意思呢？首先，这是 ResourceTable 的构造函数，它有一个 Bundle 类型的参数对象。其次，判断 mPackageType，如果是 App，则都是 0x7f，此外 0x01 和 0x00 都被系统占用了，所以我们不要将这两个值设置为插件 id 的前缀。

我们沿着这段代码往上追溯，直到 main 函数，这个流程如图 15-3 所示。

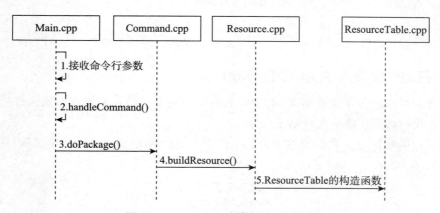

图 15-3　AAPT 生成资源 id 的流程

修改 AAPT 的代码，基本思路和步骤如下：

1）在 AAPT 的命令行参数中传递 apk 打包时的前缀值。

2）把这个值设置给 Bundle 实体的 mApkModule 字段，作为 ResourceTable 构造函数的参数传递进去。

3）在 ResourceTable 的构造函数，读取 Bundle 参数中的 mApkModule 值，也就是前缀值，设置给 packageId。

根据以上 3 个步骤，分别修改 AAPT 的代码。

1）在 Main.cpp 的 main 函数中，在接收命令行参数的逻辑中，加上一种参数的逻辑判断，-PLUG-resource-id：

```
else if(strcmp(cp, "-PLUG-resource-id") == 0){
    argc--;
    argv++;
    if (!argc) {
    fprintf(stderr, "ERROR: No argument supplied for '--PLUG-resource-id' option\n");
    wantUsage = true;
    goto bail;
    }
    bundle.setApkModule(argv[0]);
}
```

2）在 Bundle.h 中，新增 getApkModule 和 setApkModule 两个方法：

```
//pass plugin prefix
const android::String8& getApkModule() const {return mApkModule;}
void setApkModule(const char* str) { mApkModule=str;}
```

3）在 ResourceTable 的构造函数中，在 switch 语句结束后，追加一段代码：

```
if(!bundle->getApkModule().isEmpty()){
    android::String8 apkmoduleVal=bundle->getApkModule();
    packageId=apkStringToInt(apkmoduleVal);
}
```

修改为以上 3 处代码，结合整个 Android 系统源码，编译生成新的 AAPT 命令行工具。

15.2.2 在插件化项目中使用新的 aapt 命令

接下来，可以用这个文件替换掉 SDK 的 AAPT 命令，但是如果这么做，每当 Android 系统更新，我们都要替换一次 AAPT 命令。

一种可行的做法是，我们把这个新的 APPT 工具命名为 aapt_mac，放到项目的根目录下，如图 15-4 所示。

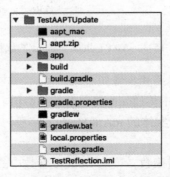

图 15-4　APPT 工具命名为 aapt_mac，放置于项目的根目录下

然后修改 **gradle** 文件，代码如下：

```
apply plugin: 'com.android.application'

import com.android.sdklib.BuildToolInfo
import java.lang.reflect.Method

Task modifyAaptPathTask = task('modifyAaptPath') << {
    android.applicationVariants.all { variant ->
        BuildToolInfo buildToolInfo = variant.androidBuilder.getTargetInfo().
            getBuildTools()
        Method addMethod = BuildToolInfo.class.getDeclaredMethod("add",
            BuildToolInfo.PathId.class, File.class)
        addMethod.setAccessible(true)
        addMethod.invoke(buildToolInfo, BuildToolInfo.PathId.AAPT, new
            File(rootDir, "aapt_mac"))
        println "[LOG] new aapt path = " + buildToolInfo.getPath(BuildToolInfo.
            PathId.AAPT)
    }
}

android {
    compileSdkVersion 25
    buildToolsVersion "25.0.3"

    defaultConfig {
        applicationId "jianqiang.com.testreflection"
        minSdkVersion 21
        targetSdkVersion 25
        versionCode 1
        versionName "1.0"
    }
    buildTypes {
        release {
            minifyEnabled false
            proguardFiles getDefaultProguardFile('proguard-android.txt'),
                'proguard-rules.pro'
        }
    }

    preBuild.doFirst {
        modifyAaptPathTask.execute()
    }

    aaptOptions {
        aaptOptions.additionalParameters '--PLUG-resoure-id', '0x71'
    }
}

dependencies {
    compile fileTree(dir: 'libs', include: ['*.jar'])
```

```
testCompile 'junit:junit:4.12'
compile 'com.android.support:appcompat-v7:25.2.0'
}
```

上面这段脚本通过反射，把 AAPT 的路径临时修改为指向当前 App 根路径下的 mac_
aapt 。

此外，我们将 App 的资源前缀设置为 0x71。这样在打包后生成的 apk 中，R 文件里面
资源值就都以 0x71 作为前缀了。

💡提示　项目示例代码参见 https://github.com/BaoBaoJianqiang/TestAAPTUpdate。

注意，在实战中，我们不会把 0x00 和 0x11 这两个系统占用的值作为插件资源值的前
缀，但是仍然不能随心所欲地使用任何其他值。一些手机厂商的操作系统会占用 0x10 之类
的前缀，如果我们的插件也使用了 0x10，那么就又要产生冲突了。考虑到插件不是很多，
我们一般选用 0x71～0xff 这个区间内的值作为前缀。

15.3　public.xml 固定资源 id 值

有这样一种场景，多个插件都需要一个自定义控件，于是我们就把这个自定义控
件写在了宿主 App 中，插件调用宿主的 Java 代码，使用宿主的资源（有控件就肯定有
资源）。

考虑到 App，在每次打包后，会随着资源的增减，同一个资源的 id 值也会发生变化。
如果宿主 App 的某个资源 id 被插件使用，那么为了避免下次打包后因为资源值变化而导
致插件找不到这个资源，我们要把这个资源 id 值固定写死，而这个固定值就保存在 public.
xml 文件中。

一个 public.xml 中的内容如下所示：

```
<?xml version="1.0" encoding="utf-8" ?>
<resources>
    <public type="string" name="string1" id="0x7f050024"/>
</resources>
```

注意，type 和 id 后面的空格不能省略。

Gradle 1.3 之前版本，是支持 public.xml 的，我们只要把 public.xml 放到 res/values 目
录下，R.string.string1 这个资源就会被固定成 0x7f050024。

💡提示　本节示例代码参见 https://github.com/BaoBaoJianqiang/Apollo1.1。

 如果读者的开发环境是 Windows，可到如下地址下载适用于 Windows 的 aapt：https://github.com/iReaderAndroid/
ZeusPlugin/tree/master/aapt。

还有一种写法，即指定资源值的一个区间：

```
<?xml version="1.0" encoding="utf-8" ?>
<resources>
    <public-padding name="my_" end="0x7f02000f" start="0x7f020001" type="drawable" />
</resources>
```

但是从 Gradle 1.3 版本开始，就忽略 public.xml 了，即使在 res/values 目录下放置了这个文件，也不起作用。因此，我们要使用 Gradle 脚本自己来实现。

我们以前面介绍过的 Apollo 项目为基础进行讲解，一共要修改以下三个地方。

1）在宿主 ActivityHook1 项目的 build.gradle 里，增加以下代码：

```
afterEvaluate {
    for (variant in android.applicationVariants) {
        def scope = variant.getVariantData().getScope()
        String mergeTaskName = scope.getMergeResourcesTask().name

        def mergeTask = tasks.getByName(mergeTaskName)

        mergeTask.doLast {
            copy {
                int i = 0
                println android.sourceSets.main.res.srcDirs
                from(android.sourceSets.main.res.srcDirs) {
                    include 'values/public.xml'
                    rename 'public.xml', (i++ == 0 ? "public.xml" : "public_${i}.xml")
                }

                into(mergeTask.outputDir)
            }
        }
    }
}
```

2）在 ActivityHost1 项目中，打开 res/values 目录下的 string.xml，增加一行：

```
<string name="string1">Test String</string>
```

3）制作 public.xml，复制到 res/values 目录下：

```
<?xml version="1.0" encoding="utf-8" ?>
<resources>
    <public type="string" name="string1" id="0x7f050024"/>
</resources>
```

打包宿主 ActivityHost1，使用 Jadx-GUI 查看资源 id，你会发现 R.string.string1 的值永远为 2131034148（如图 15-5 所示），这是十进制值，转换为十六进制为 0x7f050024。

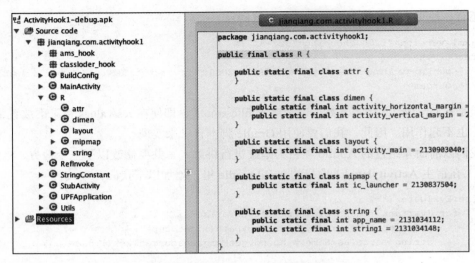

图 15-5 使用 Jadx-Gui 查看插件中的资源 id

15.4 插件使用宿主的资源

宿主中的资源值固定了，但是插件怎么访问宿主中的资源呢？

如果插件内部能保持一个对宿主项目的引用，那就可以随便访问宿主的任何资源了。我们需要编写 gradle 脚本，把宿主打包成 jar，然后复制到插件项目的某个位置。同时，设置插件的 gradle 文件，使用 provided 来引用这个 jar 包。前面的章节介绍过，这样打出的插件包，不包含宿主 App 的 jar 的代码。

 提示 本节示例代码参见 https://github.com/BaoBaoJianqiang/Apollo1.2。

以上节的示例代码 Apollo1.1 为基础，我们开始讲解本节的知识。

1）首先在宿主 ActivityHost1 中的 build.gradle 中写一个 Task，用于生成 ActivityHost1 的 jar 包：

```
task buildJar(dependsOn: ['compileReleaseJavaWithJavac'], type: Jar) {
    //最终的 Jar 包名
    archiveName = "sdk2.jar"

    //需打包的资源所在的路径集
    def srcClassDir = [project.buildDir.absolutePath + "/intermediates/classes/release"]

    //初始化资源路径集
    from srcClassDir
}
```

2）执行 ActivityHost1 的 buildJar 中的 gradle 命令（位于 Gradle 面板的 Other 分组下），生成 sdk2.jar，位于 ActivityHost1/build/libs 目录下。

3）在插件 TestActivity 项目的根目录下创建 sdk-jars 目录，把 sdk2.jar 手动复制到这个目录下。

4）在插件 TestActivity 的 build.gradle 中，在 dependencies 标签下，增加一行：

```
provided files('sdk-jars/sdk2.jar')
```

provided 确保了 sdk2.jar 只在编译时使用，且不会被编译到 apk 中。

点击 gradle 的 sync，就能在 TestActivity 项目中用 ActivityHost1 定义的 StringConstant. string1 了，代码如下：

```
import jianqiang.com.activityhook1.StringConstant;

public class MainActivity extends Activity {

    @Override
    protected void onCreate(Bundle savedInstanceState) {
        super.onCreate(savedInstanceState);
        TextView tv = new TextView(this);
        tv.setText("baobao222");
        setContentView(tv);

        Log.d("baobao2", String.valueOf(StringConstant.string1));
    }
}
```

15.5　本章小结

本章给出了插件化中资源 id 冲突的各种解决方案。

❑ 方案 1：把宿主和插件的资源都合并到一起，通过 AssetManager 的 addAssetPath 来实现。对于此方案，势必会产生资源 id 冲突的问题，于是又有以下几种解决方案。

　　○ 方案 1.1：重写 AAPT 命令，在插件 apk 打包过程中，通过指定资源 id 的前缀，比如 0x71，来保证宿主和插件的资源 id 永远不会冲突。

　　○ 方案 1.2：在插件 apk 打包后，修改 R.java 和 resources.arsc 中存储的资源 id 值，比如默认的 0x7f 前缀，修改为 0x71，这样就保证了证宿主和插件的资源 id 永远不会冲突。

　　○ 方案 1.3：在 public.xml 中指定 apk 中所有资源的 id 值。但这样做是很麻烦的，每增加一个资源，都要维护 public.xml。所以这种解决方案只能用于固定几个特定的值。

❑ 方案 2：如果不事先合并资源，那就为每个插件创建一个 AssetManager，每个 AssetManager 都是通过反射调用 addAssetPath 方法，把插件自己的资源添加进去，从而，当从宿主进入一个插件的时候，就把 AssetManager 切换为插件的 AssetManager；反之，当从插件回到宿主的时候，再把 AssetManager 切换回宿主的 AssetManager。相应的解决方案，请参见第 5 章中的 loadResource 方法。

本章针对于方案 1，给出相应的实现。其缺点是，资源 id 的前缀（默认 0x7f）是有限的，也就 256 个值。当一个 App 中有多于 256 个插件时，前缀就不够用了。当遇到这种情况时，就要考虑方案 2 了。

限于篇幅，对于方案 1.2 本章并没介绍，因为涉及 Gradle 自定义插件以及修改 resources.arsc 的技术。我们将在第 21 章详细介绍这种技术，来解决资源 id 冲突的问题。

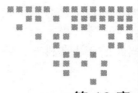

基于 Fragment 的插件化框架

本章介绍最古老的插件化框架,AndroidDynamicLoader,这是大众点评的屠毅敏(mmin18)于 2012 年 7 月发布的一个开源项目,通过切换插件 Fragment,来实现页面的动态加载。说得夸张些,就是整个 App 只有一个 Activity,来承载所有的 Fragment。Fragment 不同于四大组件,它就是一个简单的类。四大组件都需要和 AMS 进行交互,而 Fragment 则不需要。这是它可以在插件化中大放异彩的原因。

在当今五彩纷呈的插件化技术中,AndroidDynamicLoader 这个框架还是基于 Eclipse 和 Ant 来实现的,因此显得有些过时了。为了能让读者更好地理解 AndroidDynamicLoader 的思想,我将其改造成 Min18Fragment 框架,这是基于 Android Studio 和 Gradle 的。

16.1 AndroidDynamicLoader 概述

AndroidDynamicLoader 这个框架最早提出时要重写以下 4 个函数,从而解决插件 Activity 的资源和 ClassLoader 问题:

❑ ClassLoader getClassLoader();

❑ AssetManager getAssets();

❑ Resources getResources();

❑ Theme getTheme()。

在这一点上,后面出现的任玉刚的 that 框架,也是基于这个思想来设计的。所以大众点评是一家有很深技术沉淀的公司,尤其是无线技术走在了最前沿,2012 年就有插件化框架,这已经是很了不起的事情了,并且还很大胆地将其开源出来。

美中不足的是,一方面 AndroidDynamicLoader 只是基于 Fragment 的,让所有插件的页面都使用 Fragment，这是有很多弊端的。另一方面，对于 Activity 等四大组件未能实现，也是它的遗憾。

但是，在当时的历史条件下，能成为第一个吃螃蟹的，走出了历史性的第一步，大众点评功不可没。

16.2　最简单的 Fragment 插件化例子

接下来，我要开始讲这个框架的思想了。AndroidDynamicLoader 中很多技术都已经过时了，我将其精髓抽出来，做成一个例子，命名为 Min18Fragment，接下来的分析就是基于此例。

 本节示例代码参见 https://github.com/BaoBaoJianqiang/Min18Fragment。

打开 Min18Fragment，你会发现，其中的很多代码都很熟悉。因为都要重写 Resource 和 ClassLoader，这一点和任玉刚的 that 框架很相似，我们已经在前面的章节中详细介绍过 that 框架了，所以 Min18Fragment 框架中，那些相似的内容这里不再过多介绍。

我们看一下，如何加载插件中的 Fragment。

1）把 FragmentLoaderActivity 作为 Fragment 的承载容器。在 AndroidManifest 文件中指定它的 Action：

```
<activity android:name=".FragmentLoaderActivity">
    <intent-filter>
    <action android:name="jianqiang.com.hostapp.VIEW" />
    <category android:name="android.intent.category.DEFAULT" />
    </intent-filter>
</activity>
```

2）所有想跳转到 FragmentLoaderActivity 的 intent，只要指定这个 Action 就够了。比如，在 MainActivity 中，点击按钮后跳转到 FragmentLoaderActivity，并希望加载 Fragment1：

```
Intent intent = new Intent(AppConstants.ACTION);
intent.putExtra(AppConstants.EXTRA_DEX_PATH, mPluginItems.get(position).pluginPath);
intent.putExtra(AppConstants.EXTRA_CLASS, mPluginItems.get(position).packageInfo.
    packageName + ".Fragment1");
startActivity(intent);
```

需要传递两个值给 FragmentLoaderActivity，一个是插件的路径 dexPath，另一个是要加载的 Fragemnt 的完整类名称 className。

从此，我们就可以在这个 FragmentLoaderActivity 中写所有页面逻辑了，把每个页面都放在 Fragment 中，想用哪个就用哪个。

3）FragmentLoaderActivity 可以根据 dexPath 使用相应的 ClassLoader 和 Resource，在

此基础上，加载这个 Fragment 类，就能把 Fragment 加载到 FragmentLoaderActivity 中了。代码如下：

```
// 反射出插件的Fragment对象
Class<?> localClass = dexClassLoader.loadClass(mClass);
Constructor<?> localConstructor = localClass.getConstructor(new Class[] {});
Object instance = localConstructor.newInstance(new Object[] {});
Fragment f = (Fragment) instance;
FragmentManager fm = getFragmentManager();
FragmentTransaction ft = fm.beginTransaction();
ft.replace(R.id.container, f);
ft.commit();
```

注意，R.id.container 指的是 activity_fragment_loaderd 的布局。

此外，这里使用的是 Fragment 的 add 方法，把一个 fragment 添加到 container 容器中。

16.3　插件内部的 Fragment 跳转

针对于 Fragment 的插件化机制，我们最感兴趣的是页面如何实现跳转。分为 4 种跳转情况：

1）从宿主 Activity/Fragment，跳转到插件的 Fragment。

2）从插件 Fragment，跳转到同一个插件的 Fragment。

3）从插件的 Fragment，跳转到宿主中的 Fragment。

4）从插件的 Fragment，跳转到另一个插件中的 Fragment。

第 1 种情况，从 MainActivity 跳转到 FragmentLoaderActivity，我们在前面已经遇到过了。本节介绍第 2 种情况，插件内部 Fragment 的跳转。

在 Fragment1 中，编写以下代码，就能完成在容器 FragmentLoaderActivity 中从 Fragment1 到 Fragment2 的跳转：

```
public class Fragment1 extends BaseFragment {
    @Override
    public View onCreateView(LayoutInflater inflater, ViewGroup container, Bundle
        savedInstanceState) {
        View view = inflater.inflate(R.layout.fragment1, container, false);

        view.findViewById(R.id.load_fragment2_btn).setOnClickListener(new View.
            OnClick-Listener() {

            @Override
            public void onClick(View arg0) {

                Fragment2 fragment2 = new Fragment2();
                Bundle args = new Bundle();
                args.putString("username", "baobao");
```

```
                 fragment2.setArguments(args);

                 getFragmentManager()
                       .beginTransaction()
                       .addToBackStack(null)   //将当前fragment加入到返回栈中
                       .replace(Fragment1.this.getContainerId(), fragment2).commit();
              }
         });

         return view;
     }
}
```

 提示 本节示例代码参见 https://github.com/BaoBaoJianqiang/Min18Fragment2。

FragmentLoaderActivity 容器的对应 Layout 定义在宿主中，而我们要在插件中使用这个 Layout 的 id 值，所以在 mypluginlibrary 公用库中定义 Fragment 的基类 BaseFragment，里面有一个 containerId 字段，用来承载容器 Layout 的 id 值。从 FragmentLoaderActivity 加载 Fragment 的时候，把值传给 Fragment：

```
BaseFragment f = (BaseFragment) instance;
f.setContainerId(R.id.container);
```

以上就是插件内部 Fragment 的跳转。我在做这个例子的时候，会遇到插件资源 id 和宿主资源 id 冲突的情况，我根据前面 15.2 节介绍的重写 AAPT 的机制，将插件资源 id 的前缀定义为 0x71。

16.4　从插件的 Fragment 跳转到插件外部的 Fragment

本节介绍第 3 种和第 4 种跳转情况，从插件的 Fragment 跳转到宿主中的 Fragment，或者跳转到另一个插件中的 Fragment。这两种情况，是一类问题。

 提示 本节示例代码参见 https://github.com/BaoBaoJianqiang/Min18Fragment3。

前面的代码例子，从 Min18Fragment1 到 Min18Fragment2，在进入插件的 Fragment 时，要使用插件中自己的 ClassLoader 和 Resource 对象，这些代码封装在 BaseActivity 中，如下所示：

```
public class BaseHostActivity extends Activity {
    private AssetManager mAssetManager;
    private Resources mResources;
    private Theme mTheme;
```

```
    protected String mDexPath;
    protected ClassLoader dexClassLoader;

    protected void loadClassLoader() {
        File dexOutputDir = this.getDir("dex", Context.MODE_PRIVATE);
        final String dexOutputPath = dexOutputDir.getAbsolutePath();
        dexClassLoader = new DexClassLoader(mDexPath,
                dexOutputPath, null, getClassLoader());
    }
    protected void loadResources() {
        try {
            AssetManager assetManager = AssetManager.class.newInstance();
            Method addAssetPath = assetManager.getClass().getMethod
                ("addAssetPath", String.class);
            addAssetPath.invoke(assetManager, mDexPath);
            mAssetManager = assetManager;
        } catch (Exception e) {
            e.printStackTrace();
        }
        Resources superRes = super.getResources();
        mResources = new Resources(mAssetManager, superRes.getDisplayMetrics(),
                superRes.getConfiguration());
        mTheme = mResources.newTheme();
        mTheme.setTo(super.getTheme());
    }

    @Override
    public AssetManager getAssets() {
        return mAssetManager == null ? super.getAssets() : mAssetManager;
    }

    @Override
    public Resources getResources() {
        return mResources == null ? super.getResources() : mResources;
    }

    @Override
    public Theme getTheme() {
        return mTheme == null ? super.getTheme() : mTheme;
    }
}
```

在 FragmentLoaderActivity 的 onCreate 中，先调用 loadClassLoader 和 loadResources 方法，然后就可以加载插件的 Fragment 了。代码如下：

```
public class FragmentLoaderActivity extends BaseHostActivity {

private String mClass;

@Override
```

```java
protected void onCreate(Bundle savedInstanceState) {
    mDexPath = getIntent().getStringExtra(AppConstants.EXTRA_DEX_PATH);
    mClass = getIntent().getStringExtra(AppConstants.EXTRA_CLASS);

    super.onCreate(savedInstanceState);

    setContentView(R.layout.activity_fragment_loader);

    loadClassLoader();
    loadResources();

    try {
        //反射出插件的Fragment对象
        Class<?> localClass = dexClassLoader.loadClass(mClass);
        Constructor<?> localConstructor = localClass.getConstructor(new Class[] {});
        Object instance = localConstructor.newInstance(new Object[] {});
        Fragment f = (Fragment) instance;
        FragmentManager fm = getFragmentManager();
        FragmentTransaction ft = fm.beginTransaction();
        ft.add(R.id.container, f);
        ft.commit();
    } catch (Exception e) {
        Toast.makeText(this, e.getMessage(), Toast.LENGTH_LONG).show();
    }
}
```

但是前面章节介绍了那么多解决方案，我们已经能轻松处理这种情况了，步骤就是：

1）把所有插件的 ClassLoader 都放进一个集合 MyClassLoaders，在 FragmentLoaderActivity 中，使用 MyClassLoaders 来加载相应插件的 Fragment。

2）把宿主和插件的资源都合并在一起，这样就能想用哪个资源就用哪个资源，而不再出现资源找不到的问题了。这里我们参考了 ZeusStudy1.1 的代码框架，把 PluginManager 这个类引入进来，解决资源的合并问题。

至此，一个基于 Fragment 的插件化框架就完成了。这一节并没有参考屠毅敏的框架：AndroidDynamicLoader，而是采用了更完美的解决方案。

16.5　本章小结

本章详细介绍了使用 Fragment 来实现插件化的思路。这种解决方案是对插件化方案的一个很好的补充，从而避开了 Activity 必须要面对 AMS 的尴尬。

第三部分 *Part 3*

相 关 技 术

降　级

如果有一天，Google 忽然宣布，所有 App，无论是国内市场还是 Google Play，都不允许插件化技术了，那我们怎么办？有人会想到 React Native。如果 Google 连这个技术也不让用了怎么办？

于是又退回到 Hybrid？这就很糟了，Android 上的 WebView 对 HTML 5 的支持很差，尤其是列表页，非常不流畅。

💡 **提示** 示例代码参见 https://github.com/BaoBaoJianqiang/Hybrid 1.2。

能否实现一种机制，一方面，让 Android App 中的每个原生页面都有一个 HTML 5 版本，这样，当某个原生页面出现 bug 或者崩溃的时候，我们可以立刻把它换成 HTML 5 页面。而且进入这个 HTML 5 页面后，点击 HTML 5 页面中的链接，还能进入到 Android 的原生页面。在此基础之上，我们发现在 Android App 原生页面中，会传递各种数据给下一个 Activity 页面，我们希望切换为 HTML 5 页面后，也能接受这些数据。另一方面，点击 HTML 5 页面中的链接，也能把各种数据传递给 Android App 的原生页面。

其实上述这些技术都很好实现，关键在于能否把这些逻辑封装到框架中，Android App 的开发人员还是像往常一样去编写页面跳转的逻辑，而意识不到即将跳转的页面是原生页面还是一个 HTML 5 页面。如果能实现这一点，那么这个解决方案就完美了，也不需要什么插件化技术了。

当某个原生页面有 bug，就直接替换为 HTML 5 页面，虽然这个 HTML 5 页面体验会很差，但坚持几天，到下次发布新版本这个 bug 被修复，就完成它的历史使命了。我们称这种解决方案为降级。接下来的内容，我们介绍 Android 的降级方案，同样的思想，也可以用于 iOS 领域。

17.1　从 Activity 到 HTML 5

我们希望 Android App 的开发人员还是按照正常的编码方式来启动一个 Activity，并传递一些数据过去，包括整数、字符串和可序列化的自定义实体，如下所示：

```
Intent intent = new Intent(MainActivity.this, FirstActivity.class);
intent.putExtra("UserName", "建强");
intent.putExtra("Age", 10);

ArrayList<Course> courses = new ArrayList<Course>();
courses.add(new Course("Math", 80));
courses.add(new Course("English", 90));
courses.add(new Course("Chinese", 75));
intent.putExtra("Courses", courses);

startActivity(intent);
```

然后我们从服务器获取到一个 JSON 字符串，里面定义了哪些 Activity 会被替换成 HTML 5 页面，代码如下：

```
[{
    "activity": "jianqiang.com.hook3.FirstActivity",
    "h5path": "file:///storage/emulated/0/myH5/firstpage.html",
    "fields": [{"fieldName": "UserName", type: 1},
               {"fieldName": "Age", type: 2},
               {"fieldName": "Courses", type: 3},
    ]

},{
    "activity": "jianqiang.com.hook3.ThirdActivity",
    "h5path": "file:///storage/emulated/0/myH5/thirdpage.html"
}]
```

fields 字段指定了跳转到 FirstActivity 或 firstpage.html，要传递的参数以及参数类型，其中 1 表示字符串，2 表示整型，3 表示自定义的可序列化的实体。如果还有其他类型，可以再额外定义。

简单起见，我们在 Application 中 Mock 这些数据，并把应该从服务器下载的 HTML 5 压缩包直接放在 assets 目录下。真实的情况是，这些都应该从服务器下载得到，代码如下所示：

```
public class MyApplication extends Application {
    public static HashMap<String, PageInfo> pages = new HashMap<String, PageInfo>();
}

    void prepareData() {
        String newFilePath = Environment.getExternalStorageDirectory() + File.
            separator + "myH5";
        Utils.copy(this, "firstpage.html", newFilePath);
```

```
        Utils.copy(this, "secondpage.html", newFilePath);
        Utils.copy(this, "thirdpage.html", newFilePath);
        Utils.copy(this, "style.css", newFilePath);

        String h5FilePath1 = newFilePath + File.separator + "firstpage.html";
        String h5FilePath2 = newFilePath + File.separator + "thirdpage.html";

        HashMap<String, Integer> fields = new HashMap<String, Integer>();
        fields.put("UserName", 1);   //1 means string
        fields.put("Age", 2);        //2 means int
        fields.put("Courses", 3);    //3 means object

        PageInfo pageInfo1 = new PageInfo("file://" + h5FilePath1, fields);
        MyApplication.pages.put("jianqiang.com.hook3.FirstActivity", pageInfo1);

        PageInfo pageInfo2 = new PageInfo("file://" + h5FilePath2, null);
        MyApplication.pages.put("jianqiang.com.hook3.ThirdActivity", pageInfo2);
    }
```

有了这些"从服务器下载"的数据,就可以在基类 BaseActivity 中重写 startActivityForResult 方法。

为什么是重写 startActivityForResult 方法,而不是重写 startActivity 方法呢?这是因为,startActivity 最终会调用 startActivityForResult,所以我们重写 startActivityForResult 方法就一举两得了,同时支持这两种语法。

重写的逻辑是这样的,首先,从 MyApplication.pages 中查找,要启动的是 Activity 还是使用 HTML 5?如果是后者,那么就构造一个启动 WebViewActivity 的 Intent,把之前旧的 Intent 上的参数和参数值,手动组装成 url?k1=v1& k2=v2 字符串的形式。这时候我们发现 v1、v2 这些值会有各种字符,造成拼接的 URL 不是一个标准的格式,于是我们对 k1=v1& k2=v2 进行 Encode 编码,形成一个新的字符串 str,然后把 URL 组装成 url?json= str 的形式,传递给要启动的 WebViewActivity。

这时候我们在前面 JSON 中设置的 fields 字段就起作用了,我们可以按照每个参数的类型,然后使用对应的 Java 语法,从 intent 中取值。代码如下:

```
public class BaseActivity extends Activity {

    @Override
    public void startActivityForResult(Intent intent, int requestCode) {
        if(intent.getComponent() == null) {
            super.startActivityForResult(intent, requestCode);
        }

        String originalTargetActivity = intent.getComponent().getClassName();

        PageInfo pageInfo = MyApplication.pages.get(originalTargetActivity);
        if(pageInfo == null) {
```

```
            super.startActivityForResult(intent, requestCode);
        }


    StringBuilder sb2 = new StringBuilder();
    if(pageInfo.getFields()!= null && pageInfo.getFields().size() > 0) {
        sb2.append("{");

        for(String key: pageInfo.getFields().keySet()) {
            int type = pageInfo.getFields().get(key);
            switch (type) {
                case 1:
                    String v1 = intent.getStringExtra(key);
                    sb2.append("\"" + key + "\"");
                    sb2.append(":");
                    sb2.append("\"" + v1 + "\"");
                    sb2.append(",");
                    break;
                case 2:
                    int v2 = intent.getIntExtra(key, 0);
                    sb2.append("\"" + key + "\"");
                    sb2.append(":");
                    sb2.append(String.valueOf(v2));
                    sb2.append(",");
                    break;
                case 3:
                    Serializable v3 = intent.getSerializableExtra(key);
                    Gson gson = new Gson();
                    String strJSON = gson.toJson(v3);
                    sb2.append("\"" + key + "\"");
                    sb2.append(":");
                    sb2.append(strJSON);
                    sb2.append(",");
                    break;
                default:
                    break;
            }
        }

        sb2.deleteCharAt(sb2.length() - 1);
        sb2.append("}");
    }


    StringBuilder sb = new StringBuilder();
    sb.append(pageInfo.getUri());
    if(pageInfo.getFields()!= null && pageInfo.getFields().size() > 0) {
        sb.append("?json=");
        String str = null;
        try {
            str = URLEncoder.encode(sb2.toString(), "UTF-8");
        } catch (UnsupportedEncodingException e) {
```

```
            e.printStackTrace();
        }
        sb.append(str);
    }

    Intent newIntent = new Intent();
    newIntent.putExtra("FullURL", sb.toString());

    // 替身Activity的包名，也就是我们自己的包名
    String stubPackage = MyApplication.getContext().getPackageName();

    // 这里我们把启动的Activity临时替换为 WebviewActivity
    ComponentName componentName = new ComponentName(stubPackage,
        WebviewActivity.class.getName());
    newIntent.setComponent(componentName);

    super.startActivityForResult(newIntent, requestCode);
    }
}
```

我们来看一下 WebView 中的逻辑，它负责接受上个页面传过来的 JSON 数据，然后传给 WebView 控件。代码如下：

```
public class WebviewActivity extends Activity {

    private static final String TAG = "WebviewActivity";
    WebView wv;

    @Override
    protected void onCreate(Bundle savedInstanceState) {
        super.onCreate(savedInstanceState);
        setContentView(R.layout.activity_webview);

        String fullURL = getIntent().getStringExtra("FullURL");

        wv = (WebView) findViewById(R.id.wv);
        wv.getSettings().setJavaScriptEnabled(true);
        wv.getSettings().setBuiltInZoomControls(false);
        wv.getSettings().setSupportZoom(true);
        wv.getSettings().setUseWideViewPort(true);
        wv.getSettings().setLoadWithOverviewMode(true);
        wv.getSettings().setSupportMultipleWindows(true);
        wv.setWebViewClient(new MyWebChromeClient());
        wv.loadUrl(fullURL);
    }
}
```

在 firstpage.html 中，我们需要解析从上个页面传过来的参数，如下所示：

```
<html>
<head>
```

```
<meta charset="utf-8">
<meta name="viewport" content="initial-scale=1,maximum-scale=1,minimum-scale=1,
    user-scalable=no"/>

<link href="style.css" rel="stylesheet" type="text/css">
<script type="text/javascript">
    function parseJSON() {
        var url = window.location.href;
        var arr = url.split('=');

        var otest = document.getElementById("test");

        var newli = document.createElement("li");

        var result = JSON.parse(decodeURIComponent(arr[1]));
        newli.innerHTML = result.UserName;

        otest.insertBefore(newli, otest.childNodes[1]);
    }
</script>
</head>
<body onload="parseJSON()">
    <ul id="test">
        <li></li>
    </ul>
</body>
</html>
```

在 HTML 5 中，我们使用 JSON.parse 方法来解析从 Android 传过来的 JSON 数据。至此，从 Activity 到 HTML 5 的页面跳转和参数传递就完成了。

17.2　从 HTML 5 到 Activity

从 HTML 5 跳转到 Activity 中，则需要 HTML 5 页面对要传递的参数进行 encode，然后，定义一个 WebViewActivity 能解析的契约格式，比如，要跳转到 Android App 中的 SecondActivity，就要这么写：

```
activity://jianqiang.com.hook3.SecondActivity?json=encodeData
```

点击链接并不一定要跳转到 Android 的 Activity 中，也可能是跳转到另一个 HTML 5 页面，这时候就要把契约定义为：

```
secondpage.html? json=encodeData
```

其中，从 HTML 5 传递给 Activity 的 encodeData 数据，我们并不知道其中的每个字段是什么类型，所以在这个 encodeData 数据中，分为 jsonValue 和 jsonType 两个字段，jsonType 用来指定每个参数是什么类型，1 是字符串，2 是整型，3 是自定义实体，这与前一节中定义的类型编号是一致的。

下面是 firstpage.html 的部分代码：

```html
<html>
<head>
    <meta charset="utf-8">
    <meta name="viewport" content="initial-scale=1,maximum-scale=1,minimum-scale=1,
        user-scalable=no"/>

    <link href="style.css" rel="stylesheet" type="text/css">
    <script type="text/javascript">
        function gotoSecondActivity() {
            var baseURL = "activity://jianqiang.com.hook3.SecondActivity";
            var jsonValue = "{'HotelId':14, 'HotelName' = '郭郭大酒店', 'Rooms':[{'roomType':'
                大床房', 'price':100}, {'roomType':'双床房', 'price':200}]}";
            var jsonType = "[{'key':'HotelId', 'value':'2'}, {'key':'HotelName',
                'value':'1'}, {'key':'Rooms', 'value':'jianqiang.com.hook3.entity.Course'}]";
            var finalJSON = "{'jsonValue'=" + jsonValue + ", 'jsonType'=" +
                jsonType + "}";

            baseURL = baseURL + "?json=" + encodeURIComponent(finalJSON);

            location.href= baseURL;
        }

        function gotoSecondActivityInWeb() {
            var baseURL = "secondpage.html";
            var jsonValue = "{'HotelId':14, 'HotelName' = '郭郭大酒店', 'Rooms':[{'roomType':'
                大床房', 'price':100}, {'roomType':'双床房', 'price':200}]}";
            var jsonType = "[{'key':'HotelId', 'value':'2'}, {'key':'HotelName',
                'value':'1'}, {'key':'Rooms', 'value':'jianqiang.com.hook3.entity.Course'}]";
            var finalJSON = "{'jsonValue'=" + jsonValue + ", 'jsonType'=" +
                jsonType + "}";

            location.href= baseURL+ "?json=" + encodeURIComponent(finalJSON);
        }
    </script>
</head>
<body onload="parseJSON()">
    <a href="javascript:void(0)" onclick="gotoSecondActivity()">跳转SecondActivity
        </a> <br/>
    <a href="javascript:void(0)" onclick="gotoSecondActivityInWeb()">
        跳转SecondPage</a>
</body>
</html>
```

而在 thirdpage.html 中，我们定义了一种新的契约格式：

```
startActivityForResult://jianqiang.com.hook3.MainActivity
```

顾名思义，这是用来处理 startActivityForResult 的，代码如下：

```html
<html>
<head>
    <meta charset="utf-8">
    <meta name="viewport" content="initial-scale=1,maximum-scale=1,minimum-scale=1,
        user-scalable=no"/>

    <link href="style.css" rel="stylesheet" type="text/css">
    <script type="text/javascript">
        function backToMainActivity() {
            var baseURL = "startActivityForResult://jianqiang.com.hook3.MainActivity";
            var jsonValue = "{'score':14}";
            var jsonType = "[{'key':'score', 'value':'2'}]";
            var finalJSON = "{'jsonValue'=" + jsonValue + ", 'jsonType'=" +
                jsonType + "}";

            baseURL = baseURL + "?json=" + encodeURIComponent(finalJSON);

            location.href= baseURL;
        }

    </script>
</head>
<body>
    <ul id="test">
        <li></li>
    </ul>

    <a href="javascript:void(0)" onclick="backToMainActivity()">返回结果啊</a> <br/>
</body>
</html>
```

而在加载 firstpage.html 的 WebViewActivity 中，需要拦截 URL，根据 URL 前缀的不同，来区分这是 startActivity，或是 startActivityForResult，亦或是简单的从一个 HTML 5 页面跳转到另一个 HTML 5 页面。

我们看一下 WebViewActivity 的完整代码：

```java
public class WebviewActivity extends Activity {

    private static final String TAG = "WebviewActivity";
    WebView wv;

    @Override
    protected void onCreate(Bundle savedInstanceState) {
        super.onCreate(savedInstanceState);
        setContentView(R.layout.activity_webview);

        String fullURL = getIntent().getStringExtra("FullURL");

        wv = (WebView) findViewById(R.id.wv);
```

```
        wv.getSettings().setJavaScriptEnabled(true);
        wv.getSettings().setBuiltInZoomControls(false);
        wv.getSettings().setSupportZoom(true);
        wv.getSettings().setUseWideViewPort(true);
        wv.getSettings().setLoadWithOverviewMode(true);
        wv.getSettings().setSupportMultipleWindows(true);
        wv.setWebViewClient(new MyWebChromeClient());
        wv.loadUrl(fullURL);
    }

public class MyWebChromeClient extends WebViewClient {
    @Override
    public boolean shouldOverrideUrlLoading(WebView view, WebResourceRequest
        request) {
        Uri url = request.getUrl();

        if(url == null) {
            return super.shouldOverrideUrlLoading(view, request);
        }

        Intent intent = null;
        if (url.toString().toLowerCase().startsWith("activity://")) {
            intent = parseUrl(url.toString(), "activity://");
            startActivity(intent);
        } else if(url.toString().toLowerCase().startsWith("startactivityforr
            esult://")) {
            intent = parseUrl(url.toString(), "startactivityforresult://");
            setResult(2, intent);
            finish();
        } else {
            return super.shouldOverrideUrlLoading(view, request);
        }

        return true;
    }
}

Intent parseUrl(String url, String prefix) {
    int pos = url.indexOf("?");
    String activity = url.substring(prefix.length(), pos);

    //6 means ?json=
    String jsonEncodeData = url.substring(pos + 6);

    String jsonData = null;
    try {
        jsonData = URLDecoder.decode(jsonEncodeData, "UTF-8");
    } catch (UnsupportedEncodingException e) {
        e.printStackTrace();
    }
```

```
JSONObject jsonObject = null;
try {
    jsonObject = new JSONObject(jsonData);
} catch (JSONException e) {
    e.printStackTrace();
}

JSONArray jsonType = jsonObject.optJSONArray("jsonType");
JSONObject jsonValue = jsonObject.optJSONObject("jsonValue");

Intent intent = new Intent();

for (int i = 0; i < jsonType.length(); i++) {
    JSONObject item = jsonType.optJSONObject(i);
    String key = item.optString("key");
    String value = item.optString("value");

    switch (value) {
        case "1":
            String strData = jsonValue.optString(key);
            intent.putExtra(key, strData);
            break;
        case "2":
            int intData = jsonValue.optInt(key);
            intent.putExtra(key, intData);
            break;
        default:
            JSONArray arrayData = jsonValue.optJSONArray(key);
            Gson gson = new Gson();
            ArrayList arrayList = new ArrayList();

            try {
                for (int j = 0; j < arrayData.length(); j++) {
                    Object data = gson.fromJson(arrayData.optJSONObject(j).
                        toString(), Class.forName(value));
                    arrayList.add(data);
                }
            } catch (ClassNotFoundException e) {
                e.printStackTrace();
            }

            intent.putExtra(key, arrayList);

            break;
    }
}

ComponentName componentName = new ComponentName(getPackageName(), activity);
intent.setComponent(componentName);
```

```
        return intent;
    }
}
```

17.3 对返回键的支持

在降级的解决方案中，硬返回键是需要额外处理的。在 HTML 5 从一个页面跳转到另一个页面后，按硬返回键，应该是 HTML 5 页面的后退，而不是从 HTML 5 页面跳回到 Activity，为此，我们重写了 WebViewActivity 的 onKeyDown 方法：

```
@Override
public boolean onKeyDown(int keyCode, KeyEvent event) {
    if (event.getAction() == KeyEvent.ACTION_DOWN) {
        if (keyCode == KeyEvent.KEYCODE_BACK && wv.canGoBack()) { // 表示按返回键时的操作
            wv.goBack(); // 后退
            // webview.goForward();//前进
            return true; // 已处理
        }
    }
    return super.onKeyDown(keyCode, event);
}
```

17.4 本章小结

在实践中发现，降级的解决方案，并不适用于所有的原生页面。比如支付，原生页面中有各种银行支付方式，但是在 HTML 5 能支持的支付方式就少的可怜了。

第 18 章 *Chapter 18*

插件的混淆

插件不支持加固，宿主可以加固。此外，插件支持签名。

本章介绍对插件进行签名之后，如何对插件进行混淆的技术。

18.1 插件的基本混淆

一个正常的 App 在混淆时要遵守的规则如下：

❏ 四大组件和 Application 要在 AndroidManifest 中声明，所以这些都不能混淆。

❏ R 文件不能混淆，因为有时要通过反射获取资源。

❏ support 的 v4 和 v7 包中的类不能混淆——系统的东西，不要随便动。

❏ 实现了 Serializable 的类不能混淆，否则反序列化时会出错。

❏ 泛型不能混淆。

❏ 自定义 View 不能混淆，否则在 Layout 中使用自定义 View 时会找不到。

对插件进行混淆，可以把插件当作一个 apk 来对待。上述规则都要遵守。虽然插件里的四大组件不一定在 AndroidManifest 中声明，但是都要通过反射来获取，所以不能混淆。

有时候，宿主 App 会通过反射调用插件 apk 的某个类的某个方法，比如：

```
Class mLoadClass = classLoader.loadClass("jianqiang.com.receivertest.MainActivity");
Object mainActivity = mLoadClass.newInstance();

Method getNameMethod = mLoadClass.getMethod("doSomething");
getNameMethod.setAccessible(true);
String name = (String) getNameMethod.invoke(mainActivity);
```

提示 本节示例代码参见 https://github.com/BaoBaoJianqiang/，然后搜索 Sign1 和 Sing2。

这时候，会因为插件的 MainActivity 的 doSomething 方法被混淆了，而在运行时找不到这个方法，这样就报错了。

因此我们需要注意，所有这些通过反射获取插件某个类或某个方法的地方，都不能混淆，如下所示，在插件的 proguard-rules 中这么配置：

```
-keep class jianqiang.com.receivertest.MainActivity {
    public void doSomething();
}
```

下面，我们介绍插件混淆的方案。

18.2 方案1：不混淆公共库 MyPluginLibrary

大部分插件化项目都拥有如图 18-1 所示架构。

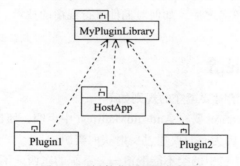

图 18-1　插件化项目的架构图

宿主和插件都要引用 MyPluginLibrary 这个公共类库。为了节省 apk 的体积，插件在引用 MyPluginLibrary 的时候，要把 compile 改为 provided。我们仅仅在编译的时候使用 MyPluginLibrary，打包后并不包括 MyPluginLibrary。那么问题来了，MyPluginLibrary 类库到底要不要混淆？

本节先讨论不混淆 MyPluginLibrary 的做法，这也是最简单的做法。

为了减少插件 Plugin1 的体积，在 Plugin1 的 build.gradle 中，我们把 Plugin1 对 MyPluginLibrary 的依赖改为 provided，代码如下：

```
dependencies {
    compile fileTree(dir: 'libs', include: ['*.jar'])
    testCompile 'junit:junit:4.12'
```

```
    compile 'com.android.support:appcompat-v7:25.2.0'

//compile project(':mypluginlibrary')
    provided files("lib/mypluginlibrary.jar")
}
```

> 提示　**本节示例代码参见 https://github.com/BaoBaoJianqiang/ZeusStudy1.5。**

然后，在 Plugin1 的 build.gradle 中，把 Plugin1 项目的混淆开关打开：

```
buildTypes {
    release {
        minifyEnabled true
        proguardFiles getDefaultProguardFile('proguard-android.txt'), 'proguard-
            rules.pro'
    }
}
```

混淆生成的 apk 文件中，就不再包括 mypluginlibrary 中的任何类了，如图 18-2 所示。

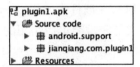

图 18-2　混淆后的插件 plugin1 的内部结构

同时，我们发现，MyPluginLibrary 因为不会打包到 plugin1.apk 中，所以在混淆打包的过程中，MyPluginLibrary 中的代码不会混淆，比如 Plugin1 里面的 TestActivity1，它引用的 PluginManager 并没有混淆，下面代码是使用 jadxGUI 来观察 plugin1.apk 中的 TestActivity1：

```
public class TestActivity1 extends ZeusBaseActivity {
    protected void onCreate(Bundle bundle) {
        super.onCreate(bundle);
        setContentView(R.layout.activity_test1);
        findViewById(R.id.btnGotoActivityA).setOnClickListener(new OnClickListener(this) {
            final /* synthetic */ TestActivity1 a;

            {
                this.a = r1;
            }

            public void onClick(View view) {
                try {
                    Intent intent = new Intent();
                    intent.setComponent(new ComponentName("jianqiang.com.plugin1",
                        "jianqiang.com.plugin1.ActivityA"));
                    intent.putExtra("UserInfo", new UserInfo("baobao", 60));
```

```
                    intent.putExtra("PlugPath", ((PluginItem) PluginManager.plugins.
                        get(0)).pluginPath);
                    this.a.startActivity(intent);
                } catch (Exception e) {
                    e.printStackTrace();
                }
            }
        });
    }
}
```

把目光聚焦到宿主 HostApp。我们把前面制作好的混淆包 plugin1.apk 放在 HostApp 的 assets 目录下，同时，在 HostApp 的混淆规则文件 proguard-rules.pro 中，keep 住整个 MyPluginLibrary，让 MyPluginLibrary 中的所有类都不会被混淆，如下所示：

```
-keep class com.example.jianqiang.mypluginlibrary.** { *;}
```

读者们可以尝试一下，如果不添加上面这行混淆代码，App 启动后，从插件的 TestActivity1 跳转到 ActivityA，就会崩溃，提示找不到 UserInfo 这个类。这是因为 UserInfo 位于 MyPluginLibrary 项目，宿主 HostApp 因为没有使用过这个 UserInfo 类，而会在混淆中把 UserInfo 类移除了，以后在插件中使用 UserInfo 时自然就找不到了。

至此我们看到，这种混淆的方式是非常简单而实用的实现方式。

18.3　方案 2：混淆公共库 MyPluginLibrary

有时候，如果不混淆 MyPluginLibrary，那么 MyPluginLibrary 中的代码和逻辑就都暴露给外界了。别人可以轻松看到你的逻辑，包括领先于竞争对手的一些技术。

本节介绍对 MyPluginLibrary 进行混淆的技术方案。

如果混淆了 MyPluginLibrary，那么 Plugin1 和 HostApp 也要使用和 MyPluginLibrary 相同的混淆规则。前面我们讲过，在 Plugin1 中对 MyPluginLibrary 的引用，如果是 provided，那么 MyPluginLibrary 只会参与 Plugin1 的编译，不会被打包进 plugin1.apk，也不会混淆。

在本节的解决方案中，要想 MyPluginLibrary 和 Plugin1 使用相同的混淆规则，就要把 provided 改为 compile。但这样做的话，MyPluginLibrary 就被打包在 plugin1.apk 中了，Plugin1 在 HostApp 中也有一份，这就导致 App 的体积整体变大了。

这就要用到 multidex 的手动拆包技术了。首先，我们把 Plugin1 拆成两个包，Plugin1 的代码都放在主 dex 中，而其他代码都放在 classes2.dex 中，包括 MyPluginLibrary。然后，我们用一个空的 classes2.dex 文件，替换 Plugin1.apk 中的 classes2.dex。最后，让 Plugin1 和 HostApp 使用相同的混淆规则。我们可以混淆 Plugin1，把 Plugin1 的混淆规则文件放在 HostApp 中，那么 HostApp，MyPluginLibrary 就会和 Plugin1 使用相同的混淆规则了。

以上是对 MyPluginLibrary 进行混淆的整体解决方案。接下来我们看具体的实现。

 提示　本节示例代码参见 https://github.com/BaoBaoJianqiang/ZeusStudy1.6。

18.3.1　配置 multidex

我们首先为插件 Plugin 配置 multidex，在它的 gradle 文件中增加以下配置：

```
dexOptions {
    javaMaxHeapSize "4g"
    preDexLibraries = false

    additionalParameters += '--multi-dex'
    additionalParameters += '--main-dex-list=maindexlist.txt'
    additionalParameters += '--minimal-main-dex'
    additionalParameters += '--set-max-idx-number=20000'
}
```

不同于上节介绍的技术，在 plugin1 的项目中，我们使用 compile 而不是 provided，把 mypluginlibrary 打包进 plugin1.apk：

```
compile project(path: ':mypluginlibrary')
```

接下来，在 plugin1 项目中，增加一个 maindexlist.txt 文件，里面包括了 plugin1.apk 中哪些文件应该保留在主 dex 中。我们的策略是把 plugin1 项目下的所有类（目前有 3 个）都放在主 dex，而把其他的类（比如 mypluginlibrary 仓库下的所有类）放入 classees2. dex。

以下是 maindexlist.txt 的内容：

```
jianqiang/com/plugin1/TestService1.class
jianqiang/com/plugin1/ActivityA.class
jianqiang/com/plugin1/TestActivity1.class
```

手动维护 maindexlist.txt 的内容会非常繁琐，可以使用 Python 写一个脚本。比如我写的这个 coolect.py（基于 Python2.7），位于 Plugin1 项目下：

```
import os

fw = open('maindexlist.txt', 'w')

def dirlist(path):
    filelist = os.listdir(path)

    for filename in filelist:
        filepath = os.path.join(path, filename)
        if os.path.isdir(filepath):
```

```
            dirlist(filepath)
        elif len(filepath)>5 and filepath[-5:]=='.java':
            baseStr = filepath.replace('src/main/java/','').replace('.java', '')
            fw.write(baseStr+ '.class\n')
            for index in range(1, 11):
                fw.write(baseStr+ '$' + str(index) + '.class\n')
    fw.close()
dirlist("src/main/java/")
```

执行这个 Python 脚本，就会递归扫描 Plugin1 项目的 src/main/java/ 目录下的所有 Java 文件，把文件后缀名从 java 替换为 class，然后填充到 maindexlist.txt。

在使用中我发现，Plugin1 项目中的这些类，经常会伴随着很多内部类，一般是 new OnClickListener() 这样的语句会生成这样的匿名内部类。混淆后，内部类的命名有个规律——这些内部类会以 ActivityA$1 或 ActivityA$2 这样的形式存在。

于是在手动拆包并配置了上述 maindexlist.txt 的内容后，就会导致 ActivityA 在主 dex 而 ActivityA$1 在 classees2.dex。这不是我们希望看到的，我们希望 ActivityA$1 也分包到主 dex 中。

Multidex 不支持在 maindexlist.txt 中使用 * 这样的通配符。所以一种简单粗暴的办法是，预先为 Plugin1 项目中的每个类，都生成 10 个内部类，这就基本够用了，如果还不够就扩充到 100 个。

于是在上述 collect.py 脚本中增加一个 for 循环，根据下面代码中的注释，寻找新增加的逻辑：

```
import os

fw = open('maindexlist.txt', 'w')

def dirlist(path):
    filelist = os.listdir(path)

    for filename in filelist:
        filepath = os.path.join(path, filename)
        if os.path.isdir(filepath):
            dirlist(filepath)
        elif len(filepath)>5 and filepath[-5:]=='.java':
            baseStr = filepath.replace('src/main/java/','').replace('.java', '')
            fw.write(baseStr+ '.class\n')
            for index in range(1, 11):
                fw.write(baseStr+ '$' + str(index) + '.class\n')
    fw.close()
dirlist("src/main/java/")
```

对 Plugin1 插件进行打包，会看到 dex 分成了两个：主 dex 是 plugin1 项目下的所有代码（如图 18-3 所示）；MyPluginLibrary 项目下的那些类都被归到了 classees2.dex，不仅如此，就连 android.support 这样的包也被转移到了 classees2.dex（如图 18-4 所示）。

classes.dex
Source code
jianqiang.com.plugin1
ActivityA
TestActivity1
TestService1

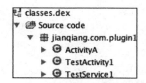

图 18-3　拆包后的主 dex

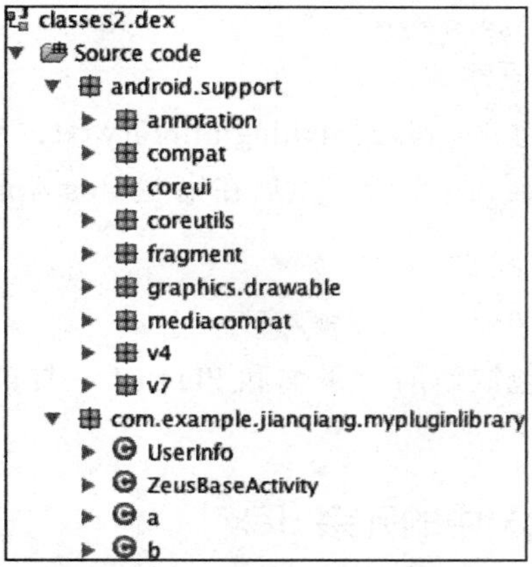

classes2.dex
Source code
android.support
annotation
compat
coreui
coreutils
fragment
graphics.drawable
mediacompat
v4
v7
com.example.jianqiang.mypluginlibrary
UserInfo
ZeusBaseActivity
a
b

图 18-4　拆包后的 classes2.dex

18.3.2　配置 proguard

MyPluginLibrary 有趣的地方在于，比如它有 5 个类 A，B，C，D，E，宿主 HostApp 可能只用到 A，B，C 这三个类，而插件 Plugin1 只用到 C，D，E 三个类。那么在混淆宿主 HostApp 的时候，就会导致 MyPluginLibrary 这个库在混淆的过程中，D 和 E 这两个类因为不会用到而被移除，那么在运行插件 Plugin1 的逻辑时，就会因为找不到 D 和 E 这两个类而崩溃。

解决方案是在插件 Plugin1 和宿主 HostApp 的 proguard-rule.pro 中，都增加一行代码：

```
-dontshrink
```

这行代码的意思是，混淆过程中，即使用不到的类，也会保留下来。

重新对 Plugin1 打一个混淆包，会在 Plugin1 的 build/output/mapping/release 目录下，生成一个 mapping.txt 文件，里面保存了 Plugin1 和 MyPluginLibrary、android.support 这些库中的类混淆之后的类。我们只关心 com.example.jianqiang.mypluginlibrary 这个命名空间下的类的映射规则，如下所示，是 mapping.txt 中的一部分内容：

```
com.example.jianqiang.mypluginlibrary.AppConstants -> com.example.jianqiang.
    mypluginlibrary.a:
    java.lang.String PROXY_VIEW_ACTION -> a
    java.lang.String EXTRA_DEX_PATH -> b
    java.lang.String EXTRA_CLASS -> c
```

```
    6:6:void <init>() -> <init>
com.example.jianqiang.mypluginlibrary.BuildConfig -> com.example.jianqiang.
    mypluginlibrary.b:
    boolean DEBUG -> a
    java.lang.String APPLICATION_ID -> b
    java.lang.String BUILD_TYPE -> c
    java.lang.String FLAVOR -> d
    int VERSION_CODE -> e
    java.lang.String VERSION_NAME -> f
6:6:void <init>() -> <init>
```

把这些规则复制并保存为 mapping_mypluginlibrary.txt，复制这个文件到宿主 HostApp 的根目录下，与 proguard-rules.pro 平级。然后在宿主 HostApp 的 proguard-rules.pro 文件中增加一行语句：

```
-applymapping mapping_mypluginlibrary.txt
```

这会使宿主 HostApp 打包混淆时，采纳和 Plugin1 一样的对 mypluginlibrary 类库的混淆规则。

18.3.3　移除 Plugin1.apk 中的冗余 dex

Plugin1.apk 中因为有冗余的 mypluginlibrary 库和 android.support 库，体积很大，约为 1.4M。

接下来我们开始 Plugin1.apk 的瘦身之旅。提前准备用于瘦身的物料——创建一个 work 目录，包括以下内容：

❑ 签名宿主 HostApp 和插件 Plugin1 的 keystore.jks。
❑ 脚本文件 createEmplyDex.py。
❑ 插件 plugin1.apk。

由于前面使用了 multidex 来进行拆包，所以 plugin1 的代码都在主 dex，而其他代码都在 classes2.dex。我们尝试用 Python 脚本创建一个空的 classes2.dex 来替换它：

```
f=open('classes2.dex','w')
f.close()
```

接下来就要使用反编译和重新打包的技术了，cd 进入签名创建的 work 目录。

1）使用 apktool，反编译 plugin1.apk：

```
java -jar apktool.jar d --no-src -f plugin1.apk
```

这会在 work 目录下生成 plugin1 子目录，如图 18-5 所示，里面有我们关心的 dex。

2）把其中的 classes2.dex 这个 1.4M 的文件，替换为我们前面用 Python 脚本生成的 0 字节的 classes2.dex。

3）重新打包 plugin1.apk：

```
java -jar apktool.jar b plugin1
```

图 18-5　plugin1 解包后的目录结构

4）对 plugin 重新签名，这里 key0 是 keystore.jks 的别名，密码是 123456：

```
jarsigner -verbose -keystore keystore.jks -digestalg SHA1 -sigalg MD5withRSA -signed-
    jar plugin1_sign.apk "plugin1/dist/plugin1.apk" key0
```

5）对生成的签名包执行对齐操作：

```
zipalign -v 4 plugin1_sign.apk plugin1_final.apk
```

plugin1_final.apk 就是我们最终的产物，体积只有 620KB，比原来 1.4MB 的 plugin1. apk 小了很多。把 plugin1_final.apk 改名为 plugin1.apk，放到宿主 HostApp 的 assets 目录下。

至此，所有的工作都做完了，对宿主 HostApp 打混淆包，安装到手机上，你会发现功能一切正常。

18.4　本章小结

混淆是一件很繁琐的事情，尤其是本章列出的方案 2，由很多步骤组成，甚至还要执行两个 Python 脚本，其实可以把这些步骤都集成到 Gradle 中，通过对 Android App 的打包流程进行 Hook 来实现，不过这样就很难看懂其背后的设计思想了。本章便展示了这个过程，希望给大家一些启发。

在本书发版前，邹贵明同学把 10.3 节的混淆流程写到了 gradle 脚本中，从而避免了逐步执行脚本和手动配置，这个代码例子位于 https://github.com/louiszgm/ZeusStuty 1.6。感谢小明的辛勤劳动。

Chapter 19 第 19 章

增 量 更 新

这一章介绍怎样更新插件，这是一件重要的事情。每个插件都是一个 App，都有几兆的体积，如果插件从 1.0 版本更新到了 2.0 版本，让用户从服务器下载一个 10M 的插件新版本，会需要很长时间。如果我们能计算出插件从 1.0 版本到 2.0 版本修改了哪些内容，让用户只下载这些修改的内容，那么体积就会缩减为不到 1M。我们称这种技术为"增量更新"。

 提示　本章示例代码参见 https://github.com/BaoBaoJianqiang/That2。

19.1　如何使用增量更新

在 App 发版前，把做好的插件放置到宿主的 assets 目录下，以确保宿主 App 启动的时候，加载 assets 目录下的所有插件。每个插件都要有自己的版本号，App 的版本如果是 6.0.0，那么跟着 App 一起发版的插件的版本就是 6.0.0.0。

App 发版后，如果需要更新插件，那就要把插件的新版本 6.0.0.1 放到服务器上。App 下载这个插件的新版本，接下来就加载这个新版本的插件。

如果插件包的体积太大，比如 30M，那么这个下载的过程就太久了，也耗费用户很多的流量。但是我们经比较发现，每次发版无非是修 bug 或者增加新功能，每次修改的代码也就几百 K。

于是便有了增量更新的技术。

19.2　制作插件的增量包

我们使用 bsdiff 对插件 plugin1.apk 的新旧版本进行比较，生成 patch.diff 文件（文件名称和后缀可以随意起）。

到官网下载 bsdiff4.3，它分为 Windows 和 Mac 两个版本。无论哪个版本，都执行下面的命令：

```
bspatch old.apk new.apk mypatch.diff
```

这样就生成了增量包文件 mypatch.diff。

把这个包文件 mypatch.diff 压缩成一个 zip 包，注意，要在 Windows 上压缩，而且，要确保 mypatch.diff 在 zip 包的根目录下。Mac 上压缩出来的 zip 包会有各种稀奇古怪的问题，我们还是统一在 Windows 平台上做这件事情。

我们且把这个 zip 压缩包称为 patch1.zip，将其上传到服务器。我没有正式的服务器，于是便放到我的博客空间，地址为：

```
https://files.cnblogs.com/files/Jax/patch1.zip
```

19.3　App 下载增量包并解压到本地

下载和解压缩的代码都很简单，这里就不浪费篇幅过多介绍了，参看 download 和 unzip 两个方法。

需要注意的是，以上两个方法，都需要读写 SDCard，这涉及权限申请的技术。权限申请是 Android 4.4 之后新增加的技术，SDCard 读写权限只是其中的一种。

我们在需要申请权限的地方编写代码，申请权限。这会导致代码变得很臃肿，下列代码是申请 SDCard 读写权限的逻辑：

```
private static final int REQUEST_EXTERNAL_STORAGE = 1;
private static String[] PERMISSIONS_STORAGE = {
        Manifest.permission.READ_EXTERNAL_STORAGE,
        Manifest.permission.WRITE_EXTERNAL_STORAGE };

public void verifyStoragePermissions() {
    // Check if we have write permission
    int permission = ActivityCompat.checkSelfPermission(this,
            Manifest.permission.WRITE_EXTERNAL_STORAGE);

    if (permission != PackageManager.PERMISSION_GRANTED) {
        // We don't have permission so prompt the user
        ActivityCompat.requestPermissions(this, PERMISSIONS_STORAGE,
            REQUEST_EXTERNAL_STORAGE);
    }
}
```

在 onCraete 方法中，执行 verifyStoragePermissions 函数，就完成了 SDCard 的读写权限的申请，App 启动后会弹出对话框让用户确认。

19.4 App 合并增量包

这里隆重介绍刘存栋开源的一个增量包制作工具 ApkPatchLibrary [⊖]。其实它不仅能用于 Android 插件化的增量包制作，对于制作 Hybrid 增量包，也是适用的。

这是一个 libApkPatchLibrary.so，我们把这个 so 文件放在宿主 App 的 jniLibs/armeabi 目录下，然后在宿主 App 中新建一个包，起名为 com.cundong.utils，在其中创建 PatchUtils.java：

```
package com.cundong.utils;
public class PatchUtils {

/**
  * native方法  使用路径为oldApkPath的apk与路径为patchPath的补丁包，合成新的apk，并存储于
        newApkPath
  *
  * 返回：0，说明操作成功
  *
  * @param oldApkPath  示例:/sdcard/old.apk
  * @param newApkPath  示例:/sdcard/new.apk
  * @param patchPath   示例:/sdcard/xx.patch
  * @return
  */
public static native int patch(String oldApkPath, String newApkPath,
                                  String patchPath);
}
```

注意，PatchUtils.java 文件一定要放在 com.cundong.utils 包里面。这是 NDK 编程所要求的，如图 19-1 所示。

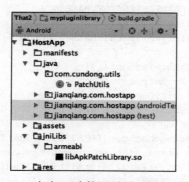

图 19-1　如何正确使用增量更新的 so 包

⊖ 开源项目地址：https://github.com/cundong/SmartAppUpdates

接下来，就可以在宿主的 MainActivity 中使用这个 PatchUtils 类来进行文件合并了，修改如下两个地方：

1）在 MainActivity 类中，增加一个静态函数，初始化 ApkPatchLibrary：

```
static {
    System.loadLibrary("ApkPatchLibrary");
}
```

2）在 Unzip 解压缩的代码之后，进行文件合并的操作：

```
try {
    int patchResult = PatchUtils.patch(oldApkPath, newFilePath, patchFilePath);
    if(patchResult == 0) {
        Log.e("bao", patchResult + "");
    }
} catch (Exception ex) {
    ex.printStackTrace();
}
```

newFilePath 是合并后的 apk 文件。接下来读取这个文件，就能获取插件的新版本。

至此，一个插件化增量更新的例子就全部介绍完了。这只是一个很简单的例子，现实中的增量更新会比较复杂。

在 App 两个正式发版的间隔期（从 6.0.0 到 6.1.0），大约是一个月，这一个月内，可能会发布很多插件的新版本，比如，6.0.0.1，6.0.0.2。

6.0.0.1 出来的时候，只要打一个增量包就够了。6.0.0.2 出来的时候，有的用户还是 6.0.0.0 的插件版本，有的用户则是 6.0.0.1 的插件版本。这时就要提供两个增量包，分别给不同插件版本的用户。如果有 6.0.0.3，那就要 3 个增量包。

当增量版本越来越多的时候，就需要写一个脚本，批量生成这些增量包。

另一方面，App 应该根据自己内部插件的版本号，向服务器申请适合自己的增量包。这个服务器接口，接收 App 发过来的插件版本号，并将其作为参数，返回 App 所要下载的增量包的 URL 地址。这些数据保存在一个 XML 中即可。

19.5　本章小结

增量更新技术，不仅应用于 Android 插件化，在 Hybrid、ReactNative 等技术领域也都是适用的。希望读者能理解其中的原理，举一反三，在其他领域也能运用这种技术。

Chapter 20 | 第 20 章

so 的插件化解决方案

在这一章，我们围绕 so 而展开插件化开发。做 Android 开发的朋友，或多或少都接触过 so。我们大多数情况下默默地使用第三方提供的 so，比如前一章介绍增量更新时所用到的 ApkPatchLibrary，很少自己去写一个 so，更不要说在插件中使用 so 了。

本章先从如何制作一个 so 讲起，然后介绍 so 的加载原理，最后介绍 so 的插件化解决方案。

20.1 编写一个最简单的 so

本节我们编写一个最简单的 so，它有一个 getsSring 函数，直接返回一个字符串。

提示 本节示例代码参见 https://github.com/BaoBaoJianqiang/JniHelloWorld。

---

1. 下载 NDK

首先要到官网下载 NDK。可以通过 Android Studio 来完成这个工作。点击工具栏中的 SDK Manager，看到 SDK 的下载页面，选中 SDK Tools 这个选项卡，即可看到 NDK 这一条目，下载即可，如图 20-1 所示。

然后在项目的 Project Structure 弹出的窗口中，看到 Android NDK location，已经指定到新下载的 NDK 的路径了，如图 20-2 所示。

配置完，Android Studio 就会自动在项目根目录中的 local.properties 中添加一行配置，如下所示：

```
ndk.dir=/Users/jianqiang/Library/Android/sdk/ndk-bundle
```

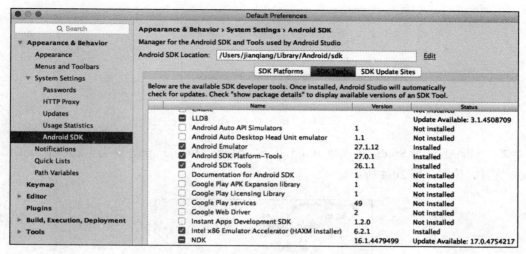

图 20-1　下载 NDK

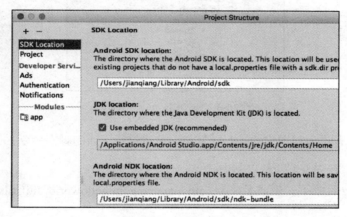

图 20-2　配置 NDK

我们在项目的 gradle.properties 中增加一行配置，这句话非常关键，如果没有，会导致编译生成 so 文件时报错：

```
android.useDeprecatedNdk=true
```

2. 新建一个 so 项目

新建一个 Android 项目，起名为 JniHelloWorld。

1）创建一个 JniUtils 类，如图 20-3 所示。

```
package com.jianqiang.jnihelloworld;

public class JniUtils {
    public native String getString();
}
```

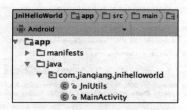

图 20-3 新建 so 项目的结构

2）点击 Android Studio 的菜单 Build 下面的 Make Module app，这会生成一个 JniUtils. class 文件，位置如图 20-4 所示。

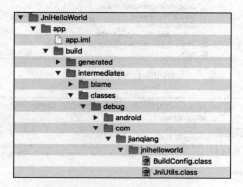

图 20-4 JniUtils.class 的位置

使用 cd 命令，进入到图中的 debug 目录，然后执行下面的脚本命令：

```
javah -jni com.jianqiang.jnihelloworld.JniUtils
```

这就在 debug 目录下，生成了一个 com_jianqiang_jnihelloworld_JniUtils.h 头文件，文件内容如下所示：

```
/* DO NOT EDIT THIS FILE - it is machine generated */
#include <jni.h>
/* Header for class com_jianqiang_jnihelloworld_JniUtils */

#ifndef _Included_com_jianqiang_jnihelloworld_JniUtils
#define _Included_com_jianqiang_jnihelloworld_JniUtils
#ifdef __cplusplus
extern "C" {
#endif
/*
 * Class:      com_jianqiang_jnihelloworld_JniUtils
 * Method:     getString
 * Signature: ()Ljava/lang/String;
 */
JNIEXPORT jstring JNICALL Java_com_jianqiang_jnihelloworld_JniUtils_getString
    (JNIEnv *, jobject);
```

```
#ifdef __cplusplus
}
#endif
#endif
```

3）在 JinHelloWorld/app/src/main 目录下，创建一个 jni 目录，把 com_jianqiang_jnihelloworld_JniUtils.h 头文件复制到这个目录，如图 20-5 所示。

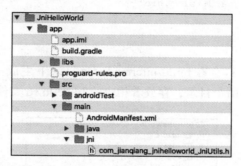

图 20-5 com_jianqiang_jnihelloworld_JniUtils.h 的位置

仍然是在这个 jni 目录下，创建一个 com_jianqiang_jnihelloworld_JniUtils.c 文件，文件内容如下：

```
#include "com_jianqiang_jnihelloworld_JniUtils.h"
/**
 * 上边的引用标签一定是.h的文件名加后缀，方法名一定要和.h文件中的方法名称一样
 */
JNIEXPORT jstring JNICALL Java_com_jianqiang_jnihelloworld_JniUtils_getString
        (JNIEnv *env, jobject obj) {
    return (*env)->NewStringUTF(env, "Hello Jianqiang");
}
```

4）配置 build.gradle，增加 ndk 的配置，从而生成支持 arm 的 32 位和 64 位的 so：

```
apply plugin: 'com.android.application'

android {
    compileSdkVersion 26
    buildToolsVersion "27.0.3"
    defaultConfig {
        applicationId "com.jianqiang.jnihelloworld"
        minSdkVersion 22
        targetSdkVersion 26
        versionCode 1
        versionName "1.0"
        testInstrumentationRunner "android.support.test.runner.AndroidJUnit-Runner"

        ndk{
            moduleName "hello" //生成的so名字
```

```
        abiFilters "armeabi-v7a", "arm64-v8a"
      }
   }
   buildTypes {
      release {
         minifyEnabled false
         proguardFiles getDefaultProguardFile('proguard-android.txt'),
            'proguard-rules.pro'
      }
   }
}
```

5）重新 Build 项目，这会在 build/intermediates 目录下生成一个 ndk 子目录，里面有 armeabi-v7a 和 arm64-v8a 两个目录，存放着相应的 libhello.so 文件，如图 20-6 所示。

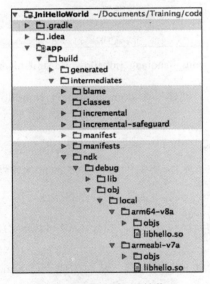

图 20-6　新生成 so 的位置

20.2　使用 so

这一节中，我们把刚刚创建好的 libhello.so 用到项目中。

 提示　本节示例代码参见 https://github.com/BaoBaoJianqiang/MySO1。

1）在项目中创建一个 jniLibs 目录，把 libhello.so 复制过去，如图 20-7 所示。

2）在项目中创建一个包为 com.jianqiang.jnihelloworld，由于我们创建的 libhello.so 的命名空间是 com.jianqiang.jnihelloworld，所以这里包的名称也只能是这个。

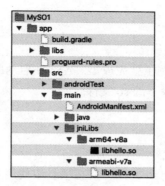

图 20-7　把 libhello.so 复制到 jniLibs 目录

3）同理，由于我们创建的 libhello.so 使用的类和方法分别是 JniUtils 和 getString，所以在 com.jianqiang.jnihelloworld 包中，也创建同名的类和方法，代码如下：

```
package com.jianqiang.jnihelloworld;

public class JniUtils {

    static {
        System.loadLibrary("hello");
    }

    // Java调C中的方法都需要用 native 声明且方法名必须和 C 的方法名一样
    public native String getString();
}
```

注意上述代码中 JniUtils 的静态构造函数。

我们一般是在类的静态构造函数中，加载 libhello.so。因为类的静态构造函数只会执行一次，这就确保了这个 so 文件只会加载一次。

也有的项目是在用到这个 so 的地方加载 so，但这样做不好。

4）最后，点击 MainActivity 中的按钮，调用这个 so 文件的 getString 方法：

```
public class MainActivity extends Activity {

    @Override
    protected void onCreate(Bundle savedInstanceState) {
        super.onCreate(savedInstanceState);
        setContentView(R.layout.activity_main);

        final Button btnShowMessage = (Button) findViewById(R.id.btnShowMessage);
        btnShowMessage.setOnClickListener(new View.OnClickListener() {
            @Override
            public void onClick(View v) {
                btnShowMessage.setText(new JniUtils().getString());
            }
```

```
        });
    }
}
```

至此，一个使用 so 的简单例子就完成了。App 在启动的时候，会根据机型来决定使用 arm64-v8a 还是 armeabi-v7a 目录下的 so 文件。

20.3　so 的加载原理

在上节中，我们创建了一个 so 文件，并在项目中使用它。其实我们是带着很多的困惑去做这个例子的。这涉及 so 加载的原理，我们在本节详细介绍。

1. so 的编译类型

Android 只支持 3 种 CPU 类型：x86 体系的、arm 体系的、mips 体系的。遗憾的是，x86 和 mips 体系已经很少有手机设备使用了，现在的手机基本上都是 arm 体系的。

接下来我们只看 arm 体系，这个体系分为 32 位和 64 位两种：

❑ armeabi/armeabi-v7a：这个架构是 arm 类型的，主要用于 Android 4.0 之后的，CPU 是 32 位的。其中，armeabi 是相当老旧的一个版本，缺少对浮点数计算的硬件支持，基本已经被淘汰了，可以不用考虑了。

❑ arm64-v8a：这个架构是 arm 类型，主要用于 Android 5.0 之后，CPU 是 64 位的。

 本节示例代码参见 https://github.com/BaoBaoJianqiang/MySO1.1。

我们通常是生成多种 CPU 类型的 so，然后分门别类地放在 jniLibs 目录下，如图 20-8 所示。

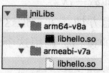

图 20-8　jniLibs 目录下的多种 CPU 类型的 so

但其实这么做没有必要。因为 arm 体系是向下兼容的，比如 32 位的 so，是可以在 64 位系统上运行的。

Android 上启动每个 App，都会为 App 创建一个虚拟机。Android 的 64 位系统，加载 32 位的 so 或者 App 时，会在创建一个 64 位的虚拟机的同时，还创建一个 32 位的虚拟机，这样，就能兼容 32 位的 App 应用了。

所以，在 App 中，保留一个 armeabi-v7a 版本的 so 就足够了。64 位 Android 系统会在 32 位的虚拟机上加载它。这就极大地精简了 App 打包后的体积。

2. so 的加载流程

本节介绍 so 加载的流程。

先看手机 CPU 的型号以及是不是 64 位。我们可以输入下列命令，查看手机支持的种类。我的手机是小米 Max2，支持 arm64-v8a、armeabi-v7a 以及 armeabi 这三种类型的 so：

```
[baobao:~ jiangqiang$ adb shell
[helium:/ $ getprop ro.product.cpu.abilist
 arm64-v8a, armeabi-v7a, armeabi
```

手机支持的种类存在一个 abiList 的集合中，有个前后顺序，比如我的手机，支持三种类型，abiList 的集合中就有三个元素，第一个元素是 arm64-v8a，第二个元素是 armeabi-v7a，第三个元素是 armeabi。

按照这个先后顺序，我们遍历 jniLib 目录，如果这个目录下有 arm64-v8a 子目录并且里面有 so 文件，那么接下来将加载 arm64-v8a 下的所有 so 文件，就不再去看其他子目录（比如 armeabi-v7a）了，以此类推。

在我的手机上，如果 arm64-v8a 下有 a.so，armeabi-v7a 下有 a.so 和 b.so，那么我的手机只会加载 arm64-v8a 下的 a.so，而永远不会加载到 b.so，这时候就会抛出找不到 b.so 的异常，这是由 Android 中的 so 加载算法导致的。

因此，为了节省 apk 的体积，我们只能保存一份 so 文件，那就是 armeabi-v7a 下的 so 文件。

32 位的 arm 手机，肯定能加载到 armeabi-v7a 下的 so 文件。

64 位的 arm 手机，想要加载 32 位的 so 文件，千万不要在 arm64-v8a 目录下放置任何 so 文件。把 so 文件都放在 armeabi-v7a 目录下就可以加载到了。

3. 加载 so 的两种方法

加载 so 有两种方法，如下所示。

❑ 第 1 种方法是使用 System.loadLibrary 方法，加载 jniLibs 目录下的 so 文件。我们现在使用的这个 so 文件是 libhello.so，那么调用方法就是：

```
System.loadLibrary("hello");
```

❑ 第 2 种方法是使用 System.load 方法，加载任意路径下的 so 文件，它需要一个参数，就是这个 so 文件所在的完整路径，

殊途同归，这两种方法最终都会调用 Android 底层的 dlopen 来打开 so 文件。

第 1 种方法，我们已经在 MySO1 这个例子中见到了。这是使用 so 的最常规的方式。

第 2 种方法，我们可以把 so 放到服务器上，App 下载 so 到手机后，再加载 so。这其实就是 so 的动态加载技术。

第 2 种方法的例子参见 MySO2。出于演示的方便，我们把 so 放在 assets 目录下，App 启动后，解压 assets 目录下的 so 文件。把解压后的这个地址传入 System.load 方法，就可以了。

为了节省体积，我们只把 32 位的 libhello.so 放在 assets 目录下，也就是 **armeabi-v7a**
目录下的 so 文件。

这时候，直接用 System.load 加载，会抛出一个异常：

```
dlopen failed: libhello.so is 32-bit instead of 64 bit
```

也就是说，现在是在 64 位的虚拟机中，它只能加载 64 位的 so，但是我们提供的是 32
位的 so，所以才会有这样的错误。

我在前两节中介绍过 Android 64 位系统的加载流程，于是便有了解决方案，写一个超
级简单的 32 位的 so36，放在 jniLibs 的 armeabi-v7a 目录下，它的目的就是占位。加载这个
so，这样 Android 64 位系统就会使用 32 位的虚拟机。那么进一步，就可以加载 assets 目录
下的 32 位的 so 了。

参考本章开头写一个超级简单的 32 位的 libgoodbye.so，它有一个 sayGoodBye 函数，
返回一个字符串 Goodbye baobao。这个例子参见 JniHelloWorld2。

提
示 本节代码示例请参见 https://github.com/BaoBaoJianqiang/，然后搜索 JiniHelloWorld2
和 MySO2。

把 libgoodbye.so 放到 MySO2 的 jniLibs 的 armeabi-v7a 目录下，在程序中使用 System.
loadLibrary 方法加载这个 libgoodbye.so。然后再使用 System.load 方法加载某个路径下的
libhello.so，就不会再有任何问题了。完整的代码如下所示：

```
public class MainActivity extends Activity {
    private String soFileName = "libhello.so";

    @Override
    protected void attachBaseContext(Context newBase) {
        super.attachBaseContext(newBase);

        Utils.extractAssets(newBase, soFileName);
    }

    @Override
    protected void onCreate(Bundle savedInstanceState) {
        super.onCreate(savedInstanceState);
        setContentView(R.layout.activity_main);

        File dir = this.getDir("jniLibs", Activity.MODE_PRIVATE);

        File tmpFile = new File(dir.getAbsolutePath() + File.separator + "armeabi-
            v7a");
        if (!tmpFile.exists()) {
            tmpFile.mkdirs();
        }
```

```
        File distFile = new File(tmpFile.getAbsolutePath() + File.separator + "libhello.
            so");

        System.loadLibrary("goodbye");

        if (Utils.copyFileFromAssets(this, "libhello.so", distFile.getAbsolute-Path())){
            System.load(distFile.getAbsolutePath());
        }

        final Button btnShowMessage = (Button) findViewById(R.id.btnShowMessage);
        btnShowMessage.setOnClickListener(new View.OnClickListener() {
            @Override
            public void onClick(View v) {
                btnShowMessage.setText(new JniUtils().getString());
            }
        });
    }
}
```

动态加载 so 是个很好的技术。只要 so 不是立刻加载，就可以全部放在服务器上，慢慢下载，从而减少 apk 的体积。

另一方面，我们只需要一份 armeabi-v7a 的 so，再次让 apk 变得很小。

有了动态加载 so 的技术，so 的插件化就很好实现了。

4. ClassLoader 与 so 的关系

还记得我们在前面介绍的加载插件的技术吗？为此要创建一个 DexClassLoader 加载这个插件中的类，如下所示：

```
File extractFile = this.getFileStreamPath(apkName);
dexpath = extractFile.getPath();

fileRelease = getDir("dex", 0); //0 表示Context.MODE_PRIVATE

classLoader = new DexClassLoader(dexpath,
        fileRelease.getAbsolutePath(), null, getClassLoader());
```

DexClassLoader 的构造函数的第 3 个参数，我们一直设置为 null，其实，这个参数是 apk 中的 so 文件的路径。如果有多个 so，那就是用逗号连接的、由若干 so 路径组成的字符串。

搞明白 ClassLoader 与 so 的关系，我们距离 so 的插件化又近了一步。

20.4　基于 System.load 的插件化解决方案

实现 so 的插件化，有两种方案：基于 System.Load 和基于 System.LoadLibrary。本节介绍方案 1。

提
示　本节示例代码参见 https://github.com/BaoBaoJianqiang/MySO3。

　　宿主在解析每个插件的时候，为每个插件都创建了一个 DexClassLoader，我们顺便解析出每个插件 apk 中的 so 文件，解压到某个位置，把这些路径用逗号连接起来成为一个字符串，放到 DexClassLoader 的构造函数的第 3 个参数中。这样的话，插件中的 so，就和宿主 App 中 jniLib 目录下的 so，享受同等的待遇，无论是在宿主还是插件中，都通过 System.loadLibrary 方法来加载这些 so。

　　MySO3 项目的结构如图 20-9 所示。

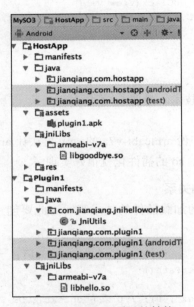

图 20-9　MySO3 项目的结构

　　我们还是使用 32 位的 so，在插件 Plugin1 中的 jinLibs 下有 32 位的 libhello.so。

　　在宿主 HostApp 的 UPFApplication 中，加载 32 位的 libgoodbye.so，从而确保接下来使用 32 位的虚拟机加载其他的 32 位的 so：

```
public class UPFApplication extends Application {
    @Override
    protected void attachBaseContext(Context base) {
        super.attachBaseContext(base);

        System.loadLibrary("goodbye");
    }
}
```

　　在宿主 HostApp 的 MainActivity 中，加载插件 Plugin1，解压缩 Plugin1.apk 中的 so 文

件，把 so 解压后的路径，放在插件的 ClassLoader 构造函数的第 3 个参数：

```
public class MainActivity extends AppCompatActivity {

    private String dexpath = null;      //文件地址
    private File fileRelease = null;   //释放目录
    private DexClassLoader classLoader = null;

    private String apkName = "plugin1.apk";      //apk名称

    TextView tv;

    @Override
    protected void attachBaseContext(Context newBase) {
        super.attachBaseContext(newBase);
        try {
            Utils.extractAssets(newBase, apkName);
        } catch (Throwable e) {
            e.printStackTrace();
        }
    }

    @SuppressLint("NewApi")
    @Override
    protected void onCreate(Bundle savedInstanceState) {
        super.onCreate(savedInstanceState);
        setContentView(R.layout.activity_main);

        File extractFile = this.getFileStreamPath(apkName);
        dexpath = extractFile.getPath();

        fileRelease = getDir("dex", 0); //0 表示Context.MODE_PRIVATE

        //得到由逗号分割的一组so的路径
        String libPaths = Utils.UnzipSpecificFile(dexpath, extractFile.get-Parent());

        classLoader = new DexClassLoader(dexpath,
                fileRelease.getAbsolutePath(), libPaths, getClassLoader());

        tv = (TextView)findViewById(R.id.tv);
        Button btn_1 = (Button) findViewById(R.id.btn_1);
        //普通调用，反射的方式
        btn_1.setOnClickListener(new View.OnClickListener() {
            @Override
            public void onClick(View arg0) {
                Class mLoadClassBean;
                try {
                    mLoadClassBean = classLoader.loadClass("jianqiang.com.plugin1. Bean");
                    Object beanObject = mLoadClassBean.newInstance();

                    Method getNameMethod = mLoadClassBean.getMethod("getName");
```

```
                        getNameMethod.setAccessible(true);
                        String name = (String) getNameMethod.invoke(beanObject);

                        tv.setText(name);
                        Toast.makeText(getApplicationContext(), name, Toast.LENGTH_
                            LONG).show();

                    } catch (Exception e) {
                        Log.e("DEMO", "msg:" + e.getMessage());
                    }
                }
            });
        }
    }
```

在上面的代码中，点击运行按钮，调用插件 Plugin1 的 Bean 类的 getName 方法，插件中的这个方法，会调用插件中 libhello.so 的 getString 方法，代码如下所示：

```
public class Bean implements IBean {
    private String name = "jianqiang";

    private ICallback callback;

    @Override
    public String getName() {
        return new JniUtils().getString();
    }

    //省略一些代码
}
```

插件 Plugin1 中的 JniUtils 类的定义如下：

```
public class JniUtils {
    static {
        System.loadLibrary("hello");
    }

    // Java调C中的方法都需要用native声明且方法名必须和c的方法名一样
    public native String getString();
}
```

可见，插件中也是使用 System.loadLibrary 方法加载 so，插件中的 so 和宿主 jniLibs 中的 so 具有相同的地位，这是因为我们把插件 so 的路径放在了插件的 DexClassLoader 构造函数的第三个参数中。

20.5　基于 System.loadLibrary 的插件化解决方案

实现 so 的插件化有两种方案。本节介绍方案 2。

> 提示　本节的代码例子参见 https://github.com/BaoBaoJianqiang/ZeusStudy1.7。

对于插件中的 so，可以交给插件自己来处理。插件可以把自身的 jniLibs 下的 so 复制到某个位置，然后通过 System.loadLibrary 去动态加载。

这种实现方案很简单，只要在 ZeusStudy1.4 这个例子的基础上，修改两个地方就够了，如下所示：

- ❑ 第一个地方是在宿主 HostApp 的 jniLibs/armeabi-v7a 目录中，增加 libgoodbye 这个 32 位的 so，然后在 Application 中使用 System.loadLibrary 方法加载它。这在上一节详细介绍过了。
- ❑ 第二个地方是修改插件 Plugin1。在 TestActivity1 中，解压插件 plugin1.apk 中 assets 目录下的 libhello.so，然后使用 System.load 方法加载它，代码如下：

```
public class TestActivity1 extends ZeusBaseActivity {
    private String apkName = "plugin1.apk";    //apk名称
    private String soFileName = "libhello.so";

    @Override
    protected void attachBaseContext(Context newBase) {
        super.attachBaseContext(newBase);

        File extractFile = this.getFileStreamPath(apkName);
        String dexpath = extractFile.getPath();

        String libPath = Utils.UnzipSpecificFile(dexpath, extractFile.getParent());

        System.load(libPath + "/" + soFileName);
    }

    //省略一些代码
}
```

我们可以把插件中解压并加载 so 的代码提前到插件自定义 Application 的 onCreate 方法中，然后在宿主 HostApp 自定义 Application 的 onCreate 方法中，调用所有插件的自定义 Application 的 onCreate 方法。

20.6　本章小结

本书主要介绍插件化技术，不打算过多介绍 so 的技术，所以我们只介绍 so 插件化的技术。插件化只是手段，借助于 so 插件化技术，可以搞清楚 so 的底层原理。希望各位读者通过本章，对 so 的技术有更加深入的理解。

对 App 的打包流程进行 Hook

本章原本是第 15 章的一节，介绍 Small 这个插件化框架的插件资源 id 冲突的解决方案 gradle-small，这是一个自定义 Gradle 插件，它通过修改 App 的打包流程，在这个过程中修改资源 id 的前缀。

写完这些内容后，我发现只有一节的内容实在说不清楚这个技术，于是就另起一章，从自定义 Gradle 插件讲起，相信本书的很多读者还都不清楚这个技术。没关系，我也是从零开始学习这门技术的，本章我会带领大家，走一遍我学习过程中的心路历程和需要掌握的关键技术点。

21.1 自定义 Gradle 插件

Android 插件化的很多框架都在 Gradle 中大做文章。通过修改其中的打包流程，在 App 中的资源上做文章。比如 Small，就编写了一个 gradle-small 的 gradle 插件，用于在 App 打包后修改其中的 resources.arsc 文件。想读懂 gradle-small，就要先从自定义 Gradle 插件讲起。

21.1.1 创建 Gradle 自定义插件项目

 提示　本节的代码例子参见 https://github.com/BaoBaoJianqiang/TestSmallGradle1.0。

Android Studio 没有这样的选项来创建自定义 Gradle 插件库，插件库的名字必须是 buildSrc。我们可以新建一个 Module 或者 Android Library，然后删除新建项目中的内容，只保留 build.gradle 文件和 src/main 目录。

如果读者觉得麻烦，可以直接使用我的代码例子 TestSmallGradle1.0 里面的 buildSrc 项目，如图 21-1 所示。

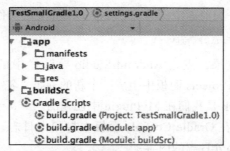

图 21-1　TestSmallGradle1.0 的项目结构

接下来在 buildSrc 项目的 build.gradle 文件中，配置如下：

```
apply plugin: 'groovy

dependencies {
    compile gradleApi()
    compile localGroovy()
}
```

然后就可以在 buildSrc 项目中创建类了，这和 Java 语法一致。新建 MyPlugin.groovy，这是一个实现了 Plugin<Project> 接口的类，定义如下：

```
public class MyPlugin implements Plugin<Project> {

    @Override
    void apply(Project project) {
        project.task('testPlugin') << {
            println "Hello gradle plugin in src"
        }
    }
}
```

然后，在 src/main 目录下创建子目录，如图 21-2 所示。

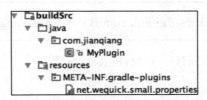

图 21-2　buildSrc 的项目结构

图中的 net.wequick.small 文件是这个自定义 Gradle 插件的入口，里面就一行代码，指定执行这个自定义插件，就会进入先执行 MyPlugin 类的 apply 方法：

```
implementation-class=com.jianqiang.MyPlugin
```

最后，在 App 这个具体的 Android 项目的目录下的 build.gradle 文件中，增加一行代码，其中的值 net.wequick.small 与前面定义的 net.wequick.small 的文件名称是匹配的：

```
apply plugin: 'net.wequick.small'
```

看一看我们的劳动成果，点击 Android Studio 导航栏中的 Sync Project With Gradle Files 按钮，就会在 Gradle Projects 面板中生成一个新的 task，名字是 testPlugin，位于 other 分组下。testPlugin 这个 task 是我们在 MyPlugin 中创建的。

点击 testPlugin，就会在 Gradle Console 面板中打印出日志，这是我们在 testPlugin 中定义的内容，以下截取了部分日志的内容：

```
Incremental java compilation is an incubating feature.
:testPlugin
Hello gradle plugin in src

BUILD SUCCESSFUL

Total time: 2.11 secs
```

至此，第一个例子我们就做完了。

注意，把 apply plugin: 'net.wequick.small' 这句配置添加到 TestSmallGradle1.0 的根目录下的 build.gradle 中，也是可以的。但这样的话，在 21.1.3 节，就只能捕获到 testPlugin 和 clean 这两个 task 了。

21.1.2 Extension 又是什么

在 21.1.1 节，我们在 MyPlugin 中的 apply 方法中自定义了一个名为 testPlugin 的 Task，它输出了一段文本，可惜的是，这个文本是写死的。我们希望从外界把这个文本值传进来，动态设置要打印的内容，这就要用到 Extension 了。

我们在 21.1.1 节介绍的 TestSmallGradle1.0 项目的基础之上，继续我们的探索之旅。新的项目名称是 TestSmallGradle1.1。

 提示 本节的代码例子参见 https://github.com/BaoBaoJianqiang/TestSmallGradle1.1。

首先，在 buildSrc 项目中新建一个 MyExtension 类：

```
class MyExtension {
    String message
}
```

然后，在 MyPlugin 中使用 MyExtension，代码如下：

```
public class MyPlugin implements Plugin<Project> {

    @Override
    void apply(Project project) {
        project.extensions.create('pluginSrc', MyExtension)

        project.task('testPlugin') << {
            println project.pluginSrc.message
        }
    }
}
```

上面的代码为 project 创建了一个名为 pluginSrc 的 Extension，它是 MyExtension 类型的，然后就可以使用 project.pluginSrc.message 这样的语法了。

在 App 项目的目录下的 build.gradle 中，我们在引入了 net.wequick.small 这个自定义插件后，还给它指定了 pluginSrc 的 message 的属性，如下所示：

```
apply plugin: 'net.wequick.small'

pluginSrc {
    message = 'hello gradle plugin'
}
```

执行 'testPlugin 这个 task，就能看到上面定义的 message 值被打印出来了。

21.1.3　修改打包流程

Gradle 内部有很多原生的 Task，比如说 preBuild，Gradle 打包 apk 的过程，就是把这些原生 Task 串在一起。

提示　本节的代码例子参见 https://github.com/BaoBaoJianqiang/TestSmallGradle1.2。

我们新建一个 Android App 项目，执行 Gradle 面板中的 assembleRelease 命令，就会打出来一个 apk 包，在 Gradle 控制台中，输出内容如下所示：

```
:app:preBuild UP-TO-DATE
:app:preReleaseBuild UP-TO-DATE
:app:checkReleaseManifest
:app:preDebugBuild UP-TO-DATE
:app:prepareComAndroidSupportAnimatedVectorDrawable2520Library
:app:prepareComAndroidSupportAppcompatV72520Library
:app:prepareComAndroidSupportSupportCompat2520Library
:app:prepareComAndroidSupportSupportCoreUi2520Library
:app:prepareComAndroidSupportSupportCoreUtils2520Library
:app:prepareComAndroidSupportSupportFragment2520Library
:app:prepareComAndroidSupportSupportMediaCompat2520Library
:app:prepareComAndroidSupportSupportV42520Library
```

```
:app:prepareComAndroidSupportSupportVectorDrawable2520Library
:app:prepareReleaseDependencies
:app:compileReleaseAidl
:app:compileReleaseRenderscript
:app:generateReleaseBuildConfig
:app:generateReleaseResValues
:app:generateReleaseResources
:app:mergeReleaseResources
:app:processReleaseManifest
:app:processReleaseResources
:app:generateReleaseSources
:app:incrementalReleaseJavaCompilationSafeguard
:app:javaPreCompileRelease
:app:compileReleaseJavaWithJavac
:app:compileReleaseJavaWithJavac - is not incremental (e.g. outputs have
    changed, no previous execution, etc.).
:app:compileReleaseNdk Up-TO-DATE
:app:compileReleaseSources
:app:lintVitalRelease
:app:mergeReleaseShaders
:app:compileReleaseShaders
:app:generateReleaseAssets
:app:mergeReleaseAssets
:app:transformClassesWithDexForRelease
:app:mergeReleaseJniLibFolders
:app:transformNativeLibsWithMergeJniLibsForRelease
:app:transformNativeLibsWithStripDebugSymbolForRelease
:app:processReleaseJavaRes UP-TO-DATE
:app:transformResourcesWithMergeJavaResForRelease
:app:packageRelease
:app:assembleRelease
```

这就是一个最简单的 App 打包过程中执行的所有原生 Task。对于每个 Task 在做什么事情，我列举了其中几个比较重要的，如表 21-1 所示⊖：

表 21-1　Task 的作用

Task 名称	作　　用
preDebugBuild	新建 build 文件夹，内部新增 intermediates/incremental 文件夹，针对各个不同的 buildType，新建对应的文件夹，内部新增 zip-cache 文件夹，内容为空
processReleaseResources	执行 aapt 命令，生成后缀名为 ap_ 的压缩包以及 R.java 文件
compileReleaseJavaWithJavac	执行 javac 命令，把 Java 代码编译成 class 文件

熟悉了这些 Gradle 自带的原生 Task，我们就可以修改 Gradle 默认的打包流程了，在其中加一些自己的逻辑，这时，就不得不提及 afterEvaluate 方法，如下所示：

⊖　网上有一篇文章，介绍每个原生 Task 的功用，地址是：https://blog.csdn.net/zhaofuchang321/article/details/54892412。

```
public class MyPlugin implements Plugin<Project> {

    @Override
    void apply(Project project) {
        // 省略一些代码

        project.afterEvaluate() {
            def preBuild = project.tasks['preBuild']
            preBuild.doFirst {
                println 'hookPreReleaseBuild'
            }
            preBuild.doLast {
                println 'hookPreReleaseBuild2'
            }
        }
    }
}
```

Android 打包过程是由 Gradle 完成的，这是由一系列系统提供的 Task 组成的，比如说 preBuild。Android 项目会先创建 project 的所有任务的有向图，然后调用 project 的 afterEvaluate 方法，所以，当我们想获取 preBuild 这样的 task 时，就只能在 afterEvaluate 方法中获取。

获取到 preBuild 这个 task 后，就可以在它的 doFirst 和 doLast 中执行一些自定义逻辑，这会在 preBuild 这个 task 执行前或执行后，先执行这些自定义的逻辑。

总结：本节介绍的代码例子都是仿照着 Small 这个插件化的自定义 Gradle 插件来做的，这是一个循序渐进的过程。掌握了本节介绍的知识，各位读者就能轻松看懂第三方提供的自定义 Gradle 插件了。

21.2　修改 resources.arsc

我们继续 Android 插件化的介绍。前面 15.2 节讲到插件的资源 id 和宿主的资源 id 会有冲突，解决方案就是修改 aapt 命令行的源代码，为每个插件指定不同的资源 id。

如果不想修改 aapt 命令行，那么还有另一种方案，那就是 Small 插件化框架独创的技术——在执行 aapt 命令后，修改 R.java 和 resources.arsc 文件中的资源值。这是在 gradle-small 这个 gradle 自定义插件中实现的。

21.2.1　Android 是怎么查找资源的

温习一下 Android 查找资源的流程。这是通过 AssetManager 和 Resources 两个类来完成的。Resources 类通过资源 id 来查找资源文件的名称，而 AssetManager 则是通过资源文件名称来查找具体的资源。

Resources 是在 resources.arsc 这个文件中，根据资源 id 查找资源文件的名称的。资源 id 和资源文件名称，这两者的对应关系，就存放在 resources.arsc 文件中，如图 21-3 所示。

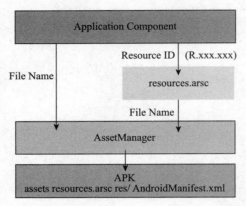

图 21-3　AssetManager 和 Resources 是怎么提取资源的

resources.arsc 是存放在 apk 包中的一个文件，它是执行 aapt 命令在打包过程中生成的。

21.2.2　aapt 都干了什么

那么 aapt 命令在打包过程中，都做了哪些事情呢？如图 21-4 所示。

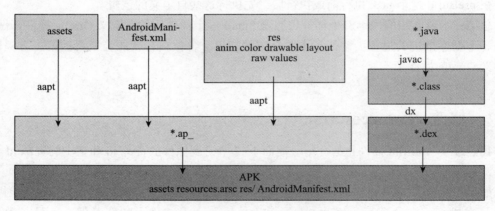

图 21-4　aapt 命令执行后生成的内容

1）把 assets 和 res 目录下的所有资源、AndroidManifest.xml，都保存在一个后缀名 ap_ 的文件中，其实这是一个压缩包，解压后就是这些资源。

2）为 res 目录下的每个资源，都生成一个资源 id 常量，把 id 值和资源名称的对应关系，存放在 resources.arsc 文件中。

3）把这些资源 id 常量，都定义在 R.java 文件中。

在 aapt 命令执行完，才会执行 javac 命令，把包括 R.java 在内的所有 java 文件，进行编译。

所以我们就在 aapt 执行完，加入一些我们自己的打包逻辑，具体逻辑，且听下节分解。

21.2.3　gradle-small 的工作原理

终于说到 Small 框架中，自定义 Gradle 插件 gradle-small 的工作原理了：为资源 id 的前缀，指定一个新的值，比如 0x71，把 R.java 中所有的资源 id 值的前缀都改为 0x71，把 resources.arsc 中的每个资源 id 值也都改为 0x71。

以上就是 Small 插件化框架解决插件的资源 id 冲突的办法。在修改插件资源 id 的过程中我们发现，resources.arsc 中存放了很多冗余的资源。这是因为，现在开发一般要引入 AppCompat 包、Design 包，这些包的资源也会生成资源 id，在 resources.arsc 中占一席之地。相比之下，我们自己定义的那些资源，只占 resources.arsc 文件的很小一部分。

对于插件包而言，每个插件包的 resources.arsc 文件中，都会有一份相同的资源，这就形成了冗余。为此，我们在重写 resources.arsc 的资源 id 前缀的同时，也会把这些冗余的数据从 resources.arsc 中删除。对于 Compat 包、Design 包的这些资源，我们只会在宿主 App 的 resources.arsc 中定义。

21.2.4　怎么使用 gradle-small

首先，gradle-small 上传到了 jcenter，我们可以在项目中直接引用。同时，gradle-small 提供了源码，我们也可以在项目编译的时候直接引用源码。

其次，在 Android Studio 的 Gradle 面板中，在 small 这个分组中，可以看到几个新的 Task，这些都是 gradle-small 提供给我们使用的：

❑ buildBundle：用于插件的打包。
❑ buildLib：用于类库的打包。

此外，在 other 分组中，还有一个名为 small 的 task，运行这个 task，会展示每个插件的资源 id 的前缀，如图 21-5 所示。

```
| type | name      | PP   | sdk | aapt   | support | file(armeabi) | size |
|------|-----------|------|-----|--------|---------|---------------|------|
| host | app       |      | 25  | 25.0.2 | 25.3.1  |               |      |
| app  | app.about | 0x5a | 25  | 25.0.3 | 25.3.1  |               |      |
| lib  | lib.style | 0x79 | 25  | 25.0.2 | 25.3.1  |               |      |
```

图 21-5　执行 small 命令后的 Gradle 控制台输出内容

21.2.5　gradle-small 中的 Plugin 家族

gradle-small 中类的数量繁多，尤其是各种自定义 Plugin 和 Extension，这些自定义 Plugin 的继承关系，如图 21-6 所示。

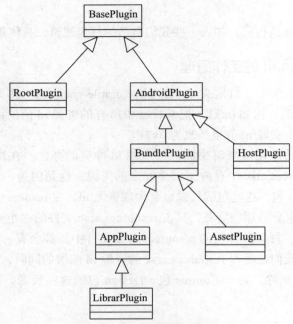

图 21-6　Plugin 家族的继承关系

自定义 Extension 中定义的是各种参数，是相对应的 Plugin 的附属品，如图 21-7 所示。

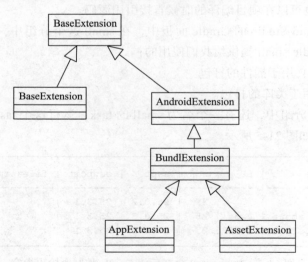

图 21-7　Extension 家族的继承关系

简述一下这些自定义 Plugin 的作用：

1）BasePlugin。这个是老祖宗，它把 apply 拆分成 3 个方法：

❑ createExtension()

❑ configureProject()

❑ createTask()

```
public abstract class BasePlugin implements Plugin<Project> {
    void apply(Project project) {
        this.project = project

        createExtension()
        configureProject()
        createTask()
    }
}
```

BasePlugin 的所有子类，都会重写这 3 个方法。

2）RootPlugin。这是一个 Small-Gradle 的入口，相当于 main 函数的作用。它来做分发，在 RootPlugin 的 configureProject 方法中进行分发，调用 META-INF 下的其他插件的入口。都有哪些插件种类呢？如下所示：

❑ HostPlugin：项目名称为 app 的工程，也就是宿主 app。

❑ AppPlugin：项目名称前缀为 app 的工程，比如说 app.about，这些都是插件 app。

❑ LibraryPlugin：项目名称前缀为 lib 的工程，如 lib.style，这些都是宿主和插件所依赖的类库。

❑ AssetPlugin：除了上述情况之外的其他工程，比如说 web.about。这类工程都是没有代码的，只有一些资源文件，也不需要为这些资源生成 id 值，所以只是简单的打包、签名。

上述这些插件，对应 META-INF 下的这 4 个文件，如图 21-8 所示。

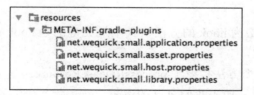

图 21-8　META-INF 下的文件

在 RootPlugin 的 configureProject 方法中，通过下面的语法，来启动 AppPlugin 或 LibraryPlugin 的编译过程：

```
switch (type) {
    case 'app':
        it.apply plugin: AppPlugin
        rootExt.appProjects.add(it)
        break;
    case 'lib':
        it.apply plugin: LibraryPlugin
```

```
        rootExt.libProjects.add(it)
        break;
```

3）LibraryPlugin。在所有的自定义 Plugin 中，LibraryPlugin 会比较有趣。它代表的是类库，它会在编译的时候，预先把 build.gradle 中的 com.android.library 改为 com.android.application。

4）AppPlugin。是解决插件资源 id 冲突的核心类。

AppPlugin 中有一个 initPackageId 方法，它会自动计算出每个插件的新的资源前缀 id 的前缀值，比如 0x71，当然也可以在自定义的 Extension 中配置这个前缀值。这个值会保存在一个名为 sPackageIds 的全局数组变量中，后面会再用到它。

修改 Android App 打包流程的工作，在 AppPlugin 的 hookVariantTask 方法中完成：

```
protected void hookVariantTask(BaseVariant variant) {
    hookMergeAssets(variant.mergeAssets)
    hookProcessManifest(small.processManifest)
    hookAapt(small.aapt)
    hookJavac(small.javac, variant.buildType.minifyEnabled)

    def mergeJniLibsTask = project.tasks.withType(TransformTask.class).find {
        it.transform.name == 'mergeJniLibs' && it.variantName == variant.name
    }

    hookMergeJniLibs(mergeJniLibsTask)

    // Hook clean task to unset package id
    project.clean.doLast {
        sPackageIds.remove(project.name)
    }
}
```

一共执行了 5 个前缀为 hook 的方法，其中最关键的是 hookAapt 方法和 hookJavac 方法，我们逐个分析：

❑ hookAapt——这个方法拦截了 processReleaseResources 这个原生 task，也就是在执行 aapt 命令之后，加入我们自己的逻辑。aapt 命令会生成一个 R.java 文件，里面定义了每个资源的 ID 值，也都是以 0x7f 作为前缀的，我们把这些 ID 值的前缀也都改为以 0x71。把这个新的 R.java 文件存在一个新的位置，在下面的 hookJavac 修改方法中，另有重用。aapt 命令还会生成一个后缀为 ap_ 的压缩包，里面有 AndroidManifest.xml、res 目录、resources.arsc 文件。我们解压这个压缩包，取出 resources.arsc 文件，把存在里面的 0x7f，都改为新的资源 ID 前缀，比如说 0x71。接下来聊点题外话。按理说，对于插件化技术而言，上面的操作，把 0x7f 都改为 0x71，就完成了任务。但是我们发现 resources.arsc 中还有 AppCompat 这样的类库打包生成的资源 ID，这个数量会很大，于是我会在修改 resources.arsc 文件的过程中，顺便把这些资源 ID 也都删除了。这些逻辑都在 hookAapt 方法中。

❑ hookJavac——这个方法拦截了 compileReleaseJavaWithJavac 这个原生 task，也就是说，在执行 javac 命令把 Java 代码编译为 class 之后，在这些 class 中，把 R$drawable.class、R$layout.class 这样的 class，都删除掉，为什么要删除呢？以为这些 class 中保存的资源 ID 值，都是以 0x7f 为前缀的。还记得我们在 hookAapt 中，为每个资源生成了新的 ID 前缀吗，比如说 0x71？这些数据存在一个新的 R.java 文件中。于是，我们在删除了 R$drawable.class 这样的 class 之后，然后重新执行 javac 命令，把新的 R.java 文件，编译成 R.class 文件。

21.2.6　gradle-small 中的 Editor 家族

最后，看怎么修改 resources.arsc 文件，这是由一组 Editor 家族类完成的，这些类位于 gradle-small 项目的 aapt 目录中它们的继承关系以及每个类的作用，如图 21-9 所示。

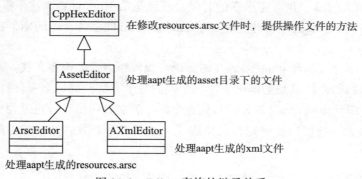

图 21-9　Editor 家族的继承关系

这其中，我们最关心 ArscEditor。resources.arsc 这个文件的结构，如图 21-10 所示。

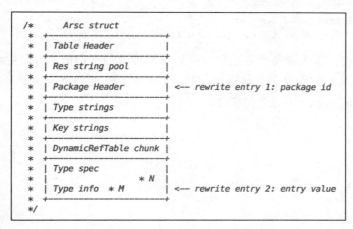

图 21-10　resources.arsc 文件的结构

App 的资源值 id，就存在图中的两个位置中，把它们全都修改成新的值，比如前缀为
0x71 的资源 id 值。

至此，我们对 gradle-small 这个自定义插件的介绍就完成了。源码中还有很多值得细看
的地方，限于篇幅，我这里只讲主流程和这个插件的总体框架设计。

关于 gradle-small 的更多技术细节，请参见作者的博客⊖。

21.3　本章小结

通过修改 Gradle 中的打包流程，来解决插件资源 id 冲突的问题，略有些麻烦。不如第
15 章介绍的直接修改 aapt 源码来得直接。

然而，花时间阅读 gradle-small 的源码，能提升编写 Gradle 的能力，对 App 的打包流
程更加了如指掌。希望各位读者迎难而上，坚持学会这门技术，而不是望而却步停在自定
义 Gradle 插件的大门前。我写完这章的时候，已经是第 10 次重新看这个框架了。这期间，
我曾经频繁地咨询 Small 的作者林光亮关于 gradle-small 的各种奇葩问题，在这里表示深深
的感谢。

最后介绍一下怎么阅读 gradle-small 的源码。代码很多，类很多，我一开始研究也是摸
不着头绪。后来我的办法就是给源码中的每个类的每个方法，都加上一行打印日志的语句，
这样当我执行 buildLib 或 small 这样的打包命令时，就会打印出在打包过程中执行的每个方
法，沿着这个线索，就可以搞清楚打包流程了，追溯出每个类的每个方法在什么时候发挥
作用，如下所示：

```
private def hookAapt(ProcessAndroidResources aaptTask) {
    Console.println('AppPlugin_hookAapt')
    Console.println(aaptTask)

    aaptTask.doLast { ProcessAndroidResources it ->
        // Unpack resources.ap_
        File apFile = it.packageOutputFile
```

搞清楚了流程，深入到每个方法中，打印出所涉及的变量值，可以更清楚地看到新的
资源 id 前缀（比如 0x71）是怎么计算出来的，以及在什么时间替换掉原有的值，以及什么
时候移除掉 resources.arsc 中冗余的资源。

⊖　博客地址：https://github.com/wequick/Small/tree/master/Android/DevSample/buildSrc

第 22 章 *Chapter 22*

插件化技术总结

在前面的章节中，介绍了插件化的历史、各种插件化框架的思想，以及插件化技术中的各个知识点。面对如此繁多的技术，读者也许会眼花缭乱，每个知识点都有 2～3 种解决方案。本章就是要带领各位读者重新梳理插件化技术的整体思路。

22.1　插件的工程化

插件化技术分为宿主 HostApp 和插件 Plugin1 这两个 apk，有时还会有 MyPluginLibrary，宿主和插件都要引用它。

第 6 章介绍了，如果在 Android Studio 中建立一个过程，同时打开以上这 3 个项目，可以从 HostApp 调试进入 Plugin1 或 MyPluginLibrary。

关于插件的签名和混淆，参见第 18 章。

关于插件的增量更新，参见第 19 章。

22.2　插件中类的加载

HostApp 想要加载 Plugin1 中的类，还使用 HostApp 的 ClassLoader 是不行的。由此产生了很多种解决方案：

1）最直接的做法就是，在反射插件中的类时使用 Plugin1.apk 对应的 ClassLoader。第 6 章全都是在讲这个技术。

2）无论是宿主还是插件，它们各自的 ClassLoader 都对应一个 dex 数组，把这些插件的 dex 数组都合并到宿主的 dex 数组中，那么宿主 App 就可以通过反射加载任何插件的任何类，而不需要切换到插件的 ClassLoader。9.3 节讲的就是这个技术。

3）自定义一个 ClassLoader，取代原先宿主的 ClassLoader。同时在自定义的 Class-Loader 中，放一个集合，承载所有插件的 ClassLoader。那么这个自定义 ClassLoader 在加载任何一个类的时候，无论是插件还是宿主的类，都会先在宿主中寻找，如果没有，再遍历内部的 ClassLoader 集合，看哪个插件的 ClassLoader 能加载这个类。9.6 节就是在讲这个技术。

22.3　哪些地方可以 Hook

"编造了一个谎言，然后再编造 100 个谎言去圆最前面那个谎言。"这是对 DroidPlugin 这个框架最合适的形容。于是你会看到在 DroidPlugin 中有各种 Hook 类的存在。关于 Hook 的技术参见第 4 章。Hook 可分为三类：

1）在 App 中使用的类，可以 Hook。

Android 系统源码中的大部分类和方法都标记为 hide，对于 App 开发人员不可见。我们可以通过反射去使用它们，而不能 Hook 它们。

但是 AndroidAndroid 系统源码中也有一些类，在 App 中也能使用，比较典型的代表是 Instrumentation 和 Callback。

我们可以创建一个继承自 Instrumentation 的类，且称其为 EvilInstrumentation，然后用这个 EvilInstrumentation 类的对象替换掉 Android 系统中原先的那个 Instrumentation 对象。

2）实现了接口的类。

虽然 Android 系统源码中的大部分类和方法都标记为 hide，但只要这个类实现了一个接口，我们就可以借助 Proxy.newProxyInstance 方法去截获它的方法。比较典型的代码是 IActivityManager 接口，以及实现这个接口的 AMN。还有一个是 IPackageManager 接口。

3）集合。

我们虽然没有办法 Hook 一个标记为 hide 的类，但是当我们发现 Android 源码中的某个类拥有集合变量的时候，我们就可以通过反射构造出一个对象，然后还是通过反射添加到这个集合中。

比较典型的案例是，为插件创建一个 LoadedApk 对象，并把它事先放到 mPackages 缓存中，这样就能直接命中缓存，参见 9.2 节。

22.4　Activity 插件化的解决方案

Activity 的插件化解决方案，从大方向上分为动态替换和静态代理两种。

1）动态替换，参见第 9 章。这是一种"占位"的思想。HostApp 中声明一个用于占位的 StubActivity。启动插件中的 ActivityA；但是告诉 AMS 启动的是 StubActivity，欺骗成功后，在即将启动 Activity 时，再把 StubActivity 改为 ActivityA。为此，需要 Hook

Android 系统中的一些方法。

2）静态代理，参见第 13 章。这是一种牵线木偶的思想，在 HostApp 中设计一个 ProxyActivity，由它来决定要启动插件中的哪个 Activity。插件中的 Activity 都是没有生命的，所以在 ProxyActivity 的生命周期函数中，调用插件 Activity 相应的生命周期函数。

此外，Activity 的插件化，还需要解决 LaunchMode 的问题，相应解决方案参见 9.5 节和 13.7 节。

想要启动插件中的 Activity，还需要找到插件 Activity 中使用的资源。请看下一节。

22.5　资源的解决方案

千言万语聊资源，其实只有一句话重要：资源主要为 Activity 服务。

App 是通过 AssetManager 来加载资源的，它通过 addAssetPath 方法加载指定位置的资源。默认是加载 App 自身的资源。

从 HostApp 跳转到 Plugin1，原先的 AssetManager 只能加载 HostApp 的资源不能加载 Plugin1 的资源。由此产生出多种解决方案。

方案 1　进入 Plugin1，则加载 Plugin1 的资源，反射调用 AssetManager 的 addAssetPath 方法，参数是 Plugin1.apk 的路径。同理，从 Plugin1 回到 HostApp，或者进入另一个插件 Plugin2，也要切换资源。每次进入或离开插件，都要切换资源，是一件很繁琐的事情。这种解决方案的实现参见第 7 章。

方案 2　事先把 HostApp 的资源及所有插件资源，都通过 AssetManager 的 addAssetPath 方法添加到一个全局变量中。

在插件 Activity 的基类中，重写 Activity 的 getResource 方法，从这个全局变量中提取资源，这样每个插件 Activity 还像往常一样去编写代码获取资源，并不知道底层框架其实是从全局变量中查找资源。这种解决方案的实现参见 8.4 节。

针对上面的方案 2，宿主和所有插件的资源都合并在一起，那么资源的 id 就会发生冲突，由此产生多种解决方案：

1）修改 AAPT，为每个插件的 id 指定不同的前缀，比如 0x71 和 0x72，只要不是 0x7f 这个默认的就行。这种解决方案的实现参见 15.2 节。

2）修改 resources.arsc。在 AAPT 执行后，生成了 R.java 和 resources.arsc。那么就把插件 Plugin1 的 R.java 中所有的资源前缀都改为 0x71，把 resources.arsc 中的 0x7f 也改为 0x71。这是一种事后补救的解决方案参见第 21 章。

3）通过 public.xml 固定 plugin1 中所有的资源。这种方案实现起来不现实，针对固定一个资源的 id 还是很好的解决方案。这种解决方案的实现参见 15.3 节。

22.6 Fragment 是哪门哪派

我曾经一度困惑 Fragment 与 Activity 的区别。二者最大的区别就是 Activity 的一举一动都要和 AMS 进行交互，而 Fragment 不用。

之所以会有四大组件的称呼，是因为它们都要在 AndroidManifest 中声明，它们的生命周期函数要和 AMS 进行交互；而 Fragment 只是寄生在 Activity 中的一个"自定义 View"。

正因为 Fragment 不需要和 AMS 打交道，也不用事先在 AndroidManifest 中声明，所以有一种插件化解决方案，即整个 App 只有一个 Activity，每个页面都是用 Fragment 写的，页面切换并不会导致 Activity 切换，而是在当前 Activity 中切换不同的 Fragment。这些 Fragment 可以位于 HostApp 中，也可以位于插件中，只要使用合适的 ClassLoader 加载插件中的类，使用合适的 AssetManager 加载插件中的资源，就是一个完美的解决方案。

Fragment 插件化解决方案的实现，请参见第 16 章。

22.7 Service、ContentProvider、BroadcastReceiver 插件化的通用解决方案

因为 App 中的 Service、ContentProvider、Receiver 的数量并不多，在插件化中也不会动态新增一个组件，所以最简单的插件化解决方案是：在 HostApp 的 AndroidManifest 文件中事先声明插件中的 Service、ContentProvider、Receiver。8.1 节讲的就是这个技术。缺点就是在插件中不能动态新增一个组件。

22.8 特定于 Service 的插件化解决方案

如果不事先在宿主 App 中声明插件的 Service，那么 Service 也有其自己的插件解决方案：

1）动态代理。也是欺上瞒下的思路。Service 不同于 Activity，一个 StubActivity 可以对应多个插件 Activity，但是 StubService 和插件 Service，只能是一一对应，所以要事先在 HostApp 的 AndroidManifest 中声明多个 StubService，分别对应不同的插件 Service。这种解决方案参见第 10 章。

2）静态代理，牵线木偶的思想。创建一个 ProxyService，由 ProxyService 来启动插件中的 Service。ProxyService 有分发的思想。缺点是，插件中有几个 Service，HostApp 的 AndroidManifest 中就要声明相同数量的 ProxyService。这种解决方案参见 14.1 节和 14.2 节、14.3 节。

3）能否在 HostApp 的 AndroidManifest 中只声明一个 StubService？这就需要使用到分发技术了。把前面介绍过的动态代理与静态替换两种思想相结合。这种解决方案参见 14.4 节。

22.9 特定于 BroadcastReceiver 的插件化解决方案

BroadcastReceiver 就是一个类。它的插件化解决方案是把静态 Receiver 转换为动态 Receiver。

如果不事先在宿主 App 中声明插件的 BroadcastReceiver，那么 BroadcastReceiver 也有其自己的插件解决方案：

1）动态替换。把插件中的静态 Receiver 都注册为 HostApp 中的动态 Receiver。这种解决方案参见 11.3 节。

2）结合前两种解决方案的思路，StubReceiver 预先占位，同时把插件中的所有的静态 Receiver 都注册为动态 Receiver，这就可以由 StubReceiver 来进行分发。这种解决方案参见 11.4 节。

3）静态代理。仍然是牵线木偶的思想，HostApp 中有一个 ProxyReceiver，由它来分发到具体的插件中的某个 Receiver。这是一对多的关系。这种解决方案参见 14.5 节。

22.10 特定于 ContentProvider 的插件化解决方案

如果不事先在宿主 App 中声明插件的 ContentProvider，那么 ContentProvider 也有其自己的插件解决方案，那就是动态替换——仍然是占位的思想，在 HostApp 中有一个 StubContentProvider 来"欺骗"AMS，而实际执行的是插件中的 ContentProvider。

但在这里 StubContentProvider 还扮演一个重要的角色，它解析把外部传递进来的 URI，然后分发到具体某个插件的 ContentProvider 中。这种解决方案参见第 12 章。

22.11 本章小结

作为本书的最后一章，我们回顾了插件化所涉及的所有技术，希望各位读者温故而知新，在技术上得到进一步提升。

附　　录

Appendix A 附录 A

常用工具

在插件化的日常开发中，我们要经常查看插件 apk 中的资源 id，查看插件 apk 是不是包括最新的代码，这就需要运用各种灵巧的小工具了。这里介绍几个常用工具。

A.1 Android Studio

把编译好的 apk 直接拖到 Android Studio 中，能看到 apk 中的所有文件。点击 resources.arsc，能看到每个资源的 ID，如图 A-1 所示。点击 classes.dex，只能看到有哪些类、哪些方法，并不能看到方法的具体实现，如图 A-2 所示。

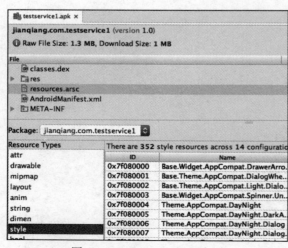

图 A-1 Android Studio（一）

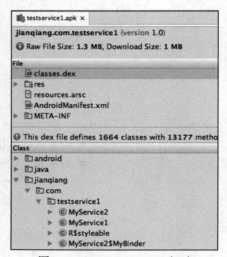

图 A-2 Android Studio（二）

官方提供的功能并不多，Android Studio 用来做瘦身分析还不错。缺点就是不能查看代码，我们需要寻找更犀利的工具。

A.2　Jadx-GUI

原本我用过 dex2jar 和 jd-GUI，前者用来把 apk 中的 dex 转化为 jar 包，后者用来查看 jar 包中的代码。但自从用过了 Jadx-GUI，我觉得更加直观有效，在这个工具中可以把 apk 直接拖入，然后查看代码，非常方便，如图 A-3 所示。

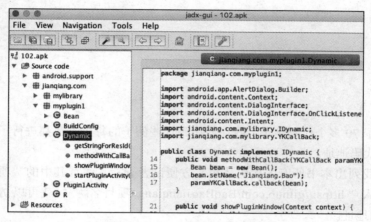

图 A-3　用 Jadx-GUI 查看代码

人要与时俱进，不抵触任何新鲜事物，以一种开放的心态拥抱这个世界。

A.3　010 Editor

010 Editor 这个工具用来查看 resources.arsc 文件，我们在修改 resources.arsc 中的资源 id 值的时候，用这个工具来查看修改后的效果，如图 A-4 所示。我们在第 15 章分析 resources.arsc 时用到了它。

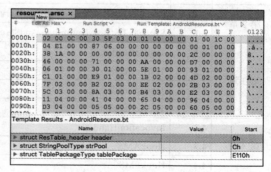

图 A-4　使用 010 Editor 查看修改后的代码

Appendix B 附录 B

本书代码索引

　　本书提供了 70 多个代码例子，我在使用到这些例子的每个章节都进行了备注，注明所使用的例子的代码地址。

　　在这里，我列出本书所有的代码清单，方便读者查找。注意其中的"项目名称"这一列，你可以输入" https://github.com/BaoBaoJianqiang/ 项目名称"，就可以访问到这个项目在 GitHub 上的地址。

章	节	项 目 名 称	简　介
第 2 章	2.15.1	ReceiverTestBetweenActivityAndService1	音乐播放器，2 个 Receiver
	2.15.2	ReceiverTestBetweenActivityAndService2	音乐播放器，1 个 Receiver
第 3 章	3.1	TestReflection	测试反射
	3.2	TestReflection2	测试反射，使用 jOOR
	3.3	TestReflection3	测试反射，使用自己封装的方法
	3.4	TestReflection4	对反射的进一步封装
第 4 章	4.2	InvocationHandler	动态代理
	4.3	HookAMS	Hook AMS
	4.4	HookPMS	Hook PMS
第 5 章	5.2.2	Hook11	Hook Activity 的 mInstrumentation 对象
	5.2.3	Hook12	Hook AMN 的 startActivity 方法
	5.2.4	Hook13	Hook 了 H 的 Callback
	5.2.5	Hook14	Hook 了 Instrumentation
	5.3.1	Hook15	Hook 了 Instrumentation，基于 ActivityThread
	5.4.2 5.4.3	Hook31	加载没在 AndroidManifest 中声明的 Activity（上）

（续）

（续）

章	节	项目名称	简 介
第 13 章	13.6	That1.4	使用 IRemoteActivity 解决反射奇怪的语法
	13.7	That1.5	支持 LaunchMode
		TestSingleInstance	多个应用共享一个应用
第 14 章	14.1	That3.1	对 startService 的支持
	14.2	That3.2	对 BindService 的支持
	14.3	That3.3	Service 预先占位
	14.4	ServiceHook3	田氏解决方案，动静结合，startService
		ServiceHook4	田氏解决方案，动静结合，bindService
	14.5	That3.4	BroadcastReceiver，预先占位
第 15 章	15.2	AAPT	修改 aapt
		TestAAPTUpdate	在 App 中使用新版 aapt
	15.3	Apollo1.1	public.xml
	15.4	Apollo1.2	插件使用宿主的资源
第 16 章	16.2	Min18Fragment	Fragment 例子，最基本的例子
	16.3	Min18Fragment2	Fragment 例子，插件内跳转
	16.4	Min18Fragment3	Fragment 例子，插件跳转到宿主
第 17 章		Hybrid1.2	h5 降级，基于重写 startActivityForResult 的方式
第 18 章	18.1	Sign1	插件基本混淆、签名
		Sign2	插件有要被宿主调用的类和方法，要 keep
	18.2	ZeusStudy1.5	对 lib 不混淆
	18.3	ZeusStudy1.6	对 lib 混淆
第 19 章		That2	That 插件化，增量 + 权限
第 20 章	20.1	JniHelloWorld	自己写的 so，hello
	20.2	MySO1	使用别人写的 so，32 位和 64 位的 so 都有，加载 64 位的
	20.3	MySO1.1	使用别人写的 so，只有 32 位的 so
		JniHelloWorld2	自己写的 so，goodbye
		MySO2	在宿主 App 中加载 so 的例子，so 位于 assets
	20.4	MySO3	插件还是老样子 system.loadLibrary，宿主把插件 so 解压，放到插件 classLoader 的 libPath 中
	20.5	ZeusStudy1.7	插件在内部的初始化时使用 sysntem.load 加载插件中的 so，插件中的 so 位于 assets 中
第 21 章	21.1.1	TestSmallGradle1.0	自定义 Plugin
	21.1.2	TestSmallGradle1.1	自定义 Extension
	21.1.3	TestSmallGradle1.2	修改 Gradle 打包流程